普.通.高.等.学.校
计算机教育"十三五"规划教材

Dreamweaver+ Animate+Photoshop
网页制作案例教程
（第 4 版）

DREAMWEAVER+ANIMATE+PHOTOSHOP
WEBPAGE PRODUCTION CASE TUTORIAL
(4th edition)

王君学 ◆ 主编

陈实 杨秋黎 李众 ◆ 副主编

U0213011

人 民 邮 电 出 版 社
北 京

图书在版编目（CIP）数据

Dreamweaver+Animate+Photoshop网页制作案例教程 /
王君学主编. -- 4版. -- 北京：人民邮电出版社，
2018.10（2023.1重印）
　普通高等学校计算机教育"十三五"规划教材
　ISBN 978-7-115-49172-5

　Ⅰ．①D… Ⅱ．①王… Ⅲ．①网页制作工具－高等学
校－教材 Ⅳ．①TP393.092.2

　中国版本图书馆CIP数据核字（2018）第192120号

内 容 提 要

　　本书共 12 章，详细介绍了网页设计与制作的基础知识及网页制作软件 Dreamweaver CC 2017、
动画制作软件 Animate CC 2017、图像处理软件 Photoshop CC 2017 的基本使用方法。

　　本书参照高等院校普遍使用的"网页设计与制作"教学大纲并结合软件实际特点进行编排，采
用理论讲解和案例制作相结合的方式进行编写。在知识介绍的过程中根据实际需要提供适当的讲解
实例，同时还提供了专门的应用实例，每章最后还配备了思考和实践题供读者课后使用。

　　本书内容全面、重点突出、实例丰富、步骤清晰，既可作为高等院校和高职高专"网页设计与
制作"课程的教材，也可作为初学者的自学用书。

　◆ 主　　编　王君学
　　　副主编　陈　实　杨秋黎　李　众
　　　责任编辑　邹文波
　　　责任印制　彭志环
　◆ 人民邮电出版社出版发行　　北京市丰台区成寿寺路 11 号
　　　邮编　100164　　电子邮件　315@ptpress.com.cn
　　　网址　https://www.ptpress.com.cn
　　　涿州市京南印刷厂印刷
　◆ 开本：787×1092　1/16
　　　印张：19.75　　　　　　　　　2018 年 10 月第 4 版
　　　字数：516 千字　　　　　　　2023 年 1 月河北第 2 次印刷

定价：59.80 元

读者服务热线：**(010)81055256**　印装质量热线：**(010)81055316**
反盗版热线：**(010)81055315**

第 4 版前言

目前互联网已经全方位覆盖并无时无刻不在影响和改变着人们的生活，"互联网+"的互联网思维已经开始深入人心，真正的互联网时代已经来临。人们使用互联网不再局限于计算机，社会已经进入移动互联网时代。不管是使用计算机还是智能手机等设备连接互联网，都离不开一个个具体的页面，网页的设计与制作成为许多人渴望掌握的技能之一。

目前，我国很多高等院校的计算机相关专业，都将网页设计与制作作为一门重要的课程。为了帮助高等院校的教师能够比较全面、系统地讲授这门课程，使学生能够熟练地使用相关软件来进行网页设计，我们策划编写了本书。本书具有以下特点。

1. 内容新颖。本书选用目前较新的网页制作软件 Dreamweaver CC 2017、动画制作软件 Animate CC 2017、图像处理软件 Photoshop CC 2017，这是一套优秀的网页制作和网站管理组合软件，越来越受到网页制作专业人员的青睐。

2. 注重实用。本书最为突出的特点是实用。既注重了网页制作过程的讲解，同时还较为全面地介绍了网页设计的方法等；不但有理论的阐述，更注重实践的操作，使读者学完本书后即可独立地制作和发布网站。

3. 全面系统。本书从网页设计的入门基础知识开始，全面系统地介绍了网页设计与制作的全过程，以及网页设计、网站开发、动画制作和图像处理的基础知识，使读者在学习的过程中不仅省时省力，而且学习效果明显。

4. 案例典型。每章会根据实际需要结合相应的例子进行讲解，而且每章基本都配备了典型、有趣的应用实例，每章最后还给出相应的练习题，学生通过这些实例和练习，不仅能学到具体方法还能提高人文修养。

5. 配备资源。本书除配有教学用的 PPT 外，还配有教学素材、习题答案、教学视频等，需要的读者可以通过人邮教育社区（http://www.ryjiaoyu.com）下载。

本书教学课时数为 96 课时，课堂教学 48 学时，上机实验 48 学时，教师可根据实际需要进行调整，有条件的可适当增加上机实验课时。

本书由王君学担任主编，由陈实、杨秋黎、李众担任副主编，参加本书编写工作的还有沈精虎、黄业清、宋一兵、谭雪松、冯辉、计晓明、董彩霞、管振起等。由于编者水平有限，书中难免存在疏漏之处，敬请各位读者批评指正。

编　者
2018 年 6 月

目　录

第1章
网页制作基础

随着网络技术的飞速发展，互联网已经全方位覆盖并每时每刻都在影响和改变着人们的生活。包括信息的传播途径、人们的社交方式、经济的发展模式等，都在迅速地互联网化。"互联网+"的互联网思维已经开始根植于人们心中，真正的互联网时代已经来临。而且，人们使用互联网不再局限于计算机，还会使用智能手机等移动设备，当今这个时代也可以说是移动互联网时代。不管是使用计算机还是智能手机等设备与互联网接触，都离不开一个个具体的页面，网页就是其中之一。本章将介绍与网页有关的一些基本知识，为后续内容的学习奠定基础。

【学习目标】
- 了解与互联网有关的基本概念。
- 了解网页与网站的关系。
- 了解 HTML 和 CSS 的基本知识。
- 了解网页的布局的基本类型。
- 了解制作网页的常用软件。

1.1　互联网基础

下面简要介绍与互联网有关的基本概念。

1.1.1　因特网和万维网

因特网（Internet）前身是美国国防部高级研究计划局（ARPA）主持研制的 ARPAnet。1995年 10 月 24 日，美国联邦网络委员会（The Federal Networking Council，FNC）通过了一项决议，对 Internet 进行了如此界定：Internet 是全球性信息系统，在逻辑上由一个以网际互联协议（IP）及其延伸的协议为基础的全球唯一的地址空间连接起来，能够支持使用传输控制协议和国际互联协议（TCP/IP）及其延伸协议或其他 IP 兼容协议的通信，借助通信和相关基础设施公开或不公开地提供利用或获取高层次服务的机会。目前因特网提供的服务主要有万维网（WWW）、文件传输协议（FTP）和电子邮件（E-mail）等。Internet 是一项正在向纵深发展的技术，是人类进入网络文明阶段或信息社会的标志。目前的 Internet 已经突破了技术的范畴，正在成为人类向信息文明迈进的纽带和载体。

万维网（World Wide Web，WWW，也可简称为 Web、3W）是因特网上提供的一种信息服务。从技术角度上说，万维网是因特网上那些支持 WWW 协议和超文本传输协议（HTTP）的客户机与服务器的集合，通过它可以存取世界各地的超媒体文件。万维网的内核部分是由 3 个标准构成的：超文本传输协议（HTTP）、统一资源定位器（URL）和超文本标记语言（HTML）。万维网并不等同于因特网，万维网只是因特网所能提供的服务之一，是凭借因特网运行的一项服务。

1.1.2　HTTP 和 URL

超文本传输协议（HyperText Transfer Protocol，HTTP）负责规定浏览器和服务器之间如何互相交流，这就是浏览器中的网页地址很多是以 "http://" 开头的原因。但有时也会看到以 "https" 开头的网页，安全超文本传输协议（Secure Hypertext Transfer Protocol，HTTPS）是一个安全通信通道，基于 HTTP 开发，用于在客户计算机和服务器之间交换信息，可以说它是 HTTP 的安全版。

统一资源定位器（Uniform Resource Locator，URL）是一个世界通用的负责给万维网中诸如网页这样的资源定位的系统。简单地说，URL 就是 Web 地址，俗称网址。当使用浏览器访问网站的时候，需要在浏览器的地址栏中输入网站的网址。URL 通常由 3 部分组成：协议类型、主机名和路径及文件名。最常用的协议是 HTTP，它也是目前万维网中应用最广的协议。主机名是指服务器的域名系统（DNS）主机名或 IP 地址。路径是由 "/" 符号隔开的字符串，一般用来表示主机上的一个目录或文件地址。

1.1.3　IP 地址和域名

在因特网上有千百万台主机，为了区分这些主机，人们给每台主机都分配了一个专门的地址，称之为 IP 地址，通过 IP 地址，用户就可以访问到每一台主机。IP 地址由 4 部分数字组成，每部分都不大于 256，各部分之间用小数点分开，如 "10.0.0.1"。IP 地址有固定 IP 地址和动态 IP 地址之分。固定 IP 地址是长期固定分配给一台计算机使用的 IP 地址，在一般情况下，特殊的服务器才拥有固定 IP 地址。通过 Modem、ISDN、ADSL、有线宽频、小区宽频等方式上网的计算机不具备固定 IP 地址，而是由因特网服务提供商动态地分配一个暂时的 IP 地址。普通用户一般不需要去了解动态 IP 地址，这些都是计算机系统自动配置的。

要记住那么多的 IP 地址数字串是非常困难的，为此，因特网提供了域名（Domain Name）。企业可以根据公司名、行业特征等命名合适、易记的域名，这可以大大方便人们的访问。对普通用户而言，他们只需要记住域名就可以浏览到网页。域名的格式通常是由若干个英文字母或数字组成，然后由 "." 分隔成几部分，如 "163.com"。近年来，一些国家也纷纷开发使用本民族语言构成的域名，我国也开始使用中文域名。按照 Internet 的组织模式，通常对域名进行分级，一级域名主要有以下几种：.com（商业组织）、.net（网络中心）、.edu（教育机构）、.gov（政府部门）、.mil（军事机构）、.org（国际组织）等。大部分国家和地区都拥有自己独立的域名，如.cn（中国）、.us（美国）、.uk（英国）等。

1.1.4　FTP 和 FTP 传输程序

文本传输协议（File Transfer Protocol，FTP）是 Internet 上使用非常广泛的一种通信协议。FTP 是由支持 Internet 文件传输的各种规则所组成的集合，这些规则使 Internet 用户可以把文件从一个主机传送到另一个主机上。

FTP 通常也表示用户执行这个协议所使用的应用程序，如 CutFTP 等。用户使用的方法很简单，启动 FTP 软件先与远程主机建立连接，然后向远程发出指令即可。

1.2　网　页　基　础

下面介绍与网页有关的一些基本概念和知识。

1.2.1　网页与网站

网页就是用户通过浏览器看到的一个个页面。一个功能多样的网站就是由若干个网页组成的。如果把网站看作一本书，那么网页就是书中的一个个页面，即网页是构成网站的基本元素，是承载各种网站应用的平台。人们通过浏览器可以访问各种网站，首先在浏览器的地址框中输入网址，然后经过一段复杂而又快速的程序，这个网站的某一个网页文件会被传送到用户的计算机上；最后再通过浏览器解释网页的内容，展示给浏览者。

网站是一种沟通工具，人们可以通过网站来发布自己想要公开的信息，或者利用网站来提供相关的网络服务。人们可以通过网页浏览器来访问网站，获取自己需要的信息或者享受网络服务。在 Internet 发展的早期，网站只能保存单纯的文本。自从万维网（WWW）出现以后，图像、声音、动画、视频等技术开始在 Internet 上流行起来。通过交互网页技术，人们还可以与网络中的其他用户或者网站管理者进行交流。从行业看，网站可分为个人网站、商业网站、政府网站、教育网站等类型；从技术上看，域名、空间服务器和程序是早期网站的基本组成部分。随着科技的不断进步，网站的组成也日趋复杂，目前多数网站由域名、空间服务器、DNS 域名解析、网站程序、数据库等部分组成。

1.2.2　网页的内容元素

网页是用来传递信息的，传递信息的形式主要以文本和图像为主，它们是构成网页的两个最基本的元素。除此之外，网页的内容元素还包括动画、音乐、视频等。文本通常符合排版和传输要求，图像、音频、动画、视频是在放置到网页上前要经过专门处理，以更符合网络传输要求。

1.　文本

文本是网页中的主要信息。在网页中，可以通过字体、字号、颜色、底纹以及边框等来设置文本属性。这里所说的文本是指纯文本，并非是图像中出现的文字等内容。在网页制作过程中，文本可以被设置成各种字体、大小和颜色，但用于正文的文本不要太大，也不要使用种类过多的字体，中文文本通常设置成宋体、12 像素或 14 像素大小即可，文本颜色也不要设置得太过复杂。文本排列，可参考报纸杂志的排版格式。

2.　图像

一个丰富多彩的网页，都是因为网页中有了图像。网页上使用的图像通常属于 JPG 和 GIF 格式，PNG 格式也可以。网页中使用的图像，通常是提前使用图像处理软件处理好的，包括图像的幅面大小、图像格式等。Photoshop 是处理图像最常用的软件，也是本书要介绍的网页制作辅助工具之一。它不仅可以处理单个图像，也可以设计网页的整个页面，然后再进行图像切割，保存成多个小的图像，供网页制作使用。

3.　动画

动画是网页上最活跃的元素，是吸引用户的较为有效的方法，但数量不宜过多。网页上使用的动画类型通常有 Flash 动画、GIF 动画等。其中，Flash 动画是使用比较多的 Web 动画形式之一。制作 Flash 动画通常使用 Flash 软件，现在它已更名为 Animate。利用这个动画制作软件，不仅可以创建 Flash 电影，而且可以把动画输出为 QuickTime 文件、GIF 文件或其他多种不同的格式文件。

4．视频

视频使网页内容更加精彩，许多网站就是专门的视频网站，如电影、电视剧网站。常见的网页视频文件格式包括 RM、MPEG、AVI 和 DivX 等。

1.2.3　制作一个简单的网页

在了解了网页与网站以及网页的内容元素后，下面使用记事本制作一个简单的网页，以增加感性认识。具体操作过程如下。

（1）在 Windows 中打开记事本，在其中输入如图 1-1 所示的内容。

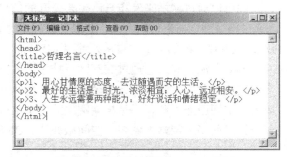

图 1-1　在记事本中输入 HTML 代码

　　　　HTML 代码中的 HTML 标签要在英文输入状态下输入。为了便于管理，可在磁盘根目录下建立一个文件夹（如"mysite"），用来保存 HTML 文档，再在该文件夹下建立一个文件夹（如"images"），用来保存网页中的图像文件。

（2）选择【文件】/【保存】命令，打开【另存为】对话框，定位好文件的保存位置，然后在【文件名】文本框中将默认的"*.txt"修改为"mingyan.htm"，如图 1-2 所示。

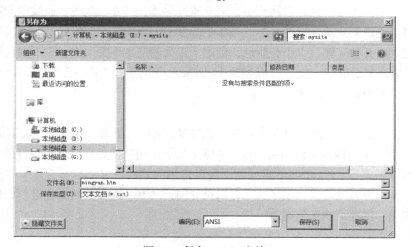

图 1-2　保存 HTML 文档

（3）单击 保存(S) 按钮保存 HTML 文档。

（4）用鼠标左键双击保存后的文档"mingyan.htm"，计算机会自动使用默认的浏览器打开该网页文档，如图 1-3 所示。

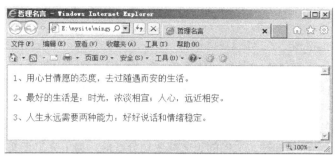

图 1-3　在浏览器中显示 HTML 文档

如果要对文档"mingyan.htm"再次进行修改，可以在记事本中打开它进行修改即可。熟练掌握 HTML 代码，这是使用记事本制作网页的最基础、最简单的方法。

1.2.4　认识 HTML

超文本标记语言（HyperText Markup Language，HTML）是用来描述网页的一种标记语言。HTML 标记标签通常被称为 HTML 标签，HTML 标签是由尖括号包围的关键词，通常是成对出现的，如<html>和</html>。包含 HTML 标签和纯文本的文档称为 HTML 文档，可以使用记事本、写字板、Dreamweaver 等编辑工具来编写，其扩展名是".htm"或".html"。HTML 文档通常使用 Web 浏览器来读取，并以网页的形式显示出来。浏览器不会显示 HTML 标签，而是使用 HTML 标签来解释页面的内容。HTML4.01 于 1999 年 12 月 24 日成为万维网联盟（World Wide Web Consortium，W3C）的推荐标准。此后，Web 世界经历了巨变。下面将基于 HTML4.01 简要地介绍 HTML 的基本知识。

1. HTML 文档的基本结构

HTML 文档的基本结构如下。

```
<html>
<head>
<title>哲理名言</title>
</head>
<body>
<p>1、用心甘情愿的态度，去过随遇而安的生活。</p>
<p>2、最好的生活是：时光，浓淡相宜；人心，远近相安。</p>
<p>3、人生永远需要两种能力：好好说话和情绪稳定。</p>
</body>
</html>
```

HTML 代码中包含 3 对最基本的 HTML 标签。

（1）<html>…</html>

<html>标记符号出现在每个 HTML 文档的开头，</html>标记符号出现在每个 HTML 文档的结尾。通过对这一对标记符号的读取，浏览器可以判断目前正在打开的是网页文件而不是其他类型的文件。

（2）<head>…</head>

<head>…</head>构成 HTML 文档的开头部分，在<head>和</head>之间可以使用<title>…</title>、<script>…</script>等标记，这些标记都是用于描述 HTML 文档相关信息的，不会在浏览器中显示出来。其中<title>…</title>标记是最常用的，在<title>和</title>标记之间的文本将显示在浏览器的标题栏中。

（3）<body>…</body>

<body>…</body>是 HTML 文档的主体部分，在此标记之间可以包含<p>…</p>、
、<hr>、<img>、<table>…</table>、<div>…</div>等大部分 HTML 标记，它们所定义的文本、水平线、图像等都会在浏览器中显示出来。

2. HTML 文档的标题

每篇文档都要有自己的标题，文档的正文都要划分段落。为了突出正文标题的地位和它们之间的层次关系，HTML 设置了 6 级标题。HTML 标题是通过<h1>-<h6>等标签进行定义的。其中：数字越小，字号越大；数字越大，字号越小。格式如下。

```
<h1>标题文字</h1>
<h2>标题文字</h2>
…
<h6>标题文字</h6>
```

3. HTML 文档中的段落

HTML 使用<p>…</p>标签对网页正文进行分段，它将使标记后面的内容在浏览器窗口中另起一段。用户可以通过该标记中的 align 属性对段落的对齐方式进行控制。align 属性的值通常有 left、right、center 3 种，可分别使段落内的文本居左、居右、居中对齐。例如：

```
<p>环境永远不会十全十美，消极的人受环境控制，<br>积极的人却控制环境。</p>
<p>只有不断找寻机会的人才会及时把握机会，<br>越努力，越幸运。</p>
```

在浏览器中的浏览效果如图 1-4 所示。使用段落标记<p>…</p>与使用换行标记
是不同的，
标记只能起到另起一行的作用，不等于另起一段，换行仍然是发生在段落内的行为。

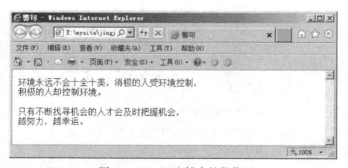

图 1-4　HTML 文档中的段落

4. HTML 文档中的超级链接

HTML 使用超级链接与网络上的另一个文档相关联，在所有的网页中几乎都有超级链接，单击超级链接可以从一个页面跳转到另一个页面。超级链接可以是一个字、一个词或者一组词，也可以是一幅图像或图像的某一部分，用户可以通过单击这些内容跳转到新的文档或者当前文档中的某个部分。

HTML 语言通常使用<a>…</a>标签在文档中创建超级链接，例如：

```
<a href="http://www.163.com" target="_blank">网易</a>
```

其中，href 属性用来创建指向另一个网址的链接，使用 target 属性定义被链接的文档在何处显示，_blank 表示在新窗口中打开文档。

5. HTML 文档中的表格

在 HTML 中，表格使用<table>标签来定义，每个表格有若干行，行使用<tr>标签来定义，每行又分为若干单元格，单元格使用<td>标签来定义。如果表格有行标题或列标题，标题单元格使用<th>标签来定义。如果表格有标题，标题使用<caption>标签来定义。表格的宽度使用 width 属性进行定义，表格的边框粗细使用 border 属性进行定义。例如：

```
<table width="200" border="1" cellpadding="0" cellspacing="0">
<caption>学生名单</caption>
<tr>
<th width="50%" height="30">姓名</th>
<th>班级</th>
</tr>
<tr>
<td width="50%" height="30" align="center">王一翔</td>
<td align="center">三年级 3 班</td>
</tr>
<tr>
<td width="50%" height="30" align="center">王一楠</td>
<td align="center">三年级 2 班</td>
</tr>
</table>
```

在浏览器中的浏览效果如图 1-5 所示。

图 1-5　HTML 文档中的表格

6. HTML5

目前 HTML 的最新版本是 HTML5，它与 HTML4.01 相比有着明显不同。2014 年 10 月 28 日，HTML5 成为 W3C 推荐标准。HTML5 是 W3C 与 WHATWG（Web Hypertext Application Technology Working Group）合作的结果。WHATWG 致力于 web 表单和应用程序，而 W3C 则专注于 XHTML 2.0。在 2006 年，双方决定进行合作来创建一个新版本的 HTML。他们为 HTML5 建立的一些规则如下。

- 新特性应该基于 HTML、CSS、DOM 以及 JavaScript。
- 减少对外部插件的需求（如 Flash）。

- 更优秀的错误处理能力。
- 更多取代脚本的标记。
- HTML5 应该独立于设备
- 开发进程应对公众透明。

现在的 HTML5 还包含了以下一些有趣的新特性。

- 用于绘画的 canvas 元素。
- 用于媒介回放的 video 和 audio 元素。
- 对本地离线存储的更好支持。
- 新的特殊内容元素，如 article、footer、header、nav、section。
- 新的表单控件，如 calendar、date、time、email、url、search。

例如，许多网站都提供视频服务。但长期以来，不存在一项旨在网页上显示视频的标准。大多数视频是通过插件（如 Flash）来显示的。但并非所有浏览器都拥有同样的插件。HTML5 提供了展示视频的标准，它规定通过 video 元素来包含视频。当前，video 元素支持 3 种视频格式，如表 1-1 所示。

表 1-1   video 元素支持的 3 种视频格式及支持的浏览器

格式	IE	Firefox	Opera	Chrome	Safari
Ogg	No	3.5+	10.5+	5.0+	No
MPEG 4	9.0+	No	No	5.0+	3.0+
WebM	No	4.0+	10.6+	6.0+	No

Ogg 是带有 Theora 视频编码和 Vorbis 音频编码的 Ogg 文件。MPEG4 是带有 H.264 视频编码和 AAC 音频编码的 MPEG 4 文件。WebM 是带有 VP8 视频编码和 Vorbis 音频编码的 WebM 文件。如果需要在 HTML5 中显示视频，则代码格式如下：

```
<video src="movie.ogg" width="320" height="240" controls="controls">
您的浏览器不支持 video 标签。
</video>
```

control 属性提供添加播放、暂停和音量控件。Width 和 height 属性用于设置视频显示的宽度和高度。<video>与</video>之间插入的内容是供不支持 video 元素的浏览器显示的。

上面的示例使用一个 Ogg 文件，适用于 Firefox、Opera 以及 Chrome 浏览器。若要确保适用于 Safari 浏览器，则视频文件必须是 MPEG4 类型。video 元素允许设置多个 source 元素，source 元素可以链接不同的视频文件，浏览器将使用第一个可识别的格式，例如：

```
<video width="320" height="240" controls="controls">
  <source src="movie.ogg" type="video/ogg">
  <source src="movie.mp4" type="video/mp4">
您的浏览器不支持 video 标签。
</video>
```

总之，HTML5 具有全新的、更加语义化的、合理的结构化元素，新的更具表现性的表单控件以及多媒体视频和音频支持，以及更加强大的交互操作功能。但这一切都是全新的，HTML5 仍处于完善之中。目前，大部分浏览器已经具备了对某些 HTML5 功能的支持。

1.2.5 认识 CSS

层叠样式表（Cascading Style Sheets，CSS），也称级联样式表，其作用主要是用于定义如何显示 HTML 元素。CSS 可以称得上是 Web 设计领域的一个突破，因为它允许一个外部样式表同时控制多个页面的样式和布局，也允许一个页面同时引用多个外部样式表。其优点是，如需进行网站样式全局更新，只要简单地改变样式表，网站中的所有元素就会自动更新。外部样式表文件通常以 ".css" 为扩展名。

1. CSS 的保存方式

CSS 允许使用多种方式保存样式信息，可以保存在单个的 HTML 标签元素中（称为内联样式），也可以保存在 HTML 文档的头部元素<head>标签中（称为内部样式表），还可以保存在一个外部的 CSS 样式表文件中（称为外部样式表），如图 1-6 所示。在同一个 HTML 文档中可同时引用多个外部样式表。如果对 HTML 元素没有进行任何样式设置，浏览器会按照默认设置进行显示。如果同一个 HTML 元素被不止一个样式定义时，则会按照内联样式、内部样式表、外部样式表和浏览器默认设置的优先顺序进行显示。

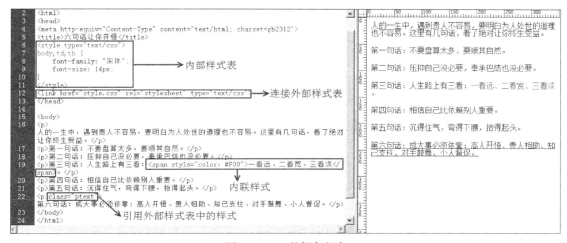

图 1-6　CSS 的保存方式

2. CSS 的语法结构

CSS 的语法结构由两部分组成：选择器和声明（大多数情况下为包含多个声明的代码块）。选择器是标识已设置格式元素的术语（如 HTML 标签、类名称或 ID），而介于大括号（即{}）之间的所有内容都是声明块。声明块主要用于定义样式属性，可以是一条也可以是多条，每条声明由一个属性和一个值组成。

```
选择器 {声明1; 声明2; ... 声明N}
```

属性是需要设置的样式属性，属性和值用冒号分开。在 CSS 语法中，所使用的冒号等分隔符号均是英文状态下的符号。例如：

```
h3 {color: red; font-size: 14px;}
```

上述代码的作用是将 h3 元素内的文本颜色定义为红色，字体大小设置为 14 像素。在这个例子中，h3 是选择器，它有两条声明："color: red" 和 "font-size: 14px"，其中，"color" 和 "font-size" 是属性，"red" 和 "14px" 是值。

在 CSS 中，值有不同的写法和单位。在上面的例子中，除了英文单词 "red"，还可以使用十六进制的颜色值 "#ff0000"；为了节约字节，还可以使用 CSS 的缩写形式 "#f00"，例如：

```
p {color: #ff0000;}
p {color: #f00; }
```

也可以通过两种方法使用 RGB 值，例如：

```
p {color: rgb(255,0,0);}
p {color: rgb(100%,0%,0%);}
```

当使用 RGB 百分比时，即使当值为 "0" 时也要写百分比符号。但是在其他情况下，就不需要这么做了。例如，当尺寸为 "0" 像素时，"0" 之后不需要使用单位 "px"。

另外，如果值不是一个单词而是多个单词时，则要使用逗号分隔每个值，并给每个值加引号，例如：

```
p {font-family: "sans", "serif";}
```

上述代码的作用是将 p 元素内的文本字体依次定义为 "sans" 和 "serif"，表示如果计算机中有第 1 种字体则使用第 1 种字体显示该段落内的文本，否则将使用第 2 种字体显示该段落内的文本。

如果声明不止一个，则需要用分号将每个声明分开。通常最后一条声明是不需要加分号的，因为分号在英语中是一个分隔符号，不是结束符号。但是，大多数有经验的设计师会在每条声明的末尾都加上分号，其好处是，当从现有的规则中增减声明时，会尽可能减少出错的机会。例如：

```
p {text-align: center; color: red;}
```

为了增强样式定义的可读性，建议在每行只描述一个属性，例如：

```
p {
margin-top:5px;
margin-bottom:10px;
line-height:35px;
}
```

大多数样式表包含的规则比较多，而大多数规则包含不止一个声明。因此，在声明中应注意空格的使用会使得样式表更容易被编辑，包含空格不会影响 CSS 在浏览器中的显示效果。同时，CSS 对大小写不敏感，但是如果涉及与 HTML 文档一起工作，class 和 id 名称对大小写是敏感的。

3. CSS 的样式类型

CSS 样式可以分为类样式、ID 名称样式、标签样式、复合内容样式和内联样式几种形式，下面进行简要说明。

（1）类样式

类样式可应用于任何 HTML 元素，它以一个点号来定义，例如：

```
.pstyle {text-align: left}
```

上述代码的作用是将所有拥有 pstyle 类的 HTML 元素显示为居左对齐。在 HTML 文档中引用类 CSS 样式时，通常使用 class 属性，在属性值中不包含点号。在下面的 HTML 代码中，h1 和 p 元素中都有 pstyle 类，表示两者都将遵守 pstyle 选择器中的规则。

```
<h1 class="pstyle">网络流行语</h1>
<p class="pstyle">在海边不要讲笑话，会引起 "海笑" 的。</p>
```

（2）ID 名称样式

ID 名称样式可以为标有特定 ID 名称的 HTML 元素指定特定的样式，它只能应用于同一个 HTML 文档中的一个 HTML 元素，ID 选择器以 "#" 来定义，例如：

```
#p1 {color: blue;}
#p2 {color: green;}
```

在下面的 HTML 代码中，ID 名称为 p1 的 p 元素内的文本显示为蓝色，而 ID 名称为 p2 的 p 元素内的文本显示为绿色。

```
<p id="p1">细节决定成败，态度决定一切。</p>
<p id="p2">习惯决定成绩，细节决定命运。</p>
```

（3）标签样式

最常见的 CSS 选择器是标签选择器。换句话说，文档的 HTML 标签就是最基本的选择器，例如：

```
table {color: blue;}
h2 {color: silver;}
p {color: gray;}
```

标签样式匹配 HTML 文档中标签类型的名称，也就是说，标签样式不需要使用特定的方式进行引用。一旦定义了标签样式，在 HTML 文档中，凡是含有该标签的地方自动应用该样式。

（4）复合内容样式

复合内容样式主要是指标签组合、标签嵌套等形式的 CSS 样式。标签组合即同时为多个 HTML 标签定义相同的样式，例如：

```
h1,p{font-size: 12px}
```

标签嵌套即在某个 HTML 标签内出现的另一个 HTML 标签，可以包含多个层次。例如，每当标签 h2 出现在表格单元格内时，使用的选择器格式是：

```
td h2{font-size: 18px}
```

复合内容选择器有时也会是多种形式的组合，例如：

```
#mytable a:link, #mytable a:visited{color: #000000}
```

上述样式只会应用于 ID 名称是 mytable 的标签内的超级链接。

（5）内联样式

内联样式设置在单个的 HTML 元素中，通常使用标签<span>进行定义，例如：

```
<p>人在<span style="color: #F00;">江湖</span>，身不由己</p>
```

上述定义的内联样式将使文本"江湖"以红色显示。

以上是对 CSS 样式最基本的介绍，其内容还有很多，有兴趣的读者可以查阅相关资料进行研究，这里不再详述。总之，通过使用 CSS 样式设置页面的格式，可将页面的内容与表现形式分离。将内容与表现形式分离，不仅使站点的外观维护更加容易，而且还使 HTML 文档代码更加简练，缩短了浏览器的加载时间，可谓一举两得。

1.3　网　站　基　础

下面介绍常用的网页布局、网页制作软件以及网页设计流程。

1.3.1　网页布局类型

制作网页需要了解网页布局的基本类型。常见的网页布局类型有以下几种。

- 一字型结构：最简单的网页布局类型，即无论是从纵向上看还是从横向上看都只有 1 栏，通常居中显示，它是其他布局类型的基础。
- 左右型结构：将网页分割为左右两栏，左栏小、右栏大、或者左栏大、右栏小。
- 川字型结构：将网页分割为左、中、右 3 栏，左右两栏小，中栏大。
- 二字型结构：将网页分割为上、下两栏，上栏小、下栏大，或上栏大、下栏小。
- 三字型结构：将网页分割为上、中、下 3 栏，上、下栏小，中栏大。
- 厂字型结构：将网页分割为上、下两栏，下栏又分为左、右两栏。
- 匚字型结构：将网页分割为上、中、下 3 栏，中栏又分为左、右两栏。
- 同字型结构：将网页分割为上、下两栏，下栏又分为左、中、右 3 栏。
- 回字型结构：将网页分割为上、中、下 3 栏，中栏又分为左、中、右 3 栏。

平时我们浏览网页经常发现许多网页很长，实际上不管网页多长，其结构大多是以上几种结构类型的综合应用。另外需要说明的是，上面介绍的只是网页的大致区域结构，在每个小区域内通常还需要根据实际继续进行布局。

1.3.2　网页制作软件

对初学网页设计和制作的读者来说，只要掌握网页制作、图像处理和动画制作这 3 个工具软件就可以设计和制作出非常漂亮生动的网页。

Dreamweaver 是集网页制作和网站管理于一身的所见即所得的网页编辑器，利用它可以可视化地制作跨越平台和浏览器限制的充满动感的网页。Dreamweaver 最初的版本由美国 Macromedia 公司开发，Adobe 收购 Macromedia 后又发布了几个版本，如 Dreamweaver CS3、Dreamweaver CS4、Dreamweaver CS5、Dreamweaver CS6、Dreamweaver CC、Dreamweaver CC 2014、Dreamweaver CC 2015、Dreamweaver CC 2017 等。由于具有出色的网页代码编辑和网页架构设计功能，Dreamweaver 已成为目前网页制作者使用比较多的网站设计和网页制作工具之一。

Flash 是一种集动画创作与应用程序开发于一身的创作软件，最初的版本也是由美国 Macromedia 公司开发，Adobe 收购 Macromedia 后又发布了几个版本，如 Flash CS3、Flash CS4、Flash CS5、Flash CS6、Flash CC、Flash CC 2014、Flash CC 2015、Animate CC 2017 等。Flash 是一个非常优秀的矢量动画制作软件，它以流式控制技术和矢量技术为核心，制作的动画短小、精悍，被广泛应用于网页动画设计中。这里需要说明的是，Flash CC 2015 后续版本改名为 Animate CC 2017，名字虽然改了，但制作的动画仍然叫 Flash 动画，而不叫 Animate 动画。

Photoshop 具有强大的图形图像处理功能，自推出之日起就一直深受广大用户的好评。Photoshop 功能强大、操作灵活，为用户提供了更为广阔的使用空间和设计空间，使图像设计工作更加方便、快捷。Photoshop 应用领域也非常广泛，在图像、图形、文字、视频、出版等各方面都有涉及。CS 系列比较常用的版本有 Photoshop CS5、Photoshop CS6，CC 系列版本有 Photoshop CC、Photoshop CC 2014、Photoshop CC 2015、Photoshop CC 2017 等。

本书要介绍的这 3 个软件的版本分别是 Dreamweaver CC 2017、Animate CC 2017 和 Photoshop CC 2017。

1.3.3　网站设计流程

当具备了一定的网页知识和操作技能后，读者就可以针对一个特定的任务进行网页设计和制作了，具体制作流程简要说明如下。

（1）需求分析。网页制作的第一步就是要弄清制作的目的和要求，只有对制作需求分析清楚了，才能有条不紊地开展后期制作工作。

（2）设计规划。把需要设计的任务进行分类、分工。

（3）网页制作。利用网页制作软件，针对每个页面进行设计。

（4）测试阶段。针对每个网页出现的问题进行修改，直到所有功能达到要求。

（5）发布网页。最后，将制作的网页作为成品进行发布。

小　　结

本章首先介绍了与互联网和网页设计有关的基本概念和基本知识，重点介绍了 HTML 和 CSS 基本用法，并对网页制作相关软件进行了介绍。HTML 和 CSS 是深入学习网页设计和制作的基础内容，读者需仔细阅读和领会。

习　　题

1．浏览一些知名网站，观察它们各自的网页布局和内容组成元素，然后思考网页与网站的关系。

2．用本章所学的 HTML 知识创建一个简单的网页文档。

第2章
Dreamweaver CC 2017 基础

对初学者来说，了解 HTML 代码有利于网页设计与制作，但仅通过编写代码来制作网页也不是一件容易的事。因此，掌握一门"所见即所得"的网站建设和网页制作工具，对于网页制作初学者来说非常必要。本章将简要介绍使用 Dreamweaver CC 2017 这个可视化工具创建站点和网页以及插入文本、图像和媒体等元素的基本方法。

【学习目标】

- 了解 Dreamweaver CC 2017 的工作界面。
- 掌握设置 Dreamweaver CC 2017 首选项的方法。
- 掌握在 Dreamweaver CC 2017 中创建和管理站点的方法。
- 掌握在站点中创建文件夹和文件的方法。
- 掌握在网页中使用文本、图像和媒体的方法。

2.1　认识 Dreamweaver CC 2017

下面对 Dreamweaver CC 2017 的发展概况、工作界面、首选项以及常用面板、工具栏等内容进行简要介绍。

2.1.1　发展概况

Dreamweaver 最初是由 1984 年成立于美国芝加哥的 Macromedia 公司在 1997 年发布的一套拥有可视化编辑界面的网页设计软件。在 2005 年年底，Macromedia 公司被 Adobe 公司并购。2007年至 2012 年，Adobe 公司先后发布了 Dreamweaver CS 系列版本，如 2012 年发布的 Dreamweaver CS6。2013 年，Adobe 正式发布 Adobe Creative Cloud 系列产品，并宣布 Adobe CS（Creative Suite）系列产品将由 Adobe CC（Creative Cloud）系列产品代替。所有的 Creative 套件名称后都将加上"CC"，如 Dreamweaver CC 等。2016 年，Adobe 发布 Adobe CC 2017，包含 Dreamweaver CC 2017 等系列软件。

可以说，从 Dreamweaver 诞生的那天起，它就是集网页制作和网站管理于一身的所见即所得的网页编辑器，是针对专业网页设计师而设计的视觉化网页开发工具，它可以让设计师轻而易举地制作出跨越平台和浏览器限制的充满动感的网页。尤其是对初学者而言，Dreamweaver 比较容易入门，所以它在网页制作领域得到了广泛的应用。

2.1.2 工作界面

下面对 Dreamweaver CC 2017 的工作界面进行简要介绍。

1. 开始屏幕

当启动 Dreamweaver CC 2017（2017 版，内部版本 9314）后，在工作窗口中通常会显示开始屏幕，如图 2-1 所示，开始屏幕主要用于创建新文档或打开已有文档等。

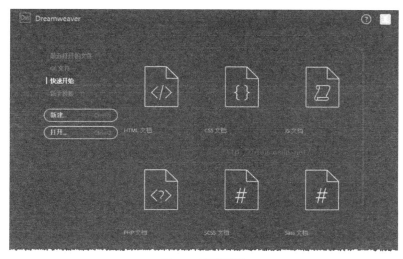

图 2-1 开始屏幕

如果用户不希望软件启动时显示开始屏幕，可以选择菜单命令【编辑】/【首选项】，打开【首选项】对话框，在【常规】分类的【文档选项】中取消勾选【显示开始屏幕】选项，然后单击 应用 按钮，再单击 关闭 按钮关闭对话框即可。

2. 界面颜色主题

Dreamweaver CC 2017 可以在软件安装完毕首次启动时设置界面颜色主题，也可以在【首选项】对话框的【界面】分类中进行设置，如【颜色主题】可以选择第 3 个选项，如图 2-2 所示，然后单击 应用 按钮，再单击 关闭 按钮关闭对话框。颜色主题共有 4 种类型，前两种属于深色主题类型，后两种属于浅色主题类型，可以通过选择颜色主题来调节工作区亮度。

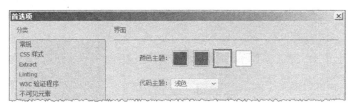

图 2-2 设置【颜色主题】

3. 工作窗口

新建一个 HTML 文档，此时工作界面如图 2-3 所示。文档编辑区上面默认有【菜单栏】【文档】工具栏，左侧默认有【通用】工具栏，右侧默认为包括【文件】面板、【插入】面板、【CSS 设计器】在内的面板组。文档编辑区的左上方显示文档标签，即文档的名称。文档编辑区的左下方为标签选择器，显示当前光标所在文档位置的 HTML 层级标签。文档编辑区的右下方为状态栏，可以在此设置文档编辑区的大小或实时预览等。

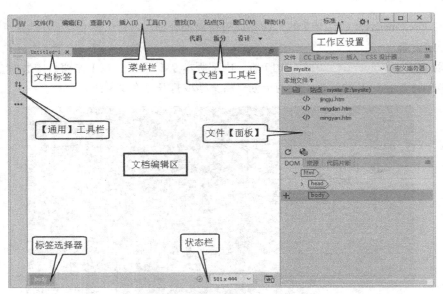

图 2-3　Dreamweaver CC 2017 工作界面

Dreamweaver CC 的工作界面默认有【开发人员】和【标准】两种布局模式，图 2-3 所示为【标准】布局模式。可以通过单击 标准、 开发人员 或类似 我的布局 按钮在弹出的如图 2-4 所示的快捷菜单中选择相应的选项，来切换、新建、管理或保存工作区布局模式。也可以选择【窗口】/【工作区布局】中的菜单命令，进行相应操作。

在【工作区布局】下拉菜单中选择【新建工作区】命令，可打开【新建工作区】对话框进行命名保存，如图 2-5 所示，启动 Dreamweaver CC 2017 后就可以选择自己想要的布局模式进行工作了。如果要对工作区布局的名称进行修改或删除，可选择【管理工作区】命令，打开【管理工作区】对话框，选择工作区布局名称，然后单击 重命名 按钮或 删除 按钮，进行重命名或删除操作，如图 2-6 所示。对当前工作区布局模式进行的修改，可在【工作区布局】下拉菜单中选择【保存当前】命令进行保存。

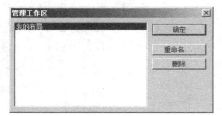

图 2-4　【工作区布局】下拉菜单　　图 2-5　【新建工作区】对话框　　图 2-6　【管理工作区】对话框

在文档编辑区右下方单击 按钮，可打开如图 2-7 所示【实时预览】弹出菜单，在其中可以选择预览网页的浏览器。如果单击【编辑列表】，还可以打开【首选项】对话框，在【实时预览】分类中，可通过单击 + 按钮或 − 按钮在列表框中添加或删除浏览器类型，还可以通过在【默认】选项勾选【主浏览器】或【次浏览器】复选框来设置当前在列表框中选择的浏览器是主浏览器还是次浏览器，如图 2-8 所示。只能有一种浏览器可以被设置为主浏览器或次浏览器，在主浏览器的后面会显示快捷键 F12，在次浏览器的后面会显示快捷键 Ctrl F12。

图 2-7　【实时预览】弹出菜单

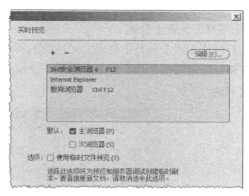

图 2-8　【首选项】对话框【实时预览】分类

2.1.3　首选项

在使用 Dreamweaver CC 2017 制作网页之前，最好通过【首选项】对话框来定义使用 Dreamweaver CC 2017 的基本规则。可以通过选择菜单命令【编辑】/【首选项】，来打开【首选项】对话框进行设置。在设置完毕后，需要单击 应用 按钮，然后再单击 关闭 按钮关闭对话框。下面对【首选项】对话框的常用分类选项进行简要说明。

1. 【常规】分类

在【常规】分类中可以定义【文档选项】和【编辑选项】两部分内容，如图 2-9 所示。

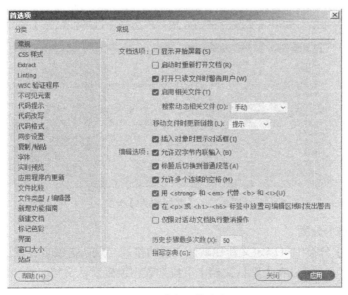

图 2-9　【常规】分类

选择【显示开始屏幕】复选框，表示在启动 Dreamweaver CC 2017 时将显示开始屏幕，否则将不显示。在【移动文件时更新链接】下拉列表框中选择【提示】选项，以后在移动网页文件时会自动询问是否更新与之相关的超级链接；如果选择【总是】选项，在移动网页文件时不会询问而是直接更新相关的超级链接；如果选择【从不】选项，在移动网页文件时将不会更新相关的超级链接。选择【允许多个连续的空格】复选框，表示允许使用 $\boxed{\text{Space}}$ （空格）键在文档中输入多个连续的空格。

2. 【不可见元素】分类

在【不可见元素】分类中可以定义显示不可见元素以帮助设计者确定它们的位置，如图 2-10 所示。例如，可以勾选【换行符】复选框，这样在文档中添加换行符标签后，在文档【设计】视图中会显示换行符标志。

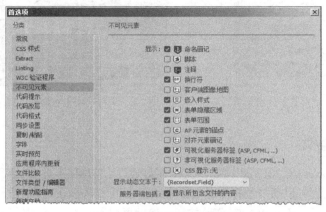

图 2-10 【不可见元素】分类

3. 【复制/粘贴】分类

在【复制/粘贴】分类中，可以定义粘贴到文档中的文本格式，如图 2-11 所示。在设置了一种适用的粘贴方式后，就可以直接选择菜单命令【编辑】/【粘贴】来粘贴文本，而不必每次都选择【编辑】/【选择性粘贴】命令。如果需要改变粘贴方式，再选择【选择性粘贴】命令进行粘贴即可。

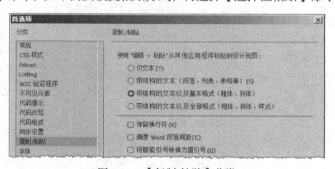

图 2-11 【复制/粘贴】分类

4. 【新建文档】分类

在【新建文档】分类中可以定义新建默认文档的格式、默认扩展名、默认文档类型和默认编码等，如图 2-12 所示。可以在【默认文档】下拉列表中设置默认文档，如"HTML"；在【默认扩展名】文本框中设置默认文档的扩展名，如".htm"；在【默认文档类型】下拉列表中设置文档类型，如"HTML5"；在【默认编码】下拉列表中设置编码类型，如"简体中文（GB2312）"。

在【默认文档类型】下拉列表框中可以设置默认文档的类型，包括 7 个选项，大体可分为 HTML 和 XHTML 两大类。HTML 常用版本是 HTML4.01，目前最新版本是 HTML5。

在【默认编码】下拉列表框中可以设置默认文档的编码，其中最常用的是"Unicode（UTF-8）"和"简体中文（GB2312）"。

图 2-12　【新建文档】分类

2.1.4　工具栏

选择菜单命令【窗口】/【工具栏】可以发现，工具栏通常有【文档】【标准】和【通用】3个，如图 2-13 所示，可以通过是否勾选来定义这些工具栏是否显示。

1.　【文档】工具栏

比较常用的是【文档】工具栏，如图 2-14 所示。文档窗口通常有【代码】【拆分】【设计】和【实时视图】4 种显示模式。在【文档】工具栏中，可以通过单击 代码、拆分、设计 或 实时视图 按钮来进行切换。其中【设计】和【实时视图】需要通过单击 ▼ 按钮在弹出的下拉菜单中选择相应的选项进行显示。

图 2-13　工具栏　　　　　　　　　　　　图 2-14　【文档】工具栏

【设计】视图主要用于可视化操作的设计和开发环境，【代码】视图主要用于编辑 HTML 等代码的手工编码环境，【拆分】视图可以将文档窗口拆分为【代码】和【设计】两种视图模式。用户既可以进行可视化操作，又可以随时查看源代码，如图 2-15 所示。

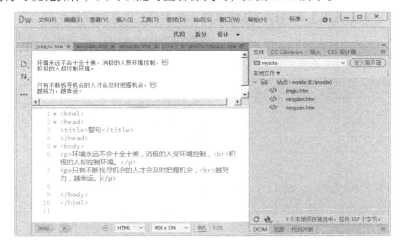

图 2-15　【拆分】视图

在【实时视图】中，用户可以检查和更改任意 HTML 元素的性质并预览其外观，而无需刷新。如图 2-16 所示，单击 ⊞ 按钮将添加文本框，在其中可以设置当前 HTML 标签的 ID 名称或引用的类名称。还可以使用【插入】面板将 HTML 元素直接插入实时视图中，元素是实时插入的，无需切换模式，还可以即时预览更改。在插入相关元素时，有时会根据需要显示插入位置提示框，如图 2-17 所示，根据需要选择即可。

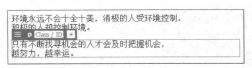

图 2-16 【实时视图】模式   图 2-17 插入位置提示框

2. 【标准】工具栏

选择菜单命令【窗口】/【工具栏】/【标准】，在文档窗口中将会显示【标准】工具栏，如图 2-18 所示。在【标准】工具栏中，可以进行新建和打开文档、保存和全部保存文档、打印代码、还原和重做以及剪切、复制和粘贴等基本操作。

3. 【通用】工具栏

【通用】工具栏通常显示在窗口的左侧，如图 2-19 所示。单击 按钮将弹出当前打开的文档列表，如图 2-20 所示，通过勾选文档名称可以将其切换成为当前显示的文档，当然也可以在文档标签处选择文档名称来进行切换。单击 按钮将弹出文件管理下拉菜单，从中可以选择【获取】【上传】等命令将文件从 Web 服务器下载到本地或将本地文件上传到 Web 服务器，如图 2-21 所示。

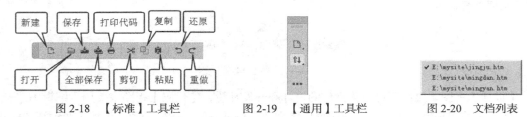

图 2-18 【标准】工具栏   图 2-19 【通用】工具栏   图 2-20 文档列表

单击 按钮可以打开【自定义工具栏】对话框，如图 2-22 所示。可以通过在列表框中勾选相应的选项使其显示在【通用】工具栏或即使未显示在工具栏但其功能仍生效。

图 2-21 文件管理   图 2-22 【自定义工具栏】对话框

2.1.5　常用面板

显示面板的方法是，在菜单栏的【窗口】菜单中勾选相应的面板名称即可。

1. 面板组

面板组，通常是指一个或几个放在一起显示的面板集合的统称。单击面板组右上角的 ▶▶ 按钮可以将所有面板向右侧折叠为图标，单击 ◀◀ 按钮可以向左侧展开面板。也可在展开面板的标题栏上单击鼠标右键，在弹出的快捷菜单中选择【折叠为图标】命令将所有面板向右侧折叠为图标，在折叠面板标题栏上单击鼠标右键，在弹出的快捷菜单中选择【展开面板】命令将折叠的面板向左侧展开显示，如图 2-23 所示。在面板组标题栏上按住鼠标左键进行拖动可移动面板组。

图 2-23　面板组

2. 【文件】面板

【文件】面板如图 2-24 所示，其中，左图是在没有创建站点时的显示状态，中图是在创建了站点后的显示状态，右图是在定义服务器后的显示状态。通过【文件】面板可以查看、创建、修改、删除文件夹和文件，也可以访问远程或测试服务器，上传和下载文件等。【文件】面板功能非常丰富，可以说是站点管理器的缩略图。

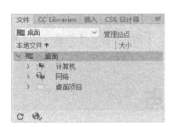
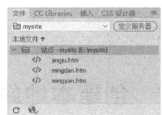

图 2-24　【文件】面板

3. 【属性】面板

选择菜单命令【窗口】/【属性】可显示【属性】面板。通过【属性】面板可以设置和修改所选对象的属性。选择的对象不同，【属性】面板显示的参数也不同。文本【属性】面板还提供了【HTML】和【CSS】两种类型的属性设置，如图 2-25 所示。在【属性（HTML）】面板中可以设置文本的标题格式和段落格式、对象的 ID 名称、列表格式、缩进和凸出、粗体和斜体以及超级链接、类样式的应用和浏览器标题等，这些将采取 HTML 的形式进行设置。在【属性（CSS）】面板中可以设置文本的字体、大小、颜色、样式、粗细和对齐方式等，这些将采用 CSS 样式的形式进行设置，也可以设置浏览器标题。

图 2-25　文本【属性】面板

4.　【插入】面板

【插入】面板包含用于创建和插入对象（如表格、图像和链接等）的按钮。这些按钮按 HTML、表单、模板、Bootstrap 组件、jQuery Mobile、jQuery UI 等类别进行组织，可以通过从顶端的下拉菜单选择所需类别进行切换，如图 2-26 所示。

【插入】面板的每个类别包含相应类型的对象按钮，如图 2-27 所示，单击这些按钮，可将相应的对象插入文档中。某些类别还有带弹出菜单的按钮，这些按钮的右侧为▼按钮，单击▼按钮可以从弹出菜单中选择一个需要插入文档中的选项。

在按钮类别菜单中，选择【隐藏标签】命令，【插入】面板将变为如图 2-28 所示的格式。此时的【隐藏标签】命令变为【显示标签】命令。如果选择【显示标签】命令，【插入】面板就变回原来的格式。

　　　　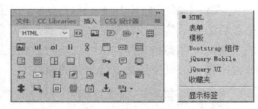

图 2-26　按钮类别菜单　　图 2-27　【插入】面板　　图 2-28　【插入】面板【隐藏标签】格式

2.2　创建本地站点

下面对 Dreamweaver CC 2017 新建和管理站点、创建文件夹和文件的方法作简要介绍。

2.2.1　认识站点

在 Dreamweaver 中，站点是指属于某个 Web 站点文档的本地或远程存储位置，是所有网站文件和资源的集合。通过 Dreamweaver 站点，用户可以组织和管理所有的 Web 文档。

在使用 Dreamweaver 制作网页时，应首先定义一个 Dreamweaver 站点。在定义 Dreamweaver 站点时，通常只需要定义一个本地站点，在【文件】面板中显示为【本地视图】。如果要向 Web 服务器传输文件或开发 Web 应用程序，则还需要设置远程站点和测试站点，在【文件】面板中显示为远程服务器和测试服务器。只有在 Dreamweaver 站点中定义了服务器后，才会在【文件】面板中显示含有【本地视图】【远程服务器】和【测试服务器】的下拉列表，如图 2-29 所示。在定义服务器之前，该下拉列表处显示的是 定义服务器 按钮。

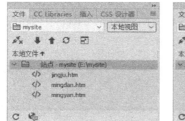

图 2-29　定义服务器后的【文件】面板

在定义 Dreamweaver 站点时，是否需要同时定义远程站点和测试站点，取决于开发环境和所开发的 Web 站点类型。通过本地站点和远程站点的结合使用，可以在本地硬盘和 Web 服务器之间传输文件，这将帮助用户轻松地管理 Web 站点。

2.2.2　创建和管理站点

下面介绍在 Dreamweaver CC 2017 中新建和管理站点的方法。

1. 新建站点

在 Dreamweaver CC 2017 中，新建 Dreamweaver 站点的具体步骤如下。

（1）选择菜单命令【站点】/【新建站点】，打开站点设置对象对话框。

（2）在【站点名称】文本框中输入站点的名字，在【本地站点文件夹】文本框中输入本地站点所在的文件夹，如图 2-30 所示，也可通过单击 按钮打开【选择根文件夹】对话框来选择具体的保存位置。

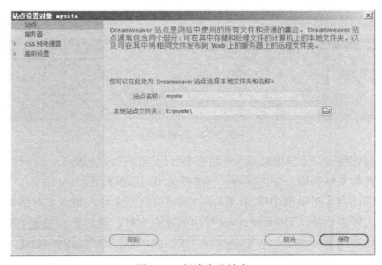

图 2-30　新建本地站点

（3）如果现在不需要创建动态网页文件或不需要将网页文件发布到远程站点上，则可以暂时不设置对话框中的【服务器】选项，在日后需要时再行设置即可。

（4）单击 保存 按钮保存设置，同时关闭对话框。

2. 管理站点

在 Dreamweaver CC 2017 中，可以通过【管理站点】对话框管理站点，具体步骤如下。

（1）选择菜单命令【站点】/【管理站点】打开【管理站点】对话框，如图 2-31 所示。在【管理站点】对话框的【您的站点】列表框中，将显示在 Dreamweaver 中创建的所有站点，包括站点名称和站点类型。

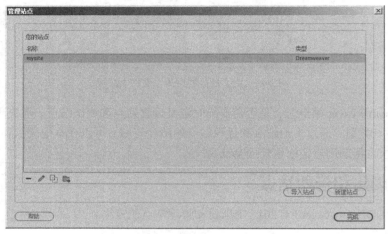

图 2-31　【管理站点】对话框

（2）用鼠标单击可以选择相应的站点，然后单击 — 按钮将删除当前选定的站点。

（3）单击 按钮将打开【站点设置对象】对话框来编辑当前选定的站点，对话框的形式与新建站点时对话框的形式是一样的。

（4）单击 按钮将复制当前选定的站点，并显示在【您的站点】列表框中，如图 2-32 所示，然后再单击 按钮将打开【站点设置对象】对话框对个别参数进行修改即可，如站点名称，这就省去了从头开始创建站点的麻烦。

图 2-32　复制站点

（5）单击 按钮将打开【导出站点】对话框来导出当前选定的站点，文件的扩展名是".ste"，在设置好保存位置和文件名后，单击 保存(S) 按钮关闭对话框即可。

（6）在【管理站点】对话框中单击 导入站点 按钮将打开【导入站点】对话框，选择要导入的站点文件，这个文件必须是从 Dreamweaver 导出的站点文件，最后单击 打开(O) 按钮即可。

（7）在【管理站点】对话框中单击 新建站点 按钮就可以打开对话框来新建站点，这与菜单命令【站点】/【新建站点】的作用是相同的。

2.2.3　创建文件夹和文件

站点创建完毕后，需要在站点中创建文件夹和文件，这个站点才是内容完整的。

1. 通过【文件】面板

在创建文件夹和文件时，用鼠标选择的是哪一层级的文件夹就将在哪一层级的文件夹下创建新的文件夹和文件。

（1）在【文件】面板中，在站点根文件夹上单击鼠标右键，在弹出的快捷菜单中选择【新建文件夹】或【新建文件】命令，如图 2-33 所示。

图 2-33　通过【文件】面板创建文件夹和文件

（2）输入新的文件夹或文件名后，按 Enter 键或在其他位置任意单击鼠标确认即可。

通过【文件】面板创建的文件是没有内容的，双击鼠标左键或通过快捷菜单命令打开文件添加内容并保存后才有实际意义。

2. 通过开始屏幕

如果在【首选项】对话框中设置了在启动 Dreamweaver CC 2017 时显示【开始屏幕】，那么就可在【开始屏幕】通过选择相应的选项来创建相应类型的文档，如 HTML 文档等。

3. 通过菜单命令

选择菜单命令【文件】/【新建】，打开【新建文档】对话框，根据需要选择相应的选项来创建文档，如图 2-34 所示，然后单击 创建(R) 按钮创建一个空白文档。当创建 HTML 类型的文档时，可在【新建文档】对话框右侧部分设置文档在浏览器标题栏显示的标题、文档类型和是否附加 CSS 文件等。

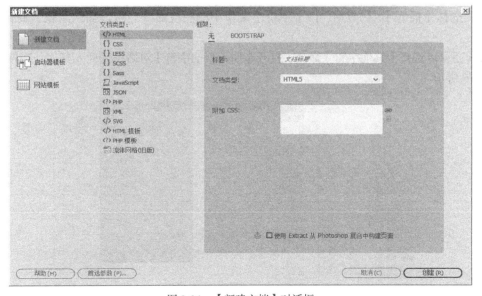

图 2-34　【新建文档】对话框

2.2.4　保存文档

通过【文件】面板创建的文档，添加内容后选择菜单命令【文件】/【保存】即可。通过【新建文档】对话框首次创建的未正式命名的文档，无论是选择菜单命令【文件】/【保存】还是菜单命令【文件】/【另存为】，都将打开【另存为】对话框，输入文件名称进行保存即可。

2.3　使　用　文　本

下面介绍添加和设置文本的基本方法。

2.3.1　添加普通文本

在网页文档中，添加普通文本的方法主要有以下几种。

（1）输入文本：将光标定位在要输入文本的位置，使用键盘直接输入即可。

（2）复制文本：使用复制/粘贴的方法从其他文档中复制/粘贴文本，此时将按【首选项】对话框的【复制/粘贴】分类选项的设置进行文本粘贴。如果选择【选择性粘贴】命令，则可打开【选择性粘贴】对话框，根据需要选择相应的选项进行粘贴，如图 2-35 所示。

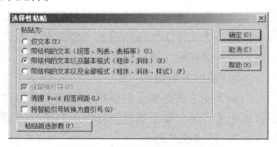

图 2-35　【选择性粘贴】对话框

2.3.2　插入特殊字符

在网页文档中，有时还需要添加一些特殊字符，其中有许多不是通过键盘就能全部完成的。添加的基本方法如下。

（1）选择【插入】/【HTML】/【字符】菜单中的相应命令，可以插入版权、商标等特殊字符。

（2）还可以选择【其他字符】命令，打开【插入其他字符】对话框来插入其他一些特殊字符，如图 2-36 所示。

图 2-36　插入特殊字符

2.3.3　插入水平线

在制作网页时，经常需要插入水平线来对内容区域进行分割，使页面内容布局更清晰。当然，使用线条图像来分割，效果会更好，但会使文件变大。插入水平线的方法如下。

（1）选择菜单命令【插入】/【HTML】/【水平线】，即可在光标所在的行插入一条水平线，如图 2-37 所示。

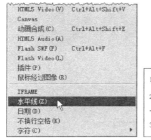

图 2-37　插入水平线

（2）选择菜单命令【窗口】/【属性】，打开【属性】面板，如图 2-38 所示。

图 2-38　水平线【属性】面板

（3）在水平线【属性】面板内，在【宽】文本框中输入水平线的宽度数值，如"500"，在【高】文本框中输入水平线的高度数值，如"2"，单位有"像素"和"%"两种，这里选择"像素"。

（4）在【对齐】下拉列表中选择"左对齐"，其中共有"默认""左对齐""居中对齐"或"右对齐"4 个选项，可根据实际需要进行选择。

（5）水平线效果选择【阴影】复选框，选择【阴影】复选框则水平线是中空的，不选择【阴影】复选框则水平线是实心的。

2.3.4　设置页面属性

如果要对当前页面的字体、大小、颜色、背景、标题格式、浏览器标题及文档编码等进行设置，可通过【页面属性】对话框来进行操作，这些设置将对整个页面起作用。具体方法为：在当前网页文档中，选择菜单命令【文件】/【页面属性】或在【属性】面板中单击　页面属性...　按钮，打开【页面属性】对话框，然后根据需要进行参数设置即可。

1. 页面外观属性设置

【页面属性】对话框打开后默认处于【外观（CSS）】分类，如图 2-39 所示。通过【外观（CSS）】分类，可以设置页面字体类型、字体样式、字体粗细、文本大小、文本颜色、背景颜色、背景图像、重复方式以及页边距等。

（1）可以在【页面字体】下拉列表中选择需要的字体列表。有些字体列表每行有 3 至 5 种甚至更多不同的字体，如图 2-40 所示。浏览器在显示时，首先会寻找第 1 种字体，如果没有就继续寻找下一种字体，以确保计算机在缺少某种字体的情况下，网页的外观不会出现大的变化。

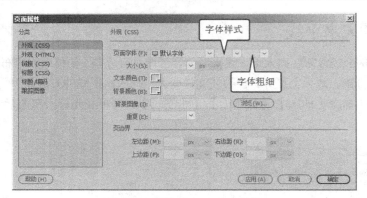

图 2-39 【外观（CSS）】分类

图 2-40 【页面字体】下拉列表

（2）如果在【页面字体】下拉列表中没有需要的字体，则可以选择【管理字体…】选项，打开【管理字体】对话框，然后切换到【自定义字体堆栈】选项卡进行添加，如图 2-41 所示。在【自定义字体堆栈】选项卡中，可以自定义默认字体堆栈或通过选择可用的字体来创建自定义的字体堆栈。字体堆栈是 CSS 字体声明中的字体列表。

（3）单击 + 按钮或 − 按钮，将会在【字体列表】中添加或删除字体列表。

（4）单击 ▲ 按钮或 ▼ 按钮，将会在【字体列表】中上移或下移字体列表。

（5）单击 << 或 >> 按钮，将会在【选择的字体】列表框中增加或删除字体。

（6）单击 完成 按钮即可关闭【管理字体】对话框。

（7）在【外观（CSS）】分类的【大小】下拉列表中选择字体大小，当选择数字时，其后会出现大小单位列表，可选择比较常用的"px（像素）"。

（8）在【文本颜色】和【背景颜色】后的

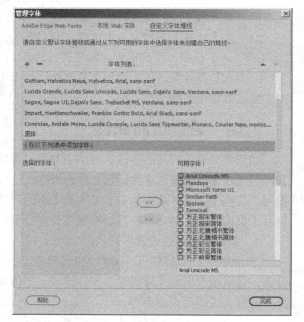

图 2-41 自定义字体堆栈

文本框中可以直接输入颜色代码，也可以单击 ■ （颜色）按钮打开调色板设置相应的颜色，如图 2-42 所示。

（9）单击【背景图像】后面的 浏览(W)... 按钮可以定义当前网页的背景图像，在【重复】下拉列表中可以根据需要定义背景图像重复方式，如"repeat（重复）""repeat-x（横向重复）""repeat-y（纵向重复）"和"no-repeat（不重复）"。

（10）在【左边距】【右边距】【上边距】和【下边距】文本框中，可以输入数值定义页边距，常用单位是"px（像素）"。

也可以通过【外观（HTML）】分类来设置网页的外观属性，如图 2-43 所示。选择【外观（HTML）】分类将使用传统方式（非标准）来进行设置。例如，同样设置网页背景颜色时，使用 CSS 和 HTML 的网页源代码是不一样的。

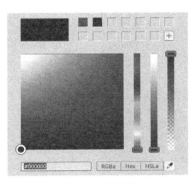

图 2-42　调色板

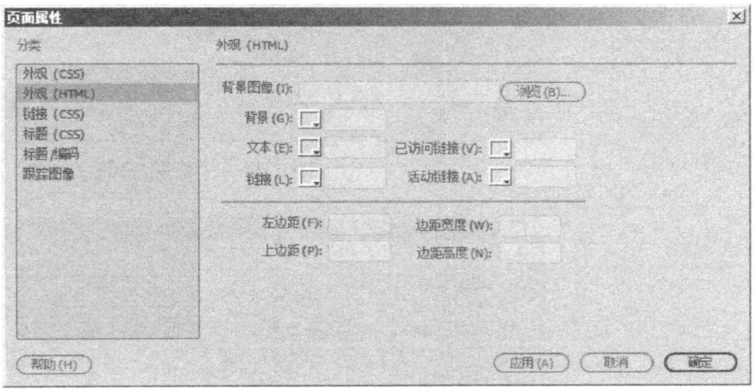

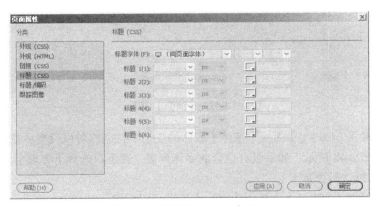

图 2-43　两种外观设置方式

2．其他页面属性的设置

（1）在【链接（CSS）】分类中，可以设置超级链接文本的字体、大小，链接文本的状态颜色和下划线样式，具体设置方法将在第 3 章中详细介绍，此处不再赘述。

（2）在【标题（CSS）】分类中，可以重新设置"标题 1"～"标题 6"的字体、大小和颜色等属性，如图 2-44 所示。在通常情况下，"标题 1"字号最大，"标题 6"字号最小。

图 2-44　【标题（CSS）】分类

（3）在【标题/编码】分类中，可以设置浏览器标题、文档类型和编码方式，如图 2-45 所示。其中，浏览器标题的 HTML 标签是"<title>…</title>"，它位于 HTML 标签"<head>…</head>"之间。

（4）在【跟踪图像】分类中，可以将设计草图设置成跟踪图像，铺在编辑的网页下面作为参考图，用于引导网页的设计，如图 2-46 所示。除了可以设置跟踪图像，还可以设置跟踪图像的透明度，透明度越高，跟踪图像显示得越明显。

图 2-45　【标题/编码】分类

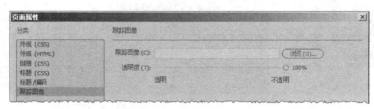

图 2-46　【跟踪图像】分类

2.3.5　设置文本属性

文本属性包括字体类型、颜色、大小、粗体和斜体等内容。除了可以使用【页面属性】对话框对页面中的所有文本设置字体属性外，还可以通过【属性（CSS）】面板对所选文本的字体类型、颜色、大小等属性进行设置，如图 2-47 所示。

图 2-47　【属性】面板

（1）通过【属性（CSS）】面板【字体】后面的 3 个下拉列表可以设置所选文本的字体类型、样式和粗细，如图 2-48 所示。如果没有适合的字体列表，则可以选择【管理字体…】选项，打开【管理字体】对话框进行添加。

（2）通过【属性（CSS）】面板的【大小】选项可以设置所选文本的大小，如图 2-49 所示。在【大小】下拉列表中可以选择已预设的选项，也可以在文本框中直接输入数字，然后在后边的下拉列表中选择单位（【px】：像素，相对于屏幕的分辨率；【pt】：以"点"为单位（1 点=1/72 英寸）；【in】：以"英寸"为单位（1 英寸=2.54 厘米）；【cm】：以"厘米"为单位；【mm】：以"毫米"为单位；【pc】：以"帕"为单位（1 帕=12 点）；【em】：相对于字体的高度；【ex】：相对于任意字母"x"的高度；【%】：百分比，相对于屏幕的分辨率）。

图 2-48　【字体】下拉列表　　　　　　图 2-49　文本大小

（3）在【属性（CSS）】面板中单击▢按钮，可以打开调色板设置所选文本的颜色。

（4）在【属性（CSS）】面板的【目标规则】下拉列表中，选择【<新内联样式>】选项后，在设置文本的字体、大小、颜色、粗体或斜体以及对齐方式时，均将 CSS 属性设置以内嵌的方式保存在 HTM 标签中，如图 2-50 所示。

```
1 ▼ <html>
2 ▼ <head>
3    <title>警句</title>
4    </head>
5 ▼ <body>
6    <p>环境永远不会十全十美，消极的人受环境控制，<br>积极的
     人却控制环境。</p>
7 ▼ <p>只有<span style="font-family: '黑体'; font-
     size: 14px; color: #C9191C;">不断找寻机会的人
     </span>才会及时把握机会，<br>越努力，越幸运。</p>
8
9    </body>
10   </html>
```

图 2-50　内联样式

（5）在【目标规则】下拉列表中，选择【<删除类>】选项将删除当前 HTML 标签所应用的类 CSS 样式。选择类名称，如"p2"，将为当前 HTML 标签应用该类 CSS 样式，如图 2-51 所示。

```
1 ▼ <html>
2 ▼ <head>
3    <title>警句</title>
4    <style type="text/css">
5 ▼ .pstyle {
6        color: #0A4E9F;
7        font-size: 16px;
8    }
9 ▼ .p2 {
10       color: #167E4F;
11   }
12   </style>
13   </head>
14 ▼ <body>
15 ▼ <p class="p2">环境永远不会十全十美，消极的人受环境控
     制，<br>积极的人却控制环境。</p>
16   <p style="">只有<span style="font-family: '黑体';
     font-size: 14px; color: #C9191C;">不断找寻机会的人
     </span>才会及时把握机会，<br>越努力，越幸运。</p>
17
18   </body>
19   </html>
```

新建规则{**}
<新内联样式>　✓
应用类{**}
<删除类>
p2
pstyle

图 2-51　应用类 CSS 样式

（6）在【属性（HTML）】面板中，可以通过单击 **B** 按钮和 *I* 按钮来设置所选文本的粗体和

斜体两种 HTML 样式，还可以通过鼠标右键快捷菜单中的相应命令进行设置，如图 2-52 所示。

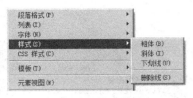

图 2-52　快捷菜单

2.3.6　设置段落属性

在页面排版过程中，经常要用到分段与换行、文本对齐、文本缩进和凸出、列表等形式，下面介绍设置的基本方法。

1. 段落与换行

通过【属性（HTML）】面板的【格式】下拉列表，如图 2-53 所示，可以设置正文的段落格式。

（1）选择【段落】选项将使光标所在的当前文本为一个段落，在文档中输入文本时直接按 ⏎Enter 键也可以形成一个段落，段落 HTML 标签是 "<P>…</P>"。

（2）选择相应的标题选项设置文档的标题格式为 "标题 1" ～ "标题 6"。

（3）选择【预先格式化的】选项可将某一段文本按照预先格式化的样式进行显示。

（4）如果要取消已设置的格式，选择【无】选项即可。

（5）按 Shift+Enter 组合键或选择菜单命令【插入】/【HTML】/【字符】/【换行符】，就可以在段落中进行换行。在默认状态下，段与段之间是有间距的，而通过插入换行符进行换行不会在两行之间形成过大的间距，如图 2-54 所示。

图 2-53　【格式】下拉列表

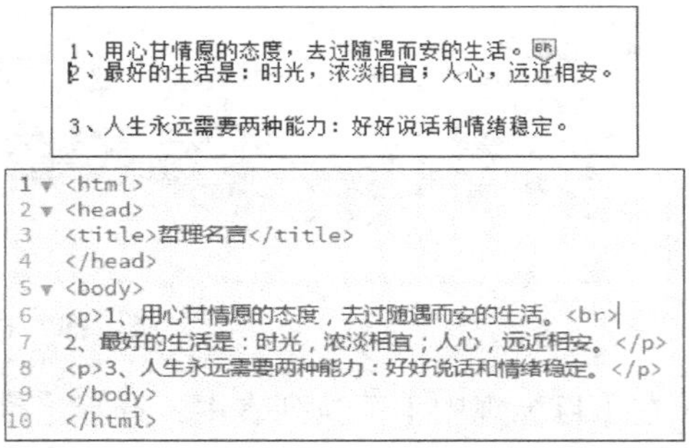

图 2-54　段落与换行符

2. 文本缩进和凸出

在页面排版过程中，有时会遇到需要使某段文本整体向内缩进或向外凸出的情况。单击【属性（HTML）】面板上的 ≝ 按钮或 ≝ 按钮，将使段落整体向内缩进或向外凸出，如图 2-55 所示。如果同时设置多个段落的缩进和凸出，则需要先选中这些段落。

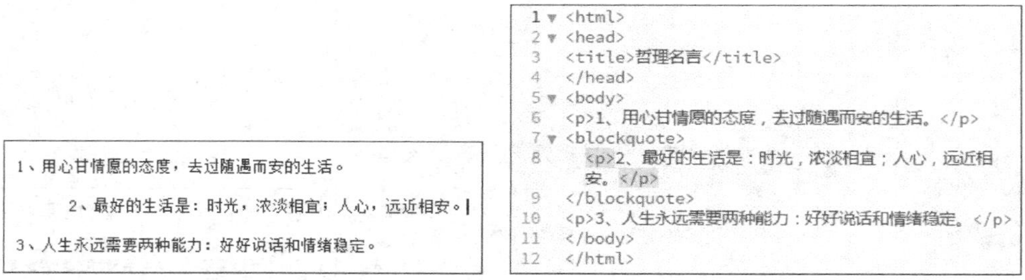

图 2-55　文本缩进和凸出

3. 列表

列表的类型有编号列表、项目列表和定义列表等，最常用的是项目列表和编号列表。

（1）设置项目列表：在【属性（HTML）】面板中单击 ▤（项目列表）按钮或者在鼠标右键快捷菜单中选择【列表】/【项目列表】命令可以将所选文本设置成项目列表，如图 2-56 左图所示。

也可以通过菜单命令【插入】/【项目列表】或【插入】面板中的相应按钮来设置。

（2）设置编号列表：在【属性】面板中单击 ▤（编号列表）按钮或者在鼠标右键快捷菜单中选择【列表】/【编号列表】命令可以将所选文本设置成

图 2-56　编号列表和项目列表

编号列表，如图 2-56 右图所示。也可以通过菜单命令【插入】/【编号列表】或【插入】面板中的相应按钮来设置。

（3）设置列表属性：将光标置于列表内，然后在【属性】面板中单击 列表项目... 按钮或在鼠标右键快捷菜单中选择【列表】/【属性】命令打开【列表属性】对话框进行设置即可，如图 2-57 所示。

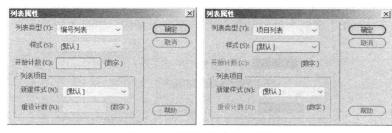

图 2-57　【列表属性】对话框

（4）列表嵌套：首先设置第 1 级列表，然后在第 1 级列表中选择需要设置为第 2 级列表的内容并使其缩进一次，最后根据需要重新设置缩进部分的列表类型即可，如图 2-58 所示。

图 2-58　列表的嵌套

4．文本对齐方式

文本对齐方式通常有 4 种：左对齐、居中对齐、右对齐和两端对齐。可在【属性（CSS）】面板中通过单击 ▤、▤、▤ 或 ▤ 按钮设置文本对齐方式，如图 2-59 所示。在选择文本后，要注意在【属性（CSS）】面板的【目标规则】下拉列表中显示的是否为 "＜新内联样式＞"，如果没有显示该项，则可以选中该项，这样就能够保证创建的 CSS 样式是内联样式，而不是创建到了已存在的其他样式表中。

```
16 ▼ <body>
17     <h3>长安秋望</h3>
18     <p>唐代：杜牧</p>
19 ▼ <p style="text-align: center">楼倚霜树外，　镜天无一毫。</p>
20     <p>南山与秋色，　气势两相高。</p>
21     </body>
22     </html>
```

图 2-59　文本对齐方式

2.4 使 用 图 像

网页中图像的作用，一种是起装饰作用，如制作网页时使用的背景图像等；另一种是起传递信息的作用，如新闻图像、人物图像和风景图像等。此时它与文本的地位和作用是相似的，甚至文本只有配备了相应的图像，才会显得更生动形象。目前，在网页中使用的最为普遍图像格式主要是 GIF 和 JPG 两种，PNG 格式也越来越多地被使用。

2.4.1 插入图像

在页面中插入图像通常有以下几种方式。

1. 通过【选择图像源文件】对话框插入图像

（1）将光标置于页面中要插入图像的位置，然后选择菜单命令【插入】/【Image】，或者在【插入】面板的【HTML】类别中单击 Image （图像）按钮，如图 2-60 所示。

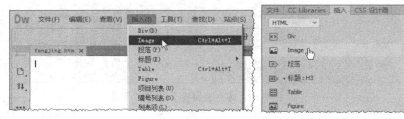

图 2-60 选择插入图像的命令

（2）在弹出的【选择图像源文件】对话框中选择要插入的图像，然后单击 确定 按钮，即可将图像插入到页面中，如图 2-61 所示。

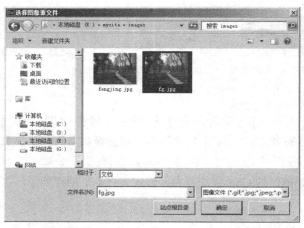

图 2-61 插入的图像

2. 通过【文件】面板拖曳图像

在【文件】面板中，单击图像文件夹前面的 > 图标展开图像文件夹。再选中图像文件并将其拖曳到页面中适当位置后释放鼠标即可，如图 2-62 所示。

图 2-62　拖曳图像

3. 通过【资源】面板插入图像

将光标置于页面中要插入图像的位置，然后选择菜单命令【窗口】/【资源】打开【资源】面板，在图像类别选中图像文件，然后单击 插入 按钮即可将图像插入到页面中，如图 2-63 所示。如果打开【资源】面板时默认未处于图像类别状态，则可单击 按钮切换到图像类别。

图 2-63　【资源】面板

2.4.2　设置图像属性

在页面中插入图像后，有时还需要设置图像属性使其更符合实际需要，如宽度、高度等，如图 2-64 所示。

图 2-64　图像【属性】面板

（1）【ID】选项主要用于设置图像的 ID 名称。

（2）【Src】选项主要用于显示已插入图像的路径，如果单击 按钮则可打开【选择图像源文件】对话框重新选择图像文件。

（3）【宽】和【高】选项主要用于设置图像在页面中显示的宽度和高度，其后的 按钮表示约束图像的宽度和高度，即修改了图像的宽度和高度中的任一值时，另一值将自动地保持等比例改变。单击 按钮后其将变换成 按钮，表示不再约束图像的宽度和高度之间的比例关系。在修改了图像的宽度和高度后，文本框后面增加了 和 两个按钮。单击 按钮将在【宽度】和【高度】文本框中恢复图像的实际大小，单击 按钮将提交图像的大小，即按照新的宽度和高度永久性地改变图像的实际大小。

（4）【替换】选项主要用于设置图像替代文本，在浏览网页时如果图像不能正常显示，在显示图像位置会显示这些替代文本，以便让浏览者知道这是什么图像。

（5）【标题】选项主要用于设置图像的提示信息，即在浏览网页时，当鼠标指针移动到图像上时，图像会显示这些提示信息。

（6）【编辑】选项共有 7 个按钮，可以通过它们对图像进行简单编辑，也可调用在【首先项】对话框中设置好的图像处理软件对图像进行编辑。实际上，在制作网页时通常会在图像处理软件中将图像提前处理好，因此这里不再详细介绍按钮功能。

2.5 使 用 媒 体

在 Dreamweaver CC 2017 中，在页面可插入 Flash SWF、Flash Video、HTML5 Video、HTML5 Audio 等媒体类型。

2.5.1 插入 Flash SWF

FLA 文件扩展名为 ".fla"，是使用 Flash 软件创建的项目的源文件，此类型文件只能在 Flash 中打开。在网页中使用时通常将它在 Flash 中发布为 SWF 文件，Flash SWF 文件扩展名为 ".swf"。在 Dreamweaver CC 2017 中插入和设置 Flash SWF 的方法如下。

（1）插入 Flash SWF：将指针置于要插入 Flash SWF 的位置，然后选择菜单命令【插入】/【HTML】/【Flash SWF】，或在【插入】面板的【HTML】类别中单击 Flash SWF 按钮，打开【选择 SWF】对话框，选择 Flash SWF 文件，单击 确定 按钮将其插入文档中，如图 2-65 所示。

图 2-65 插入 Flash SWF

（2）设置属性：在【属性】面板中设置 Flash SWF 的显示宽度和高度，并勾选【循环】和【自动播放】选项，如图 2-66 所示。【循环】选项主要用于设置 Flash SWF 在浏览器端是否循环播放，【自动播放】选项主要用于设置 Flash SWF 被浏览器载入时是否自动播放。

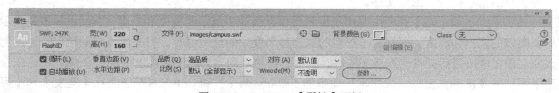

图 2-66 Flash SWF【属性】面板

2.5.2 插入 Flash Video

Flash Video 文件扩展名为 ".flv"，是 Flash 视频文件，它包含经过编码的音频和视频数据，用于通过 Flash Player 进行传送。在 Dreamweaver CC 2017 中插入和设置 Flash Video 的方法如下。

（1）将鼠标指针置于要插入 Flash Video 的位置，然后选择菜单命令【插入】/【HTML】/【Flash Video】，或在【插入】面板的【HTML】类别中单击 Flash Video 按钮，打开【插入 FLV】对话框。

（2）在【视频类型】下拉列表中选择【累进式下载视频】。【累进式下载视频】将 Flash Video 文件下载到站点访问者的硬盘上进行播放，它允许在下载完成之前就开始播放视频文件。【流视频】对视频内容进行流式处理，并在一段可确保流畅播放的很短的缓冲时间后在网页上播放该内容。如果要在网页上启用流视频，必须具有访问 Adobe® Flash® Media Server 的权限。

（3）在【URL】文本框中设置 Flash Video 文件的路径。如果 Flash Video 文件位于当前站点内，则可单击 浏览... 按钮来选定该文件；如果 Flash Video 文件位于其他站点内，则可在文本框内输入该文件的 URL 地址。

（4）在【外观】下拉列表中选择适合的选项，如"Halo Skin 3"。【外观】选项用来指定视频组件的外观，所选外观的预览会显示在【外观】下拉列表的下方。

（5）在【宽度】和【高度】文本框中可设置 Flash Video 文件的幅面大小，可通过勾选【限制高宽比】选项来约束宽度和高度之间的比例关系。

（6）勾选【自动播放】和【自动重新播放】选项，【自动播放】选项主要用于设置 Flash Video 被浏览器载入时是否自动播放，【自动重新播放】主要用于设置 Flash Video 播放完毕后是否返回起始位置，如图 2-67 所示。

（7）设置完毕后单击 确定 按钮关闭对话框，Flash Video 视频将被添加到页面中，如图 2-68 所示。

图 2-67　【插入 FLV】对话框

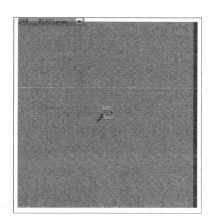

图 2-68　插入 Flash Video

（8）在【属性】面板中，可以根据需要修改相关参数，如图 2-69 所示。

图 2-69　Flash Video【属性】面板

2.5.3　插入 HTML5 Audio

HTML5 Audio 元素提供一种将音频内容嵌入网页中的标准方式。目前，网页上的大多数音频是通过插件来播放的，但并非所有浏览器都拥有同样的插件。HTML5 规定了一种通过 audio 元素来包含音频的标准方法，audio 元素能够播放声音文件或者音频流。当前，audio 元素支持 3 种音频格式：MP3、Wav 和 Ogg。相对于 MP3 和 Wav 两种音频格式，读者对 Ogg 音频格式可能比较陌生。Ogg 全称是 Ogg Vorbis，是一种新的音频压缩格式，它是完全免费、开放和没有专利限制的。Ogg 带来的革命性变化是 MP3 无法比拟的，未来 Ogg 的优势将更加明显。Ogg 文件的扩展名是 ".ogg"，可以在未来的任何播放器上播放。在 Dreamweaver CC 2017 中插入和设置 HTML5 Audio 的方法如下。

（1）插入 HTML5 Audio：将鼠标指针置于要插入 HTML5 音频的位置，然后选择菜单命令【插入】/【HTML】/【HTML5 Audio】，或在【插入】面板的【HTML】类别中单击 ◀ HTML5 Audio 按钮，将 HTML5 Audio 文件占位符插入到页面中。

（2）设置属性：选中 HTML5 Audio 文件占位符，在【属性】面板的【源】文本框中设置 HTML5 Audio 源文件位置，并勾选【Controls】【Autoplay】和【Loop】3 个选项，如图 2-70 所示。

图 2-70　HTML5 音频【属性】面板

在 HTML5 音频【属性】面板中，【源】文本框主要用于设置音频的第一个源文件位置，若【源】文本框中设置的音频格式不被浏览器支持，则会使用【Alt 源 1】或【Alt 源 2】中设置的音频文件格式；【Title】主要用于为音频文件设置标题，即在浏览器中显示的工具提示；【回退文本】主要用于设置在浏览器不支持 HTML5 音频时要显示的提示文本；【Controls】主要用于设置是否要在 HTML 页面中显示音频控件，如播放、暂停和静音等；【Autoplay】主要用于设置音频在网页上加载后是否自动开始播放；【Loop】主要用于设置音频是否连续播放；【Muted】主要用于设置在音频下载后是否将其设置为静音；【Preload】主要用于设置在页面加载时应当如何加载音频，选择 "auto" 会在页面下载时自动加载整个音频文件，选择 "metadata" 会在页面下载完成之后下载元数据。

2.5.4　插入 HTML5 Video

HTML5 Video 元素提供一种将电影或视频嵌入网页中的标准方式。目前，网页上的大多数视频也是通过插件来显示的，但并非所有浏览器都拥有同样的插件。HTML5 规定了一种通过 video 元素来包含视频的标准方法。当前，video 元素支持 3 种视频格式：MP4、WebM 和 Ogg。MP4 主要受 Apple、Microsoft 支持，WebM 主要受 Google 资助，Ogg 主要受 Mozilla 和 Opera 支持。Ogg 既可以是纯音频文件也可以是视频文件。在 Dreamweaver CC 2017 中插入和设置 HTML5 Video 的方法如下。

（1）插入 HTML5 Video：将鼠标光标置于要插入 HTML5 Video 的位置，然后选择菜单命令【插入】/【HTML】/【HTML5 Video】，或在【插入】面板的【HTML】类别中单击 ⊟ HTML5 Video 按钮，将 HTML5 Video 文件占位符插入页面中。

（2）设置属性：选中 HTML5 Video 文件占位符，然后在【属性】面板的【源】文本框中设置 HTML5 Video 源文件位置，并勾选【Controls】【Autoplay】和【Loop】3 个选项，如图 2-71 所示。

图 2-71 HTML5 Video【属性】面板

2.6 应 用 实 例

下面通过实例进一步巩固创建站点、使用文本、图像和媒体的基本方法。

2.6.1 小暑

根据操作步骤进行文档格式设置，效果如图 2-72 所示。

图 2-72 小暑

（1）在本地硬盘上创建一个文件夹"mywebsite"，然后在 Dreamweaver CC 2017 中选择菜单命令【站点】/【新建站点】，创建一个名称为"mywebsite"的本地站点，保存位置为本地硬盘上的文件夹"mywebsite"。

（2）在站点中新建一个空白 HTML 文档并保存为"2-6-1.htm"，然后打开素材文档"小暑.doc"，全选所有文本并进行复制。

（3）在 Dreamweaver CC 2017 中选择菜单命令【编辑】/【选择性粘贴】，打开【选择性粘贴】对话框，选项设置如图 2-73 所示，然后单击 确定(0) 按钮粘贴文本。

图 2-73 复制粘贴文本

（4）选择菜单命令【文件】/【页面属性】打开【页面属性】对话框，在【外观（CSS）】分类中设置页面字体为"宋体"，字体样式和字体粗细均为"normal"，大小为"16px"，页边距为"10px"，如图 2-74 所示。

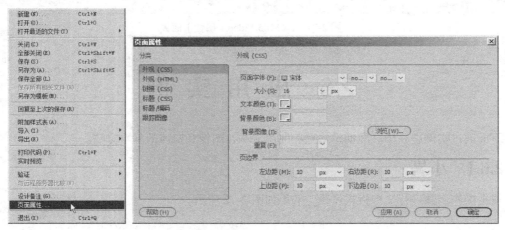

图 2-74　设置页面【外观】属性

（5）在【页面属性】对话框的【标题/编码】分类中设置文档的浏览器标题为"小暑"，如图 2-75 所示，设置完毕后单击 确定 按钮关闭【页面属性】对话框。

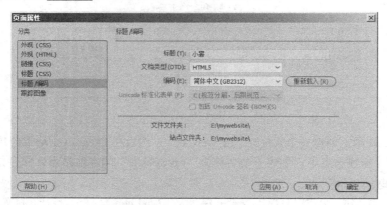

图 2-75　设置页面【标题/编码】属性

（6）将光标置于文档标题"小暑"所在行，在【属性（HTML）】面板的【格式】下拉列表中选择"标题 1"，使用同样的方法将作者姓名"王一翔"设置为"标题 3"，接着选择文本"点评"并单击 **B** 按钮加粗显示文本。

（7）选中文本"知了叫"，在【属性（CSS）】面板中单击 按钮，设置文本颜色为红色"#FF0000"，如图 2-76 所示，然后运用同样的方法依次将文本"把扇摇""吐舌头""树下笑"的颜色设置为红色"#FF0000"。

图 2-76　设置文本颜色

（8）切换到【代码】视图，在<head>与</head>之间添加 CSS 样式代码，使行与行之间的距离为"25px"，段前、段后距离均为"5px"，如图 2-77 所示。

（9）将光标置于文档最后，然后选择菜单命令【插入】/【HTML】/【水平线】，插入水平线。

（10）插入水平线后按 Enter 键，将光标移至下一段，然后选择菜单命令【插入】/【HTML】/【日期】，打开【插入日期】对话框进行参数设置，并选中【储存时自动更新】复选框，如图 2-78 所示。

图 2-77　添加代码　　　　　　　　　　　　图 2-78　【插入日期】对话框

（11）选择菜单命令【文件】/【保存】保存文档。

2.6.2　雨还在下

根据操作步骤设置文档格式并插入图像和动画，效果如图 2-79 所示。

图 2-79　雨还在下

（1）在站点中新建一个空白 HTML 文档并保存为"2-6-2.htm"，然后打开素材文档"雨还在下.doc"，全选所有文本并进行复制。

（2）在 Dreamweaver CC 2017 中选择菜单命令【编辑】/【选择性粘贴】打开【选择性粘贴】对话框，在【粘贴为】选项中选择【带结构的文本以及基本格式（粗体、斜体）】，然后单击 确定(0) 按钮粘贴文本，如图 2-80 所示。

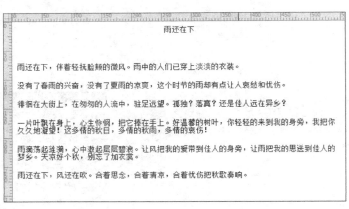

图 2-80　复制粘贴文本

（3）在【属性】面板中单击 页面属性... 按钮打开【页面属性】对话框，在【外观（CSS）】分类中设置页面字体为"宋体"、字体样式和字体粗细均为"normal"、大小为"16px"、页边距为"10px"，在【标题/编码】分类中设置文档的浏览器标题为"雨还在下"，设置完毕后单击 确定 按钮关闭【页面属性】对话框。

（4）将光标置于文档标题"雨还在下"所在行，在【属性（HTML）】面板的【格式】下拉列表中选择"标题 1"。

（5）将光标置于文档标题"雨还在下"下面一行，选择菜单命令【插入】/【Image】将图像"yu.jpg"插入到页面中，然后在窗口左下方的标签选择器中选中图像所在的段落标签"p"，并在【属性（CSS）】面板中单击 按钮使图像居中显示，如图 2-81 所示。

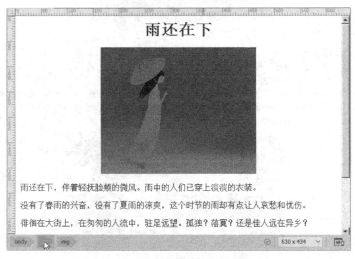

图 2-81　插入图像并使之居中显示

（6）在图像【属性】面板中将替换文本和标题均设置为"雨中等待的女孩"，如图 2-82 所示。

图 2-82　设置图像属性

（7）将光标置于文档最后一行末尾，然后按 Enter 键另起一段，选择菜单命令【插入】/【HTML】/【Flash SWF】，打开【选择 SWF】对话框，选择要插入的 SWF 文件"yu.swf"，单击 确定 按钮将其插入文档中。

（8）在窗口左下方标签选择器中选中 SWF 所在的段落标签"p"，并在【属性（CSS）】面板中单击 按钮使 SWF 居中显示，如图 2-83 所示。

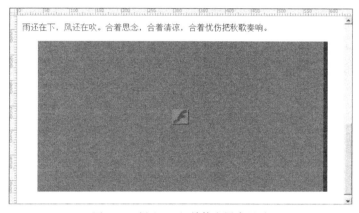

图 2-83　插入 SWF 并使之居中显示

（9）在 SWF【属性】面板中勾选【循环】和【自动播放】两个选项，如图 2-84 所示。

图 2-84　勾选【循环】和【自动播放】两个选项

（10）选择菜单命令【文件】/【保存】保存文档。

小　　结

本章主要介绍了 Dreamweaver CC 2017 的工作界面、首选项的设置、创建本地站点、创建文件以及插入和设置文本、图像和媒体的相关知识和操作方法。其中，在文本使用中，标题设置、文本属性设置、段落属性设置，特别是样式的使用等需要读者仔细体会。在网页中插入图像和媒体是比较有趣的，读者需要多动手来感受其中的快乐。最后还通过应用实例将本章内容综合起来，这样读者就在熟练操作 Dreamweaver CC 2017 软件上又迈进了一步。

习　　题

　　1．在硬盘上建立一个名称为"mysite"的文件夹，然后利用该文件夹在 Dreamweaver CC 2017 中创建一个名称为"学习天地"的本地站点，在站点文件夹内创建"pic"和"mp3"两个文件夹和一个名称为"index.htm"的网页文件。

　　2．自行搜集图像和文本素材，在 Dreamweaver CC 2017 中打开上述站点中的文档"index.htm"，添加文本和图像，要求文本格式设置恰当，图像使用合理。

第3章
超级链接和 CSS 样式

超级链接完成了页面之间的跳转，使互联网形成了一个内容翔实而丰富的立体结构。CSS 样式将与网页外观有关的代码从网页文档中分离出来，实现了内容与样式的分离，使网页文档更加清晰、简洁。本章将介绍在网页中创建超级链接和设置 CSS 样式的基本方法。

【学习目标】

- 掌握超级链接的类型和设置方法。
- 掌握文本超级链接状态的设置方法。
- 了解 CSS 样式的基本类型和基本属性。
- 掌握创建和编辑 CSS 样式的基本方法。
- 掌握管理和应用 CSS 样式的基本方法。

3.1　设置超级链接

下面介绍超级链接的基本知识和设置方法。

3.1.1　认识超级链接

超级链接由网页上的文本、图像等元素，赋予了可以链接到其他网页的 Web 地址的功能，让网页之间形成一种互相关联的关系。超级链接的链接目标可以是一个网页、一个图片、一个电子邮件地址、一个文件，也可以是相同网页上的不同位置。

1. URL

在因特网中，每个网页都有唯一的地址，通常称为统一资源定位符（Uniform Resource Locator，URL）。URL 的书写格式通常为"协议://主机名/路径/文件名"，例如，"http://www.wyx.net/bbs/index.htm"便是网站一个完整的 URL，而"http://www.wyx.net"省略了路径和文件名，但服务器会将首页文件回传给浏览器。URL 主要包括以下部分。

- 通信协议：包括 HTTP、FTP、Telnet 和 Mailto 等几种形式。
- 主机名：指服务器在网络中的 IP 地址或域名，在因特网中使用的多是域名。
- 路径和文件名：主机名与路径及文件名之间以"/"分隔。

在创建到同一站点内网页文档的链接时，通常不指定作为链接目标的文档的完整 URL，而是指定一个相对路径。通常有以下 3 种类型的链接路径。

（1）绝对路径。绝对路径提供所链接文档的完整的 URL，其中包括所使用的协议，例如，

"http://www.adobe.com/support/dreamweaver/contents.html"。在一个站点链接其他站点上的文档时，通常使用绝对路径。

（2）文档相对路径。文档相对路径是省略对于当前文档和所链接的文档都相同的绝对路径部分，而只提供不同的路径部分，例如，"dreamweaver/contents.html"。对于大多数站点的本地链接来说，文档相对路径通常是最合适的路径。

（3）站点根目录相对路径。站点根目录相对路径描述从站点的根文件夹到文档的路径，站点根目录相对路径以"/"开始，"/"表示站点根文件夹。例如，"/support/dreamweaver/contents.html"是文件"contents.html"的站点根目录相对路径。在处理使用多个服务器的大型站点或者在使用承载多个站点的服务器时，可能需要使用这种路径。如果需要经常在站点的不同文件夹之间移动 HTML 文件，那么使用站点根目录相对路径通常也是最佳的方法。

2．超级链接的分类

根据链接载体形式的不同，超级链接可分为以下 3 种。

- 文本超级链接：以文本作为超级链接载体。
- 图像超级链接：以图像作为超级链接形体。
- 表单超级链接：当填写完表单后，单击相应按钮会自动跳转到目标页。

根据链接目标位置的不同，超级链接可分为以下两种。

- 内部超级链接：链接目标位于同一站点内的超级链接形式。
- 外部超级链接：链接目标位于站点外的超级链接形式。外部超级链接可以实现网站之间的跳转，从而将浏览范围扩大到整个网络。

根据链接目标形式的不同，超级链接可分为以下 6 种。

- 网页超级链接：链接到 HTML、ASP、PHP 等格式的网页文档的链接，这是网站最常见的超链接形式。
- 下载超级链接：链接到图像、影片、音频、DOC、PPT、PDF 等资源文件或 RAR、ZIP 等压缩文件的链接。
- 电子邮件超级链接：将会启动邮件客户端程序，可以写邮件并发送到链接的邮箱中。
- 空链接：链接目标形式上为"#"，主要用于在对象上附加行为等。
- 脚本链接：用于创建执行 JavaScript 代码的链接。

Dreamweaver CC 2017 提供了创建超级链接的多种方法，可创建到文档、图像、多媒体文件或可下载软件的超级链接，可以建立到文档内任意位置的任何文本或图像的超级链接。

3.1.2 文本超级链接

在浏览网页的过程中，当鼠标指针经过某些文本时，这些文本会出现下画线或文本的颜色、字体会发生改变，这通常意味着它们是带链接的文本。用文本做链接载体，这就是文本超级链接，它是最常见的超级链接类型。创建文本超级链接以及设置其状态的方法如下。

1．通过【属性（HTML）】面板创建超级链接

首先选中文本，然后在【属性（HTML）】面板的【链接】文本框中输入链接目标地址，如果是同一站点内的文件，可以单击文本框后的█按钮，在弹出的【选择文件】对话框中选择目标文件，也可以将【链接】文本框右侧的⊕图标拖曳到【文件】面板中的目标文件上，最后在【属性（HTML）】面板的【目标】下拉列表中选择窗口打开方式，还可以根据需要在【标题】文本框中输入提示性内容，如图 3-1 所示。

图 3-1　【属性】面板

在【目标】下拉列表中，【_blank】表示将链接的文档载入一个新的浏览器窗口；【new】表示将链接的文档载入到同一个刚创建的窗口中；【_parent】表示将链接的文档载入该链接所在框架的父框架或父窗口，如果包含链接的框架不是嵌套框架，则所链接的文档载入整个浏览器窗口；【_self】表示将链接的文档载入链接所在的同一框架或窗口，此目标是默认的，因此通常不需要特别指定；【_top】表示将链接的文档载入整个浏览器窗口，从而删除所有框架。

2. 通过【Hyperlink】对话框创建超级链接

将鼠标指针置于要插入超级链接的位置，然后选择菜单命令【插入】/【HTML】/【Hyperlink】，或者在【插入】面板的【HTML】类别中单击 Hyperlink 按钮，将会弹出【Hyperlink】对话框。在【文本】文本框中输入链接文本，在【链接】下拉列表中设置目标地址，在【目标】下拉列表中选择目标窗口打开方式，在【标题】文本框中根据需要输入提示性文本，如图 3-2 所示。可以在【访问键】文本框中设置链接的快捷键，也就是按 Alt + 26 个字母键中的 1 个，将焦点切换至文本链接，还可以在【Tab 键索引】文本框中设置 Tab 键切换顺序。最后，单击 确定 按钮关闭对话框即可。

图 3-2　【超级链接】对话框

3. 设置文本超级链接的状态

在【属性】面板中单击 页面属性... 按钮打开【页面属性】对话框，在【链接（CSS）】分类中可以设置文本超级链接的状态，包括字体、大小、颜色及下画线样式等，如图 3-3 所示。

图 3-3　【链接（CSS）】分类

【链接字体】主要用于设置链接文本的字体、字体样式和字体粗细。【大小】主要用于设置链接文本的大小。【链接颜色】【变换图像链接】【已访问链接】和【活动链接】分别用于设置链接文本在正常显示时的颜色、鼠标指针经过时的颜色、鼠标单击后的颜色和鼠标单击时的颜色。默认状态下，链接文字为蓝色，已访问过的链接颜色为紫色。【下划线样式】下拉列表主要用于设置链接文本的下画线样式，读者可以根据实际需要进行选择，如果不希望链接文本有下画线，可以选择【始终无下划线】选项。

3.1.3 图像超级链接

用图像作为链接载体，这就是通常意义上的图像超级链接。最简单的设置方法是通过图像【属性】面板的【链接】文本框进行设置。实际上，了解了创建文本超级链接的方法，也就等于掌握了创建图像超级链接的方法，只是链接载体由文本变成了图像，【属性】面板由文本【属性（HTML）】面板变成了图像【属性】面板，如图 3-4 所示。

图 3-4　图像【属性】面板

3.1.4 图像热点

图像热点（或称图像地图、图像热区）实际上就是为一幅图像绘制一个或几个独立区域，并为这些区域添加超级链接。创建图像热点超级链接必须使用图像热点工具，它位于图像【属性】面板的左下方，包括 ◻（矩形热点工具）、◯（椭圆形热点工具）和 ▽（多边形热点工具）3 种形式。

创建图像热点超级链接的方法是：选中图像，然后单击【属性】面板左下方的热点工具按钮，如 ◻ 按钮，并将鼠标指针移到图像上，按住鼠标左键并拖曳，绘制一个区域，接着在【属性】面板中设置链接地址、目标窗口和替换文本等，如图 3-5 所示。

图 3-5　图像热点超级链接

要编辑图像热点，可以单击【属性】面板中的 ▸（指针热点工具）按钮。该工具可以对已经创建好的图像热点进行移动和调整大小等操作。

3.1.5 鼠标经过图像

鼠标经过图像是指在网页中，当鼠标指针经过图像或者单击图像时，图像的形状、颜色等属性会随之发生变化，如发光、变形或者出现阴影，使网页变得生动活泼。鼠标经过图像是基于图像的比较特殊的链接形式，属于图像对象的范畴。

创建鼠标经过图像的方法是：选择菜单命令【插入】/【HTML】/【鼠标经过图像】，或在【插入】面板的【HTML】类别中单击  鼠标经过图像 按钮，将会弹出【插入鼠标经过图像】对话框，在其中进行参数设置即可，如图 3-6 所示。

图 3-6　【插入鼠标经过图像】对话框

通常使用两幅图像来创建鼠标经过图像。
- 主图像：首次加载页面时显示的图像，即原始图像。
- 次图像：鼠标指针移过主图像时显示的图像，即鼠标经过图像。

在设置鼠标经过图像时，为了保证显示效果，建议两幅图像的尺寸保持一致。如果两幅图像大小不同，Dreamweaver CC 2017 将调整第 2 幅图像的大小，以与第 1 幅图像匹配。

3.1.6　电子邮件链接

电子邮件超级链接与一般的文本和图像链接不同，因为电子邮件链接要将浏览者的本地电子邮件管理软件（如 Outlook Express、Foxmail 等）打开，而不是向服务器发出请求。创建电子邮件超级链接的方法是：选择菜单命令【插入】/【HTML】/【电子邮件链接】，或在【插入】面板的【HTML】类别中单击 电子邮件链接 按钮，将会弹出【电子邮件链接】对话框，在【文本】文本框中输入在文档中显示的链接文本信息，在【电子邮件】文本框中输入电子邮箱的完整地址即可，如图 3-7 所示。如果已经预先选中了文本，在【电子邮件链接】对话框的【文本】文本框中会自动出现该文本，这时只需在【电子邮件】文本框中填写电子邮件地址即可。

图 3-7　【电子邮件链接】对话框

如果要修改已经设置的电子邮件链接的 E-mail，可以通过【属性】面板进行重新设置。同时，通过【属性】面板也可以看出，"mailto:" "@" 和 "." 这 3 个元素在电子邮件链接中是必不可少的。有了它们，才能构成一个正确的电子邮件链接。在创建电子邮件超级链接时，为了更快捷，可以先选中需要添加链接的文本或图像，然后在【属性】面板的【链接】文本框中直接输入电子邮件地址，并在其前面加一个前缀 "mailto:"，最后按 Enter 键确认即可，如图 3-8 所示。

图 3-8 电子邮件链接

3.1.7 空链接和下载超级链接

空链接是一个未指派目标的链接。空链接用于向页面上的对象或文本附加行为。例如，可向空链接附加一个行为，以便在鼠标指针滑过该链接时会交换图像等。设置空链接的方法是，选中文本等链接载体后，在【属性】面板的【链接】文本框中输入"#"即可。

在实际应用中，链接目标也可以是其他类型的文件，如压缩文件、Word 文件或 PDF 文件等。如果要在网站中提供资料下载，就需要为文件提供下载超级链接。下载超级链接并不是一种特殊的链接，只是下载超级链接所指向的文件是特殊的。

3.1.8 脚本链接

脚本链接用于执行 JavaScript 代码或调用 JavaScript 函数。它非常有用，能够在不离开当前页面的情况下为访问者提供有关某项的附加信息。脚本链接还可用于在访问者单击特定项时，执行计算、验证表单和完成其他处理任务。

创建脚本链接的方法是：首先选定文本或图像，然后在【属性（HTML）】面板的【链接】文本框中输入"JavaScript:"，后面跟一些 JavaScript 代码或函数调用即可（在冒号与代码或调用之间不能键入空格）。下面对经常用到的 JavaScript 代码进行简要说明。

- JavaScript:alert('字符串')：弹出一个只包含 确定 按钮的对话框，显示"字符串"的内容，整个文档的读取、Script 的运行都会暂停，直到用户单击 确定 按钮为止。
- JavaScript:history.go(1)：前进，与浏览器窗口上的 （前进）按钮是等效的。
- JavaScript:history.go(-1)：后退，与浏览器窗口上的 （后退）按钮是等效的。
- JavaScript:history.forward(1)：前进，与浏览器窗口上的 （前进）按钮是等效的。
- JavaScript:history.back(1)：后退，与浏览器窗口上的 （后退）按钮是等效的。
- JavaScript:history.print()：打印，与选择菜单命令【文件】/【打印】是一样的。
- JavaScript:window.external.AddFavorite('http://www.163.com','网易')：收藏指定的网页。
- JavaScript:window.close()：关闭窗口。如果该窗口有状态栏，调用该方法后浏览器会警告"网页正在试图关闭窗口，是否关闭？"，然后等待用户选择是否关闭；如果没有状态栏，调用该方法将直接关闭窗口。

3.2 设置 CSS 样式

CSS（Cascading Style Sheet）可译为"层叠样式表"或"级联样式表"，主要用于控制 Web 页面的外观。

3.2.1　认识 CSS 样式

下面首先对 CSS 的产生背景、层叠次序和 CSS 速记格式等进行简要介绍。

1. CSS 产生背景

HTML 的初衷是用于定义网页内容，即通过使用<h1>、<p>和<table>等标签来表达"这是标题""这是段落"和"这是表格"等信息。至于网页布局由浏览器来完成，而不使用任何的格式化标签。由于当时盛行的两种浏览器 Netscape 和 Internet Explorer 不断将新的 HTML 标签和属性添加到 HTML 规范中，致使创建网页内容清晰地独立于网页表现层的站点变得越来越困难。为了解决这个问题，W3C（万维网联盟）肩负起了 HTML 标准化的使命，并在 HTML 4.0 之外创造出了样式（Style）。使用样式，不仅方便网页设计人员管理和维护网页源文件，还可以加快网页的读取速度。

2. CSS 层叠次序

CSS 允许以多种方式设置样式信息。CSS 样式可以设置在单个的 HTML 标签元素中，也可以设置在 HTML 页的头元素内，或者设置在外部 CSS 文件中，甚至可以在同一个网页文档内引用多个外部样式表。当同一个 HTML 元素被不止一个样式定义时，会使用哪个样式呢？一般而言，所有的样式会根据下面的规则层叠于一个新的虚拟样式表中，其中内联样式（在 HTML 元素内部）拥有最高的优先权，然后依次是内部样式表（位于<head>标签内部）、外部样式表、浏览器默认设置。因此，这意味着内联样式（在 HTML 元素内部）将优先于以下的样式声明：<head>标签中的样式声明，外部样式表中的样式声明或者浏览器中的样式声明（默认值）。

3. CSS 速记格式

CSS 规范支持使用速记 CSS 的简略语法格式创建 CSS 样式，可以用一个声明指定多个属性的值。例如，font 属性可以在同一行中设置 font-style、font-variant、font-weight、font-size、line-height 以及 font-family 等多个属性。但使用速记 CSS 的问题是速记 CSS 属性省略的值会被指定为属性的默认值。当两个或多个 CSS 规则指定给同一标签时，这可能会导致页面无法正确显示。例如，下面显示的 h1 规则使用了普通的 CSS 语法格式，其中已经为 font-variant、font-style、font-stretch 和 font-size-adjust 属性分配了默认值。

```
h1 {
font-weight: bold;
font-size: 16pt;
line-height: 18pt;
font-family: Arial;
font-variant: normal;
font-style: normal;
font-stretch: normal;
font-size-adjust: none
}
```

下面使用一个速记属性重写这一规则，可能的形式如下。

```
h1 { font: bold 16pt/18pt Arial }
```

上述速记示例省略了 font-variant、font-style、font-stretch 和 font-size-adjust 标签，CSS 会自动将省略的值指定为它们的默认值。在 Dreamweaver CC 2017 中，通过【首选项】对话框可以设置在定义 CSS 规则时是否使用速记的形式，如图 3-9 所示。

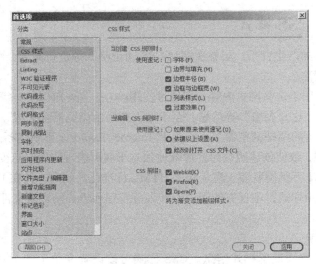

图 3-9　【首选项】对话框

如果需要使用 CSS 速记，可以直接在【首选项】对话框中选择要应用的 CSS 样式选项。

• 在【当创建 CSS 规则时】选项中，可以设置【使用速记】的几种情形，包括字体、边界与填充、边框半径、边框与边框宽、列表样式、过渡效果，当选中相应选项后，Dreamweaver CC 2017 将以速记形式编写 CSS 样式属性。

• 在【当编辑 CSS 规则时】选项中，可以设置重新编写现有样式时【使用速记】的几种情形。选择【如果原来使用速记】选项，在重新编写现有样式时仍然保留原样。选择【根据以上设置】选项，将根据在【使用速记】中选择的属性重新编写样式。当选中【修改时打开 CSS 文件】选项时，如果使用的是外部样式表文件，在修改 CSS 样式时将打开该样式表文件，否则不打开。

如果使用 CSS 语法的速记格式和普通格式在多个位置定义了样式，例如，在 HTML 页面中嵌入样式并从外部样式表中导入样式，那么速记规则中省略的属性可能会覆盖其他规则中明确设置的属性。同时，速记这种形式使用起来虽然感觉比较方便，但某些较旧版本的浏览器通常不能正确解释。因此，Dreamweaver CC 2017 默认情况下使用 CSS 语法的普通格式，同时也建议读者在初学时使用 CSS 语法的普通格式创建 CSS 样式。

3.2.2　创建 CSS 样式

使用 CSS 样式，可将页面的内容与表现形式分离。通过【CSS 设计器】面板可以可视化地创建 CSS 样式并设置相关属性。下面对通过【CSS 设计器】面板创建 CSS 样式的基本过程进行简要说明。

（1）首先创建一个网页文档并保存，也可打开一个现有的网页文档，因为只有在这种情况下，【CSS 设计器】面板才处于可用状态。

（2）然后选择菜单命令【窗口】/【CSS 设计器】，打开【CSS 设计器】面板，如图 3-10 所示。【CSS 设计器】面板各部分是上下相关的。对于任何给定的上下文或选定的页面元素，都可以查看关联的选择器和属性。而且，在【CSS 设计器】面板中选中某选择器时，关联的源和媒体查询将在各自的窗口中高亮显示。

图 3-10　【CSS 设计器】面板

【CSS 设计器】面板由 4 个部分组成：【源】主要列出与文档相关的所有 CSS 样式表，使用此窗口还可以创建新的 CSS 文件，附加现有的 CSS 文件，也可以在文档中定义 CSS 样式；【@媒体】用于在窗口中列出所选源中的全部媒体查询，如果不选择特定 CSS，则此窗口将显示与文档关联的所有媒体查询；【选择器】用于在窗口中列出所选源中的全部选择器，如果同时还选择了一个媒体查询，则此窗口会为该媒体查询缩小选择器列表范围，如果没有选择 CSS 或媒体查询，则此窗口将显示文档中的所有选择器；【属性】用于显示可为指定的选择器设置的相关属性。

（3）定义 CSS 源：在【源】窗口中单击 + 按钮，在弹出的【添加 CSS 源】下拉菜单中根据需要选择相应的选项，以设置新建 CSS 语句的保存位置，如图 3-11 所示。【创建新的 CSS 文件】主要用来创建新 CSS 文件并将其附加到文档，【附加现有的 CSS 文件】主要用来将现有 CSS 文件附加到文档，【在页面中定义】主要用来在文档内定义 CSS。

图 3-11 【添加 CSS 源】下拉菜单

选择【创建新的 CSS 文件】或【附加现有的 CSS 文件】选项，将显示【创建新的 CSS 文件】或【附加现有的 CSS 文件】对话框。单击 浏览… 按钮以指定 CSS 文件的名称，如图 3-12 所示。在【添加为】选项组中根据需要选择【链接】或【导入】选项。【链接】选项主要用于将网页文档链接到 CSS 样式表文件，【导入】选项主要用于将 CSS 样式表文件导入到网页文档中。

图 3-12 【创建新的 CSS 文件】和【附加现有的 CSS 文件】对话框

如果在弹出的添加 CSS 源下拉菜单中选择【在页面中定义】选项，在【源】窗口中将显示一个 <style> 标签，如图 3-13 所示，如果单击 – 按钮将删除选中的 CSS 源。

（4）定义媒体查询：首先保证在【源】窗口中已选择了某个 CSS 源，然后单击【@媒体】窗口中的 + 按钮，将会打开【定义媒体查询】对话框，如图 3-14 左图所示，其中列出 Dreamweaver CC 2017 所支持的所有媒体查询条件。根据需要选择设置【条件】选项，确保选择的所有条件指定有效值，否则无法成功创建相应的媒体查询。如果要查看全尺寸的窗口，要在【@媒体】窗口中选择【全局】选项，如图 3-14 右图所示。

图 3-13 【源】窗口中的 <style> 标签

图 3-14 媒体查询

（5）设置选择器：保证在【源】窗口中已选择了某个 CSS 源或在【@媒体】窗口中已选择了某个媒体查询，在文档中选择相应的文本或其他对象，然后在【选择器】窗口中单击➕按钮，CSS 设计器会智能地确定并提示使用相关选择器，也可根据需要进行修改，如图 3-15 所示。

图 3-15　【选择器】窗口

常用的选择器有类、ID 名称、HTML 标签和复合内容等类型。如果指定类名称样式，需要在选择器名称之前添加前缀"."，即英文状态下的点，如".pstyle"。如果指定 ID 名称样式，在选择器名称之前需要添加前缀"#"。如果已经给对象命名了 ID 名称，那么在对象选中的状态下创建 CSS 样式，选择器名称前会自动添加前缀"#"，如"#mytable"。HTML 标签名称样式直接在文本框中输入即可，如 HTML 段落标签"p"。复合内容样式名称在选择内容后将自动出现在文本框中，也可手动输入，如"body p"。在【选择器】窗口可以进行以下操作。

- 在 CSS 样式名称非常多的情况下要搜索特定选择器，可使用【筛选 CSS 规则】搜索框。
- 如果要重命名样式名称，可双击该选择器，然后输入所需的名称。
- 如果要调整选择器中样式顺序，可选中某样式名称将其拖至所需位置。
- 如果要将样式从一个源移至另一个源，可将该样式拖至所需的源上。
- 如果要复制样式，可单击鼠标右键，在弹出的快捷菜单中选择【直接复制】命令，这时将出现一个与复制对象同名的样式名称，进行修改即可。
- 复制粘贴样式：通过鼠标右键快捷菜单可以将一个选择器中的样式复制粘贴到其他选择器中，也可以复制所有样式或仅复制布局、文本和边框等特定类别的样式，如果选择器没有设置样式，则【复制所有样式】【复制样式】和【粘贴样式】处于禁用状态，如图 3-16 所示。

（6）设置 CSS 属性：在【选择器】窗口设置好选择器后，就可以在【属性】窗口设置 CSS 属性。在【CSS 设计器】面板中，Dreamweaver CC 2017 将 CSS 属性分为【布局】【文本】【边框】【背景】和【更多】5 个类别，分别用▤、▥、▤、▨和▤按钮显示在【属性】窗口顶部。单击▥按钮可以在列表框中设置相应的文本属性，如图 3-17 左图所示。当将鼠标指针置于某个设置了属性值的属性上时，在其后面会显示❷和🗑两个按钮。单击❷按钮将禁用该项 CSS 属性，即使其不起作用。单击🗑按钮将删除用户设置的 CSS 属性值，即将属性恢复成默认值。【更多】类别是"仅文本"属性而非具有可视控件的属性的列表。选择【显示集】复选框可只显示已设置的属性。如果要查看可为选择器指定的所有属性，需要取消选择【显示集】复选框，如图 3-17 的右图所示。

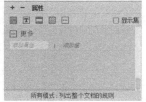

图 3-16　复制粘贴样式菜单　　　　　　　　　　　　　图 3-17　【属性】窗口

（7）设置完样式后要保存文档，上面设置了文本大小和行高，效果如图 3-18 所示。

百货公司的香水，95%都是水，只有5%不同，那是各家秘方。人也是这样，95%的东西基本相似，差别就是其中很关键性的5%，包括人的修养特色，人的快乐痛苦欲望。

香精要熬个五年、十年才加到香水里面去，人也是一样，要经过成长锻炼，才有自己独一无二的味道。

图 3-18　使用样式后的效果

3.2.3　设置 CSS 属性

【CSS 设计器】面板将常用的 CSS 属性划分成了布局、文本、边框和背景等类别，下面进行简要介绍。

1. 布局属性

布局是指将某个对象（如图像和文字）放入一个容器盒子（如一个一行一列的表格），通过控制这个盒子的位置达到控制对象的目的。W3C 组织建议把所有的网页上的对象都放在一个盒子中，在定义盒子宽度和高度的时候，要考虑到内填充、边框和边界的存在。通过 CSS 还可以控制包含对象的盒子的外观和位置。

在【CSS 设计器】面板的【属性】窗口中，单击■按钮可以显示布局的相关属性，如图 3-19 所示。下面对其中的各个选项进行简要介绍。

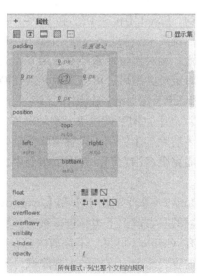

图 3-19　布局属性

• 【width（宽度）】和【height（高度）】：用于设置元素的宽度和高度，可以选择"auto（自动）"让浏览器自行控制，也可以直接输入数值进行设置。

• 【min-width（最小宽度）】和【min-height（最小高度）】：用于设置元素的最小宽度和最小高度，元素可以比指定值宽或高，但不能比其小。

• 【max-width（最大宽度）】和【max-height（最大高度）】：用于设置元素的最大宽度和最大高度，元素可以比指定值窄或矮，但不能比其大。

- 【display（显示）】：用于设置区块的显示方式，共有 19 种方式，初学者在使用该选项时，其中的 block（块）可能经常用到。
- 【box-sizing（盒子尺寸）】：用于以特定的方式设置匹配某个区域的特定元素，包括 content-box、border-box 和 inherit 3 个选项。当选择 content-box 时，表示 padding 和 border 不被包含在定义的 width 和 height 之内，对象的实际宽度等于设置的 width、border 和 padding 3 个参数值之和。当选择 border-box 时，表示 padding 和 border 被包含在定义的 width 和 height 之内，对象的实际宽度等于设置的 width 值，即使定义有 border 和 padding 也不会改变对象的实际宽度。当选择 inherit 时，表示应从父元素继承 box-sizing 属性的值。
- 【margin（边界）】：用于设置围绕边框的外边距大小，包含了 margin-top（上，控制上边距的宽度）、margin-right（右，控制右边距的宽度）、margin-bottom（下，控制下边距的宽度）和 margin-left（左，控制左边距的宽度）4 个选项，如果将对象的左右边界均设置为 auto（自动），可使对象居中显示，例如即将要学习的 Div 等。
- 【padding（填充）】：用于设置围绕内容到边框的空白大小，包括 padding-top（上，控制上空白的宽度）、padding-right（右，控制右空白的宽度）、padding-bottom（下，控制下空白的宽度）和 padding-left（左，控制左空白的宽度）4 个选项。
- 【position（位置）】：用于确定定位的类型，有 static（静态）（HTML 元素的默认值，即没有定位，元素出现在正常的流中，静态定位的元素不会受到 top、bottom、left 和 right 影响）、absolute（绝对）（相对于最近的已定位父元素，如果元素没有已定位的父元素，那么它的位置相对于页面左上角）、fixed（固定）（元素的位置相对于浏览器窗口是固定位置，即使窗口是滚动的它也不会移动，Fixed 定位在 IE 7 和 IE 8 下需要描述 "!DOCTYPE" 才能支持，fixed 定位使元素的位置与文档流无关，因此不占据空间，fixed 定位的元素和其他元素重叠）和【相对】（relative，相对其正常位置，相对定位元素经常被用来作为绝对定位元素的容器块）4 个选项。在为元素确定了绝对和相对定位类型后，可以设置元素在网页中的具体位置，包括 top（上）、right（右）、bottom（下）和 left（左）4 个选项。
- 【float 浮动】：用于设置块元素的对齐方式。
- 【clear（清除）】：用于设置清除浮动效果，让父容器知道其中的浮动内容在哪里结束，从而使父容器能完全容纳它们。在网页布局中，此功能会经常使用，届时读者就会明白其真正的作用。
- 【overflow-x（水平溢出）】和【overflow-y（垂直溢出）】：用于设置内容溢出元素内容区域是否对内容的左右或上下边缘进行裁剪。这两个属性无法在 IE8 以及更早的浏览器正确地工作。该属性共有 visible（可见，不裁剪内容，可能会显示在内容框之外）、hidden（隐藏，只显示内容框内的内容，超出内容框的内容隐藏，不提供滚动机制）、scroll（滚动，显示内容框内的内容，超出内容框的内容通过移动滚动条显示）、auto（自动，当内容超出内容框时，自动显示滚动条）、no-content（如果内容不适合内容框，则隐藏整个内容）和【no-display】（如果内容不适合内容框，则删除整个框）等 6 个选项。
- 【visibility（显示）】：用于设置网页中的元素显示方式，共有 inherit（继承母体要素的可视性设置）、visible（可见）、hidden（隐藏）和 collapse（合并）（当在表格元素中使用时，此值可删除一行或一列，但是它不会影响表格的布局，被行或列占据的空间会留给其他内容使用，如果此值被用在其他的元素上，会呈现为 "hidden"）4 个选项。
- 【z-index】：用于控制网页中块元素的叠放顺序，可以为元素设置重叠效果。该属性的参数值使用纯整数，数值大的在上，数值小的在下。

* 【opacity】：用于设置元素的不透明级别，取值范围从 0.0（完全透明）～1.0（完全不透明），默认值为 1，如果将其值设置为 inherit，表示应该从父元素继承 opacity 属性的值。IE8 以及更早的版本支持替代的 filter 属性，例如，filter:Alpha(opacity=50)。

2. 文本属性

文本属性主要用于定义网页中文本的字体、大小、颜色、样式、行高以及文本阴影效果、元素间距、列表属性等。在【CSS 设计器】面板的【属性】窗口中，单击 T 按钮可以显示文本的相关属性，如图 3-20 所示。下面对其中的各个选项进行简要介绍。

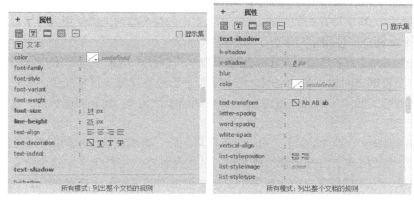

图 3-20　文本属性

* 【color（颜色）】：用于设置文本的颜色。这个属性设置了一个元素的前景色，在 HTML 表现中，就是元素文本的颜色。光栅图像不受 color 属性影响。这个颜色还会应用到元素的所有边框，除非被 border-color 或另外某个边框颜色属性覆盖。要设置一个元素的前景色，最容易的方法是使用 color 属性。

* 【font-family（字体系列）】：用于设置文本的字体系列。

* 【font-style（字体样式）】：用于设置文本的字体样式，包括 normal（默认值，浏览器显示一个标准的字体样式）、italic（浏览器会显示一个斜体的字体样式）和 oblique（浏览器会显示一个倾斜的字体样式）3 个选项。

* 【font-variant（字体变形）】：用于设置英文文本的字体变形，即规定是否以小型大写字母的字体显示文本。包括 normal（默认值，浏览器会显示一个标准的字体）和 small-caps（浏览器会显示小型大写字母的字体）两个选项。

* 【font-weight（字体粗细）】：用于设置文本的粗细，包括 13 个选项，其中 normal 表示标准字符，bold 表示粗体字符，bolder 表示更粗的字符，lighter 表示更细的字符。还可以通过选择 100、200、300 直至最大值 900 来定义文本由细到粗，400 等同于 normal，而 700 等同于 bold。

* 【font-size（字体大小）】：用于设置文本的字体大小，实际上它设置的是字体中字符框的高度，实际的字符字形可能比这些框高或矮（通常会矮）。

* 【line-height（行高）】：用于设置行间的距离（行高），值可设为 normal（默认，设置合理的行间距）或具体的值，常用单位为 px（像素）。

* 【text-align（文本对齐）】：用于设置文本的水平对齐方式，包括 left（左对齐）、right（右对齐）、center（居中对齐）和 justify（两端对齐）4 个选项。

- 【text-decoration（文本修饰）】：用于设置添加到文本的装饰效果，有 underline（下画线）、overline（上画线）、line-through（删除线）和 none（无）4 种修饰方式可供选择。
- 【text-indent（首行缩进）】：用于设置文本首行的缩进，允许使用负值。如果使用负值，那么首行会被缩进到左边。
- 【text-shadow（文本阴影）】：用于设置文本的阴影效果，可向文本添加一个或多个阴影，阴影列表用逗号分隔，每个阴影有 2 或 3 个长度值和 1 个可选的颜色值可供选择，省略的长度是 0。该属性有 h-shadow（水平阴影的位置，必需，允许负值）、v-shadow（垂直阴影的位置，必需，允许负值）、blur（模糊的距离，可选）和 color（阴影的颜色，可选）4 个属性参数。
- 【text-transform（文本大小写）】：用于设置文本的大小写，有 none（无）、capitalize（文本中的每个单词以大写字母开头）、uppercase（文本中的每个单词全部使用大写字母）和 lowercase（文本中的每个单词全部使用小写字母）4 个选项。
- 【letter-spacing（字符间距）】：用于设置字符间距，增加或减少字符间的空白。该属性定义了在文本字符框之间插入多少空间，由于字符字形通常比其字符框要窄，指定长度值时，会调整字母之间通常的间隔。因此，值为 normal 就相当于值为 0。允许使用负值，这会让字母之间挤得更紧。
- 【word-spacing（字间距）】：用于设置单词间距，增加或减少单词间的空白。CSS 把"字（word）"定义为任何非空白符字符组成的串，并由某种空白字符包围。这个定义没有实际的语义，它只是假设一个文档包含由一个或多个空白字符包围的字。支持 CSS 的用户代理不一定能确定一个给定语言中哪些是合法的字，而哪些不是。尽管这个定义没有多大价值，不过它意味着采用象形文字的语言或非罗马书写体往往无法指定字间隔。
- 【white-space（空格）】：用于设置如何处理元素内的空格，有 normal（默认，空白会被浏览器忽略）、pre（空白会被浏览器保留，其行为方式类似 HTML 中的<pre>标签）、nowrap（文本不会换行，文本会在在同一行上继续，直到遇到
标签为止）、pre-wrap（保留空白符序列，但是正常地进行换行）和 pre-line（合并空白符序列，但是保留换行符）5 个选项。
- 【vertical-align（垂直对齐）】：用于设置元素的垂直对齐方式，该属性定义行内元素的基线相对于该元素所在行的基线的垂直对齐。允许指定负长度值和百分比值。这会使元素降低而不是升高。在表格单元格中，这个属性会设置单元格中内容的对齐方式。
- 【list-style-position（列表标记位置）】：用于设置列表项标记的放置位置，包括 Inside（列表项目标记放置在文本以内，环绕文本与标记对齐）和 outside（默认值，保持标记位于文本的左侧。列表项目标记放置在文本以外，且环绕文本不与标记对齐）两个选项。
- 【list-style-image（图像列表）】：用于设置将图像作为列表项标记，图像相对于列表项内容的放置位置通常使用 list-style-position 属性控制，建议设置一个 list-style-type 属性以防图像不可用。
- 【list-style-type（列表标记）】：用于设置列表项标记的类型，共有 21 个选项，其中比较常用的有 Disc（默认，实心圆）、circle（空心圆）、square（实心方块）、decimal（数字）、decimal-leading-zero（0 开头的数字，如 01、02、03 等）、lower-roman（小写罗马数字 i、ii、iii、iv、v 等）、upper-roman（大写罗马数字 I、II、III、IV、V 等）、lower-alpha（小写英文字母 a、b、c 等）和 upper-alpha（大写英文字母 A、B、C 等）。

3. 边框属性

【边框】属性主要用于设置一个元素边框的宽度、式样和颜色等。在【CSS 设计器】面板的

【属性】窗口中，单击█按钮可以显示边框的相关属性，如图 3-21 所示。下面对其中的属性选项进行简要介绍。

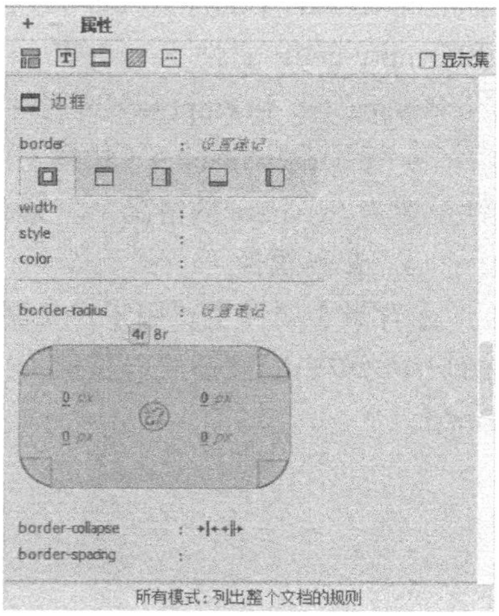

- 【border（边框）】：用于设置以速记的方式定义所有的边框属性，如可以输入"3px dotted red"。

- ▣按钮：单击该按钮表示设置上、右、下和左 4 个边框的属性。

- ▢按钮：单击该按钮表示仅设置上边框的宽度、样式和颜色属性。

- ▢按钮：单击该按钮表示仅设置右边框的宽度、样式和颜色属性。

- ▢按钮：单击该按钮表示仅设置下边框的宽度、样式和颜色属性。

- ▢按钮：单击该按钮表示仅设置左边框的宽度、样式和颜色属性。

图 3-21　边框属性

- 【width（宽度）】：用于设置边框的宽度，可以把边框粗细设置成 thin（细）、medium（默认，中）和 thick（粗），也可以设置为具体的数值。

- 【style（样式）】：用于设置边框样式，包括 none（无边框）、hidden（与 none 相同，不过应用于表时，hidden 用于解决边框冲突）、dotted（点状线，在大多数浏览器中呈现为实线）、dashed（虚线，在大多数浏览器中呈现为实线）、solid（实线）、double（双线，双线的宽度等于 border-width 的值）、groove（凹槽线，效果取决于 border-color 的值）、ridge（垄状线，效果取决于 border-color 的值）、inset（凹陷，效果取决于 border-color 的值）和 Outset（凸出，效果取决于 border-color 的值）等 10 个选项。

- 【color（颜色）】：用于设置边框的颜色。

- 【border-radius】：用于设置以速记的方式定义边框半径（用 r 表示），如可以输入"25px"，表示所有的边框半径均是 25px，也可以按 4r 方式输入"25px 20px 20px 15px"，表示上左角、上右角、下右角和下左角的边框半径分别是 25px、20px、20px、5px，如果按 8r 方式可以输入"2em 1em 4em/0.5em 3em"。在定义边框半径时，如果省略 bottom-left，则与 top-right 相同。如果省略 bottom-right，则与 top-left 相同。如果省略 top-right，则与 top-left 相同。

- 4r 按钮和 8r 按钮：用于选择是按 4r 方式设置边框半径还是按 8r 方式设置边框半径，选择后可以在 4 个边角的位置设置相应的半径大小，如图 3-22 所示。

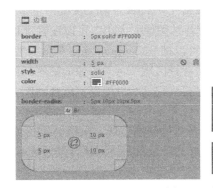

图 3-22　设置边框半径

• 【border-collapse（边框折叠）】：用于设置边框是否被合并为一个单一的边框，还是像在标准的 HTML 中那样分开显示。⊪表示 separate（默认值，边框会被分开，不会忽略 border-spacing 和 empty-cells 属性），⊪表示 collapse（如果可能，边框会合并为一个单一的边框，会忽略 border-spacing 和 empty-cells 属性）。

• 【border-spacing（边框空间）】：用于设置相邻边框间的距离，仅用于 border-collapse 属性设置为 Separate 的情况）。第 1 个选项用于设置水平间距，第 2 个选项用于设置垂直间距。

4．背景属性

【背景】属性主要用于定义网页的背景颜色或背景图像等。在【CSS 设计器】面板的【属性】窗口中，单击▨按钮可以显示背景的相关属性，如图 3-23 所示。下面对其中的属性选项进行简要介绍。

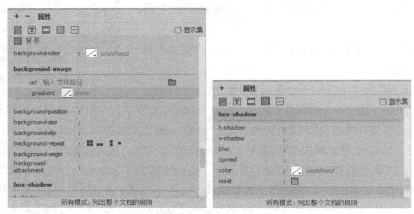

图 3-23　背景属性

• 【background-color（背景颜色）】：用于设置元素的背景颜色，这种颜色会填充元素的内容、内边距和边框区域，扩展到元素边框的外边界（但不包括外边距）。如果边框有透明部分（如虚线边框），会透过这些透明部分显示出背景色。

• 【background-image（背景图像）】：用于设置元素的背景图像，元素的背景占据了元素的全部尺寸，包括内边距和边框，但不包括外边距。默认情况下，背景图像位于元素的左上角，并在水平和垂直方向上重复。建议设置一种可用的背景颜色，如果背景图像不可用，页面也可获得良好的视觉效果。其中 url 用于定义背景图像的位置，gradient 用于设置背景图像渐变。

• 【background-position（背景位置）】：用来确定背景图像的水平和垂直位置。需要把 background-attachment 属性设置为 fixed，才能保证该属性在 Firefox 和 Opera 中正常工作。

• 【background-size（背景尺寸）】：用于设置背景图像的大小，可以设置背景图像的宽度和高度，第 1 个值设置宽度，第 2 个值设置高度，也可以把 background-size 的值设置为 cover（表示把背景图像扩展至足够大，以使背景图像完全覆盖背景区域。背景图像的某些部分也许无法显示在背景定位区域中）或 contain（表示把图像扩展至最大尺寸，以使其宽度和高度完全适应内容区域）。

• 【background-clip（背景剪辑）】：用于设置背景的绘制区域，包括 padding-box（背景被裁剪到内边距框）、border-box（背景被裁剪到边框盒）和 content-box（背景被裁剪到内容框）3 个选项。

• 【background-repeat（背景重复）】：用于设置背景图像的平铺方式，有 repeat（图像沿水平、

垂直方向平铺）、repeat-x（图像沿水平方向平铺）、repeat-y（图像沿垂直方向平铺）和 no-repeat
（不重复）4 个选项，默认选项是 repeat。

- 【background-origin（背景起源）】：用于设置 background-position 属性相对于什么位置来定位，包括 padding-box（背景图像相对于内边距框来定位）、border-box（背景图像相对于边框盒来定位）和 content-box（背景图像相对于内容框来定位）3 个选项。如果背景图像的 background-attachment 属性设置为 fixed，则该属性没有效果。

- 【background-attachment（背景滚动模式）】：用来设置背景图像是否固定或者随着页面的其余部分滚动，有 scroll（背景图像会随着页面其余部分的滚动而移动）和 fixed（当页面的其余部分滚动时背景图像不会移动）两个选项，默认选项是 scroll。

- 【box-shadow（方框阴影）】：用于设置向方框添加一个或多个阴影，阴影列表用逗号分隔，每个阴影有 2～4 个长度值、可选的颜色值以及可选的 inset 关键词来规定，省略长度的值是 0。该属性有 h-shadow（水平阴影的位置，必需，允许负值）、v-shadow（垂直阴影的位置，必需，允许负值）、blur（模糊的距离，可选）、spread（阴影的尺寸，可选）、color（阴影的颜色，可选）和 inset（将外部阴影（outset）改为内部阴影，可选）6 个属性参数。

3.2.4　应用 CSS 样式

下面对在 Dreamweaver CC 2017 中应用 CSS 样式的方法进行简要介绍。

1. 自动应用的 CSS 样式

在已经创建好的 CSS 样式中，标签 CSS 样式、ID 名称 CSS 样式和复合内容 CSS 样式基本上都是自动应用的。重新定义了标签的 CSS 样式，凡是使用该标签的内容将自动应用该标签 CSS 样式。例如，重新定义了段落标签<p>的 CSS 样式，凡是使用标签<p>的内容都将应用其样式。定义了 ID 名称 CSS 样式，拥有该 ID 名称的对象将应用该样式。复合内容 CSS 样式将自动应用到所选择的内容上。

2. 类 CSS 样式的应用

首先选中要应用类 CSS 样式的对象，然后在【属性（HTML）】面板的【类】下拉列表中选择已经创建好的样式，或者在【属性（CSS）】面板的【目标规则】下拉列表中选择已经创建好的样式，如图 3-24 所示。

图 3-24　通过【属性】面板应用样式

3.2.5　使用 CSS 过渡效果

可以使用【CSS 过渡效果】面板，将平滑属性变化更改应用于基于 CSS 的页面元素，以响应触发器事件，如悬停、单击和聚焦。比较常见的实例是，当用户悬停在一个菜单栏项上时，它会逐渐从一种颜色变成另一种颜色。

通过【CSS 过渡效果】面板可以创建、修改和删除 CSS 过渡效果。要创建 CSS 过渡效果，需要通过为元素的过渡效果属性指定值来创建过渡效果类。如果在创建过渡效果类之前已选择元素，则过渡效果类会自动应用于选定的元素。可以选择将生成的 CSS 代码添加到当前文档中，也可保存到指定的外部 CSS 文件中。创建并应用 CSS 过渡效果的基本操作过程如下。

（1）选择要应用过渡效果的元素，如段落和标题等（也可以先创建过渡效果稍后将其应用到元素上），如图 3-25 所示。

（2）选择菜单命令【窗口】/【CSS 过渡效果】，将会打开【CSS 过渡效果】面板，利用该面板来创建和编辑 CSS 过渡效果，如图 3-26 所示。

（3）在【CSS 过渡效果】面板中，单击 + 按钮，将会打开【新建过渡效果】对话框，如图 3-27 所示。

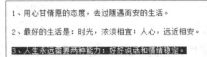

1、用心甘情愿的态度，去过随遇而安的生活。

2、最好的生活是：时光，浓淡相宜；人心，远近相安。

3、人生永远需要两种能力：好好说话和情绪稳定。

图 3-25　选择内容

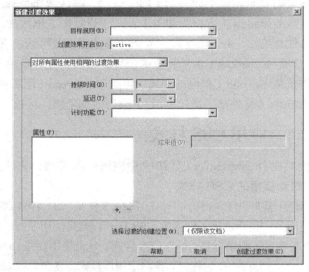

图 3-26　【CSS 过渡效果】面板　　　　图 3-27　【新建过渡效果】对话框

CSS 过渡效果是 HTML 5 的一个重要特色，在使用该功能时，建议创建的网页文档类型为 HTML 5，以保证功能的完美应用。

（4）使用【新建过渡效果】对话框中的选项创建过渡效果类。

• 在【目标规则】下拉列表中输入目标规则名称。目标规则名称可以是任意 CSS 选择器，包括标签、规则、ID 或复合选择器等。例如，如果将过渡效果应用到所有<p>标签，需要输入"p"。

• 在【过渡效果开启】下拉列表中选择要应用过渡效果的条件或状态。例如，如果要在鼠标指针移至元素上时应用过渡效果，需要选择"hover"选项。

• 如果希望【对所有属性使用相同的过渡效果】，即相同的"持续时间""延迟"和"计时功能"，请选择此选项。如果希望【对每个属性使用不同的过渡效果】，即过渡的每个 CSS 属性指定不同的"持续时间""延迟"和"计时功能"，请选择此选项。

• 在【属性】列表框下侧单击 + 按钮，在打开的菜单中选择相应的选项以向过渡效果添加 CSS 属性。持续时间和延迟时间以 s（秒）或 ms（毫秒）为单位。过渡效果的结束值是指过渡效果结束后的属性值。例如，如果想要文本颜色在过渡效果的结尾变为红色，需要在【属性】列表框中添加"color"，在【结束值】文本框中输入"#FF0000"。

• 如果要在当前文档中嵌入样式，需要在【选择过渡的创建位置】下拉列表中选择"（仅限该文档）"。如果要为 CSS 代码创建外部样式表，需要选择"（新建样式表文件）"。

（5）单击 创建过渡效果(C) 按钮，【CSS 过渡效果】面板中添加了创建的过渡效果，如图 3-28 所示。

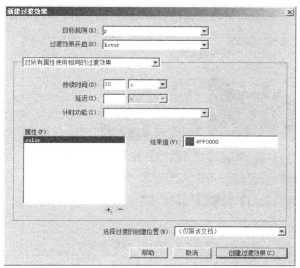

图 3-28　创建的过渡效果

（6）在【CSS 过渡效果】面板中，选择想要编辑的过渡效果，单击 ✎ 按钮，打开【编辑过渡效果】对话框，利用该对话框可重新编辑过渡效果。

（7）保存文档，在浏览器中预览，当鼠标指针停留在文本上时，文本的颜色将会慢慢变为红色，如图 3-29 所示。

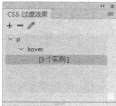

1、用心甘情愿的态度，去过随遇而安的生活。

2、最好的生活是：时光，灩淡相宜；人心，远近相安。

3、人生永远需要两种能力：好好说话和情绪稳定。

图 3-29　过渡效果

3.3　应 用 实 例

下面通过实例进一步巩固设置超级链接和 CSS 样式的基本方法。

3.3.1　快乐的真谛

根据操作步骤设置超级链接和超级链接文本状态，效果如图 3-30 所示。

图 3-30　快乐的真谛

（1）将素材文档复制到站点下，然后打开网页文档 "3-3.htm"，如图 3-31 所示。

图 3-31　打开文档

（2）在【属性】面板中单击 页面属性 按钮打开【页面属性】对话框，在【外观（CSS）】分类中设置页面字体为 "宋体"、字体样式和字体粗细均为 "normal"、大小为 "16px"、页边距为 "10px"。

（3）选中第 1 幅图像 "kuaile.jpg"，在【属性】面板中单击【链接】文本框后面的 按钮，打开【选择文件】对话框，选择目标文件 "kuaile.htm"，如图 3-32 所示，然后单击 确定 按钮关闭对话框，此时链接目标文件显示在【链接】文本框中。

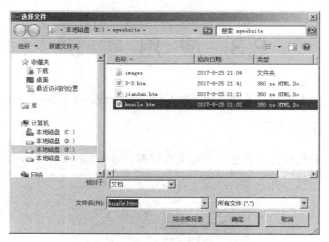

图 3-32　【选择文件】对话框

（4）在【目标】下拉列表中选择 "_blank"，在【替换】列表框中输入文本 "快乐的孩子们！"，在【标题】文本框中输入文本 "单击打开链接查看内容"，如图 3-33 所示。

图 3-33　设置第 1 幅图像超级链接

（5）选中第 2 幅图像"jiandan.jpg"，然后将【链接】文本框后面的⊕图标拖曳到【文件】面板中目标文件"jiandan.htm"上，并【目标】下拉列表中选择"_blank"，在【替换】列表框中输入文本"快乐是简单的！"，在【标题】文本框中输入文本"单击打开链接查看内容"，如图 3-34 所示。

图 3-34　设置第 2 幅图像超级链接

（6）选择文本"搜索更多哲理故事"，在【属性（HTML）】面板中设置链接地址为"http://www.baidu.com"，打开目标窗口的方式为"_blank"，标题文本为"到百度搜索"，如图 3-35 所示。

图 3-35　设置文本超级链接

（7）选中文本"打印本页"，然后在【属性（HTML）】面板的【链接】列表框中输入"JavaScript:history.print()"，如图 3-36 所示。

图 3-36　设置脚本链接

（8）选中文本"Mail 给我们"，然后在【属性（HTML）】面板的【链接】列表框中输入"mailto:us2020@163.com"，如图 3-37 所示。

图 3-37　设置电子邮件超级链接

（9）在【属性】面板中单击 页面属性... 按钮打开【页面属性】对话框，在【链接（CSS）】分类中设置文本超级链接的状态，如图 3-38 所示。

图 3-38　【链接（CSS）】分类

（10）最后保存文档。

3.3.2　心灵驿站

根据操作步骤使用 CSS 样式设置网页外观，效果如图 3-39 所示。

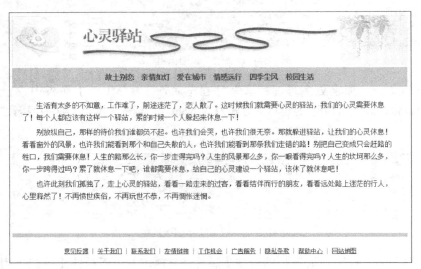

图 3-39　心灵驿站

（1）将素材文档复制到站点下，然后打开网页文档"3-3-2.htm"，选择菜单命令【窗口】/【CSS 设计器】，在【CSS 设计器】面板的【源】窗口中单击 + 按钮，在弹出的添加 CSS 源下拉菜单中选择【在页面中定义】选项，在【源】列表框中添加<style>标签。

（2）在【选择器】窗口中单击 + 按钮，在文本框中输入标签选择器名称"body"并按 Enter 键确认。

（3）在【属性】窗口中，单击 T 按钮显示文本属性，将文本字体【font-family】设置为"宋体"，将文本大小【font-size】设置为"14px"，如图 3-40 所示。

（4）保证正文上方的导航表格的 ID 名称已设置为"navigate"，然后在【选择器】窗口中单击 + 按钮，在文本框中输入标签 ID 选择器名称"#navigate"并按 Enter 键确认。

（5）在【属性】窗口中，单击 按钮显示背景属性，将背景图像的【url】设置为"images/line1.jpg"，将背景图像的【background-position】设置为"0%"和"bottom"，单击【background-repeat】后面的 按钮将背景图像的重复方式设置为"no-repeat"，如图 3-41 所示。

图 3-40　定义标签"body"的 CSS 样式

（6）在【选择器】窗口中单击 + 按钮，在文本框中输入复合内容选择器名称"#navigate tr td a:link, #navigate tr td a:visited"，然后按 Enter 键确认。

（7）在【属性】窗口中，单击 T 按钮显示文本属性，将文本颜色【color】设置为"#006600"，将文本粗细【font-weight】设置为"bold"，将文本修饰【font-decoration】设置为"none"，如

图 3-42 所示。

（8）运用同样的方法创建复合内容的 CSS 样式"#navigate tr td a:hover"来控制超级链接文本的鼠标悬停样式，其中文本颜色【color】为"#FF0000"，文本粗细【font-weight】为"bold"，文本修饰【font-decoration】为"underline"，如图 3-43 所示。

图 3-41　创建 ID 名称 CSS 　图 3-42　创建样式"#navigate tr td a:link, 　图 3-43　创建样式"#navigate
样式"#navigate"　　　　　#navigate tr td a:visited"　　　　　tr td a:hover"

（9）保证正文文本所在表格的 ID 名称已设置为"main"，然后在【选择器】窗口中单击 ➕ 按钮，在文本框中输入复合内容选择器名称"#main tr td p"并按 Enter 键确认。

（10）在【属性】窗口中，单击 T 按钮显示文本属性，将文本行高【line-height】设置为"25px"，单击 按钮显示布局属性，将上下边界均设置为"5px"，如图 3-44 所示。

图 3-44　创建复合内容的 CSS 样式"#main tr td p"

（11）在【选择器】窗口中单击 ➕ 按钮，在文本框中输入类选择器名称".bg"，然后按 Enter 键确认。

（12）在【属性】窗口中，单击 T 按钮显示文本属性，将文本大小【font-size】设置为"12px"。

（13）选中页脚链接文本所在单元格，然后在【属性（HTML）】面板的【类】下拉列表中选择"bg"，如图 3-45 所示。

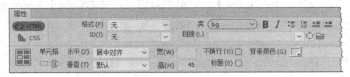

图 3-45　应用类样式

（14）在每段正文文本的开头分别添加 4 个空格，然后在【属性】面板中单击 页面属性... 按钮打开【页面属性】对话框，在【标题/编码】分类中将浏览器标题设置为"心灵驿站"。

（15）最后保存文档。

小　结

本章主要介绍了设置超级链接和 CSS 样式的基本知识和方法，超级链接部分包括文本超级链接、图像超级链接、图像热点、鼠标经过图像、电子邮件链接、空链接、下载超级链接和脚本链接等的设置方法，CSS 样式部分包括 CSS 样式层叠次序和速记格式以及创建、设置和应用 CSS 样式的基本方法，最后通过实例介绍设置超级链接和 CSS 样式的基本方法。熟练掌握这些基本操作将会给网页制作带来极大的方便，是需要重点学习和掌握的内容之一。

习　题

1. 简述超级链接常见类型。
2. 简述对 CSS 层叠次序的理解。
3. 自行搜集素材创建一个网页文档，要求使用超级链接并设置 CSS 样式。

第4章
表格和 Div+CSS

表格不仅可以排列数据，还可以定位网页元素，是传统页面布局的重要方法。Div+CSS 是目前比较流行的页面布局技术，Div 和 CSS 相配合让页面布局更加完美。本章将介绍有关表格和 Div+CSS 的基本知识以及使用表格和 Div+CSS 布局页面的基本方法。

【学习目标】

- 了解表格的结构及 Div+CSS 布局的理念。
- 掌握插入、编辑和设置表格的基本方法。
- 掌握使用表格和 Div+CSS 布局页面的基本方法。
- 掌握使用 HTML5 结构元素和 jQuery UI 布局部件的方法。

4.1 使用表格

下面介绍有关表格的基本知识以及创建、编辑和设置表格的基本方法。

4.1.1 认识表格

表格是由行和列组成的，水平方向的一组单元格称为行，垂直方向的一组单元格称为列。行和列是由单元格组成的，单元格是表格中一行与一列相交的部分，包括单元格边框及以内的区域，是组成表格的最基本单位。单元格之间的间隔称为单元格间距，单元格内容与单元格边框之间的间隔称为单元格边距（也称填充）。单元格边框包括亮边框和暗边框两部分，粗细不可设置（默认 1px），颜色可以设置。表格边框包括亮边框和暗边框两部分，可以设置边框粗细和颜色等属性。图 4-1 所示为一个 4 行 4 列的表格。表格是用于在页面上显示表格式数据以及对文本和图形等网页元素进行布局的重要工具。表格可以将文本等内容按特定的行、列进行排列。

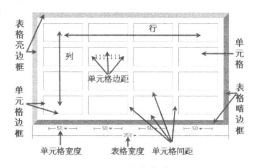

图 4-1　表格结构

在网页制作中，表格不仅可以组织数据，还可以定位网页元素,甚至可以用来制作一些特殊效果。组织数据是表格最基本的作用，如成绩单、工资表和销售表等。页面布局是表格组织数据作用的延伸，由简单地组织一些数据发展成定位网页元素，进行版面布局，制作特殊效果，如制作细线边框等，若结合 CSS 样式会制作出更多的效果。

4.1.2 导入和导出表格数据

在 Dreamweaver CC 2017 中，可以将使用定界符（如 Tab、逗点、分号、引号或其他分隔符，定界符须是半角）的表格式数据以表格形式导入到页面中，也可以将页面中的表格以使用定界符的表格式数据形式导出。

1. 导入表格式数据

在导入表格式数据时，可以按照下面的方法进行操作。

（1）将鼠标指针置于要导入数据的页面中，然后选择菜单命令【文件】/【导入】/【表格式数据】，打开【导入表格式数据】对话框。

（2）在【数据文件】文本框后面，单击 浏览… 按钮定位要导入表格式数据的文件。根据要导入的表格式数据文件所使用的定界符在【定界符】下拉列表框中选择所需要的分隔符号，如"分号"，如果列表中没有适合的定界符选项，这时需要选择【其他】，然后在下拉列表右侧的文本框中输入要导入的表格式数据文件中所使用的分隔符。

（3）在【表格宽度】选项，选择【设置为】，将表格宽度设置为"400像素"，如果选择【匹配内容】将使每个列足够宽，以适应该列中导入的最长的文本字符串。

（4）在【单元格边距】文本框中设置单元格边距为"5"，在【单元格间距】文本框中设置单元格间距为"2"，在【格式化首行】下拉列表框中设置应用于表格首行的格式（如果存在），从"[无格式]""粗体""斜体"和"加粗斜体"4个格式中选择一项，如"粗体"，在【边框】文本框中设置表格边框的宽度为"1"，如图4-2所示。

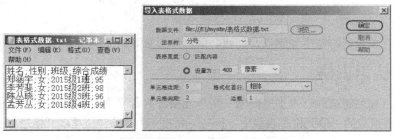

图4-2 【导入表格式数据】对话框

（5）单击 确定 按钮将表格式数据导入到页面中，如图4-3所示。

（6）最后保存文档。

2. 导出表格数据

在导出表格数据时，可以按照下面的方法进行操作。

（1）将光标置于页面的表格中，如图4-4左图所示，然后选择菜单命令【文件】/【导出】/【表格】，打开【导出表格】对话框。

（2）在【定界符】下拉列表框中选择要在导

daorubiaoge.htm ×			mysite ~ E: mysite
姓名	性别	班级	综合成绩
郑涵宇	女	2015级1班	95
李芳菲	女	2015级2班	98
陈丛晓	女	2015级3班	96
孟芳丛	女	2015级4班	99

图4-3 导入表格式数据

出的结果文件中使用的分隔符类型（包括"Tab""空白键""逗点""分号"和"引号"），在【换行符】下拉列表中选择操作系统类型（包括"Windows""Mac"和"UNIX"），如图4-4

中图所示。

（3）单击 导出 按钮，打开【表格导出为】对话框，设置文件的保存位置和名称，名称中要输入导出文件的扩展名以保证导出文件的类型，如 "daochubiaoge.txt"，然后单击 保存(S) 按钮保存导出的数据，结果如图 4-4 右图所示。

图 4-4　【导出表格】对话框

4.1.3　插入和设置表格

下面介绍在 Dreamweaver CC 2017 中插入和设置表格的基本方法。

1. 插入表格

在插入表格时，可以按照下面的方法进行操作。

（1）将鼠标指针置于页面中，然后选择菜单命令【插入】/【Table】或在【插入】面板的【HTML】类别中单击 Table 按钮，打开【Table】对话框。

（2）在【表格大小】选项组设置好表格的行数、列数、表格宽度、边框粗细、单元格边距和单元格间距等基本参数，在【标题】选项组根据需要设置好表格标题行或列的格式，在【辅助功能】选项组根据需要设置好表格的标题文字和描述性文字，如图 4-5 左图所示。

（3）参数设置完毕，单击 确定 按钮插入表格，并在表格单元格中输入相应的文本，如图 4-5 右图所示。

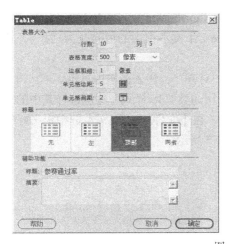

图 4-5　插入表格

如果要在表格的后面继续插入表格，需要将光标置于该表格的后面或者先选中该表格，然后利用插入表格的命令来插入表格。表格宽度的单位有 "像素" 和 "百分比" 两种。以 "像素" 为单位设置表格宽度，表格的绝对宽度将保持不变。以 "百分比" 为单位设置表格宽度，表格的宽度将随浏览器的大小变化而变化。边框粗细、单元格边距和单元格间距均以 "像素" 为单位。如果没有明确设置边框粗细、单元格间距和单元格边距的值，多数浏览器都按边框粗细和单元格边距为"1"、单元格间距为"2"来显示表格。如果不显示边距、间距或边框，应该将边距、间距或边框的值设置为"0"。

在页面布局中经常使用嵌套表格，嵌套表格是指在表格的单元格内再插入表格，表格的边框粗细通常设置为"0"。在使用表格布局页面时，建议在<body>标签内从上到下使用多个表格布局页面，而不主张将整个页面全部使用一个表格套起来。因为网页在显示时，需要将表格内的所有内容下载完毕才能显示。如果使用多个表格就可以下载完一个表格的内容就显示一个表格的内容，无疑提高了显示速度。

2. 表格属性

在插入表格后，可以通过其【属性】面板修改相关参数，如可以设置表格的 ID 名称、对齐方式以及引用的类 CSS 样式表等。下面对表格的部分属性参数进行设置。

（1）选中插入的表格，其【属性】面板如图 4-6 所示。

图 4-6　表格【属性】面板

（2）在【表格】文本列表框中输入表格 ID 名称，如"t1"，在创建表格 ID 名称 CSS 样式时会用到。

（3）在【行（Rows）】和【列（Cols）】文本框中可以重新设置表格的行数和列数。

（4）在【宽（Width）】文本框中可以重新设置表格的宽度，以"%"或"像素"为单位，这里将宽度"500"暂时删除。

（5）在【填充（CellPad）】（也称边距）、【间距（CellSpace）】和【边框（Border）】文本框中可以重新设置相关值，这里将【间距（CellSpace）】文本框中的值修改为"1"，其他值保持不变。

（6）在【对齐（Align）】下拉列表框中选择"居中对齐"，使表格居中显示。

（7）在【类（Class）】下拉列表框中设置表格所引用的类 CSS 样式，这里选择其中的【附加样式表】选项，打开【使用现有的 CSS 文件】对话框，在【文件/URL】文本框中定义好使用的 CSS 文件，单击　确定　按钮附加样式表文件，如图 4-7 所示。

图 4-7　对表格应用类 CSS 样式

（8）此时在【类（Class）】下拉列表框中出现了"tableborder"选项，将其选中，表格效果如图 4-8 所示。

图 4-8　表格效果

在表格【属性】面板中，还有 4 个工具按钮。 和 按钮主要用于清除表格的行高和列宽， 和 按钮主要用于根据当前值将表格宽度转换成像素或百分比。

如果表格外有文本，在表格【属性】面板的【对齐（Align）】下拉列表框中选择不同的选项，其效果是不一样的。选择【左对齐】表示沿文本等元素的左侧对齐表格，选择【右对齐】表示沿文本等元素的右侧对齐表格，如图 4-9 所示。

图 4-9　左对齐和右对齐状态

选择【居中对齐】表示表格居中显示，而文本将显示在表格的上方和下方；如果选择【默认】，文本不会显示在表格的两侧，如图 4-10 所示。

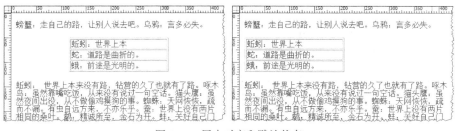

图 4-10　居中对齐和默认状态

3. 单元格属性

对于表格，还可以通过【属性】面板修改单元格相关属性，如可以设置单元格的水平和垂直对齐方式、宽度和高度和背景颜色等。下面对表格的单元格部分属性参数进行设置。

（1）将光标移到欲选择的行中，如表格第 1 行的某一单元格中，单击文档窗口左下角的\<tr\>标签选择该行所有单元格，然后在【属性】面板的【宽】文本框中设置单元格的宽度为"100"，如图 4-11 所示。

图 4-11　设置单元格宽度

（2）将光标置于表格第 1 列第 2 行单元格内，按住鼠标左键从上至下拖曳，选择相应的单元格，然后在【属性】面板的【高】文本框中设置单元格的高度为"30"，如图 4-12 所示。

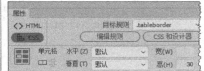

图 4-12　设置单元格高度

（3）将光标置于表格第 2 行第 1 列单元格内，然后按住鼠标左键并拖曳到最后一行最后一列单元格，然后在【属性】面板的【水平】下拉列表框中选择"居中对齐"，在【垂直】下拉列表框中选择"居中"，如图 4-13 所示。

图 4-13　设置单元格对齐方式

　　设置表格的行、列或单元格属性要先选择行、列或单元格，然后在【属性】面板中进行设置。行、列和单元格的【属性】面板都是一样的。单元格的【属性】面板主要分为上下两个部分，上面部分主要用于设置单元格中文本的属性，下面部分主要用于设置行、列或单元格的属性。在单元格【属性】面板中，勾选【不换行】选项可以防止文本换行，从而使给定单元格中的所有文本都在一行上；勾选【标题】选项表示将单元格设置为表格标题单元格，标题文本呈粗体并居中显示；在【背景颜色】文本框中可以设置单元格的背景色；使用□按钮可以将所选的连续的单元格、行或列合并为一个单元格，只有当单元格形成矩形或直线的块时才可以合并这些单元格；使用 按钮可以将一个单元格分成两个或多个单元格，一次只能拆分一个单元格，如果选择的单元格多于一个，则此按钮将禁用。

　　如果设置表格列的属性，Dreamweaver CC 2017 将更改对应于该列中每个单元格的 td 标签的属性。如果设置表格行的属性，Dreamweaver CC 2017 将更改<tr>标签的属性，而不是<td>标签的属性。在将同一种格式应用于行中的所有单元格时，将格式应用于<tr>标签会生成更加简明清晰的 HTML 代码。可以通过设置表格及单元格的属性或将预先设计好的 CSS 样式应用于表格、行或单元格，来美化表格的外观。在设置表格和单元格的属性时，属性设置所起作用的优先顺序为单元格、行和表格。

4.1.4　编辑表格

　　直接插入的表格通常是比较规则的表格，但有时会不符合实际需要，这时就需要对表格进行编辑。编辑表格通常有下面几种形式。

1. 选择表格、行或列、单元格

选择整个表格最常用的方法有以下几种。

（1）单击表格左上角或单击表格中任何一个单元格的边框线，如图 4-14 所示。

（2）将光标置于表格内，单击鼠标右键，在弹出的快捷菜单中选择【表格】/【选择表格】命令。

（3）将光标移到表格内，表格上端或下端会弹出绿线的标志，单击绿线中的 按钮，从弹出的下拉菜单中选择【选择表格】命令，如图 4-15 所示。

图 4-14　选择表格

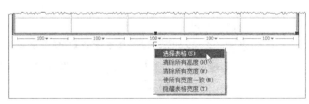

图 4-15　【选择表格】命令

（4）将光标移到表格内，单击文档窗口左下角相应的<table>标签。

选择表格行或列最常用的方法有以下几种。

（1）当鼠标指针位于欲选择的行首或列顶时，其变成黑色箭头形状，这时单击鼠标左键，便可选择行或列，如图 4-16 所示。如果按住鼠标左键并拖曳，可以选择连续的行或列，也可以按住 Ctrl 键依次单击欲选择的行或列，这样可以选择不连续的多行或多列。

（2）按住鼠标左键从左至右或从上至下拖曳，将选择相应的列或行。

（3）将鼠标光标移到欲选择的行中，单击文档窗口左下角的<tr>标签选择该行。

图 4-16 通过单击选择行或列

选择表格单元格最常用的方法有以下几种。

（1）选择单个单元格：将光标置于单元格内，然后按住 Ctrl 键不放单击单元格或单击文档窗口左下角的<td>标签将其选择。

（2）选择相邻单元格：在开始的单元格中按住鼠标左键不放并拖曳到最后的单元格，也可将光标置于开始的单元格内，然后按住 Shift 键不放单击最后的单元格。

（3）选择不相邻单元格：按住 Ctrl 键不放依次单击欲选择的单元格，或在已选择的连续单元格中依次单击欲去除的单元格。

2．增加行或列

首先将光标移到欲插入行或列的单元格内，然后采取以下最常用的方法进行操作。

（1）在鼠标右键快捷菜单中，选择【表格】/【插入行】表示在光标所在单元格的上面增加 1 行，选择【表格】/【插入列】表示在光标所在单元格的左侧增加 1 列。

（2）在鼠标右键快捷菜单中，选择【表格】/【插入行或列】打开【插入行或列】对话框，如图 4-17 所示。【插入】选项组包括【行】和【列】两个选项，其默认选择的是【行】，因此下面的选项就是【行数】，在【行数】选项的文本框内可以定义预插入的行数，在【位置】选项组中可以定义插入行的位置是【所选之上】还是【所选之下】。在【插入】选项组中如果选择的是【列】，那么下面的选项就变成了【列数】，在【位置】选项组可以定义插入列的位置是【当前列之前】还是【当前列之后】。

图 4-17 【插入行或列】对话框

3．删除行或列

如果要删除行或列，首先需要将光标置于要删除的行或列中，然后在鼠标右键快捷菜单中选择【表格】/【删除行】或【表格】/【删除列】进行删除。实际上，最简捷的方法就是先选定要删除的行或列，然后按 Delete 键进行删除。

4．合并单元格

合并单元格是指将多个单元格合并成为一个单元格。首先选择欲合并的单元格，然后单击鼠标右键，在弹出的快捷菜单中选择【表格】/【合并单元格】命令，也可单击【属性】面板左下角的▱按钮进行单元格合并。

5．拆分单元格

拆分单元格是针对单个单元格而言的，可看成是合并单元格的逆操作。首先需要将光标定位到要拆分的单元格中，然后在鼠标右键快捷菜单中选择【表格】/【拆分单元格】命令，也可单击【属性】面板左下角的▨按钮，打开【拆分单元格】对话框，如图 4-18 所示。在【把单元格拆分】选项组包括【行】和【列】两个选项，这表明可以将单元格纵向拆分或者横向拆分。在【行数】

或【列数】文本框中可以定义要拆分的行数或列数。

图 4-18 拆分单元格

4.2 使用 Div+CSS

下面介绍有关 Div+CSS、HTML5 结构元素和 jQuery UI 布局部件的基本知识以及使用 Div+CSS 布局页面的基本方法。

4.2.1 认识盒子模型和 Div+CSS 布局

W3C 组织建议把网页上的对象放在盒子中，CSS 盒子模型有两种，分别是标准 W3C 盒子模型和 IE 盒子模型。标准 W3C 盒子模型如图 4-19 所示，其范围包括 margin、border、padding 和 content，其中 content 部分的宽度和高度不包含 border 和 padding 部分。

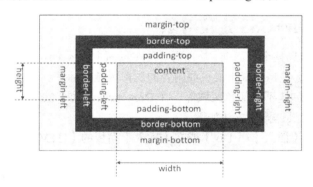

图 4-19 标准 W3C 盒子模型

IE 盒子模型如图 4-20 所示，其范围也包括 margin、border、padding 和 content，但与标准 W3C 盒子模型不同的是，IE 盒子模型 content 部分的宽度和高度包含了 border 和 pading 部分。

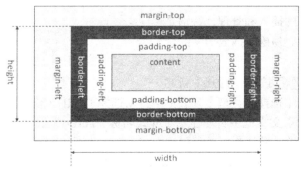

图 4-20 IE 盒子模型

　　例如，一个盒子的 margin 为 20px，border 为 1px，padding 为 10px，content 的宽为 200px、高为 50px，如果用标准 W3C 盒子模型解释，那么这个盒子需要占据的位置情况：宽度是 20×2+1×2+10×2+200=262px，高度是 20×2+1×2×10×2+50=112px，去除边界后盒子占有的实际位置大小为：宽度是 1×2+10×2+200=222px，高度是 1×2+10×2+50=72px；如果用 IE 盒子模型计算，那么这个盒子需要占据的位置为：宽度是 20×2+200=240px，高度是 20×2+50=70px，去除边界后盒子占有的实际位置大小为：宽度是 200px，高度是 50px。

　　在设计网页时建议选择标准 W3C 盒子模型，在网页的顶部加上 DOCTYPE 声明即可。如果没加 DOCTYPE 声明，各个浏览器会根据自己采用的标准去理解网页，所以网页显示时也就不会完全一样。如果加上了 DOCTYPE 声明，所有浏览器都会采用标准 W3C 盒子模型去解释盒子，网页就能在各个浏览器中显示一致了。

　　在网站设计标准中，相对于传统的表格，Div + CSS 是一种新的排版理念，是目前页面布局的主流技术，绝大多数网站都采用 Div + CSS 的方式实现各种页面元素的定位。Div 是一个 HTML 标签（即<div>…</div>），在大多数情况下用作文本、图像等页面元素的容器。使用 CSS 技术能够将 Div 定位在页面不同的位置上，从而实现文本、图像等页面元素的定位。在使用 Div + CSS 布局页面时，经常会用 class 或 id 来调用 CSS 样式属性。class 在 CSS 中称作"类"，在同一个页面可以无数次调用相同的类样式。id 表示标签的身份，是标签的唯一标识。在页面中凡是需要多次引用的样式通常定义成类样式，通过 class 进行调用。凡是只用一次的样式，可以定义成 id 名称样式，也可以定义为类样式。

4.2.2　使用 Div+CSS 定位对象

　　在使用 Div+CSS 布局整个页面前，首先要清楚在页面中插入 Div 标签以及使用 CSS 控制 Div 标签的基本方法。Div 标签是用来定义页面内容的逻辑区域的标签，可以使用 Div 标签将内容块居中、创建列效果以及创建不同颜色区域等。在 Dreamweaver CC 2017 中可快速插入 Div 标签，并对它应用 CSS 样式，具体操作方法如下。

　　（1）选择菜单命令【插入】/【Div】或在【插入】面板的【HTML】类别中单击 <kbd>Div</kbd> 按钮，打开【插入 Div】对话框。

　　（2）在【插入】下拉列表中定义插入 Div 的位置，如果此时定义 ID 名称 CSS 样式，可以在【ID】文本列表框中输入 Div 的 ID 名称，如图 4-21 所示。

　　如果使用类 CSS 样式，可以在【Class】文本列表框中输入类 CSS 样式的名称，建议此时仍然要在【ID】文本列表框中输入 Div 的 ID 名称，以方便后续 Div 的插入和管理，特别是在【插入】下拉列表中容易确定插入 Div 的相对位置。

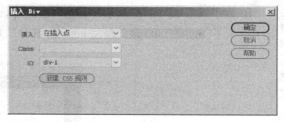

图 4-21　【插入 Div】对话框

　　（3）单击 <kbd>新建 CSS 规则</kbd> 按钮，打开【新建 CSS 规则】对话框，在【选择器类型】列表框中自动选择了"ID（仅应用于一个 HTML 元素）"选项，在【选择器名称】文本框中自动显示了样式名称"#div-1"，在【规则定义】列表框中还可以选择规则的保存位置，默认为"（仅限该文档）"，如图 4-22 所示。

　　（4）设置完毕，单击 <kbd>确定</kbd> 按钮打开【#div-1 的 CSS 规则定义】对话框，在【类型】分类中设置字体类型、大小和行高，如图 4-23 所示。

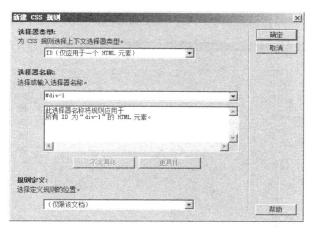

图 4-22 【新建 CSS 规则】对话框

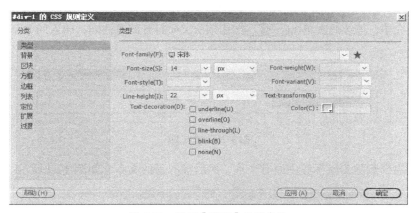

图 4-23 设置【类型】分类参数

在这个对话框中，CSS 属性被分为 9 大类：类型、背景、区块、方框、边框、列表、定位、扩展和过渡，实际上这个对话框中各个大类的属性参数与【CSS 设计器】面板中布局、文本、边框和背景等类别中的属性参数基本是一致的，只是形式不同而已。

（5）选择【方框】分类，设置方框宽度、填充和边界，其中左边界和右边界设置为 "auto"，可使方框居中显示，如图 4-24 所示。

图 4-24 设置【方框】分类参数

（6）选择【边框】分类，设置边框样式、宽度和颜色，如图 4-25 所示。

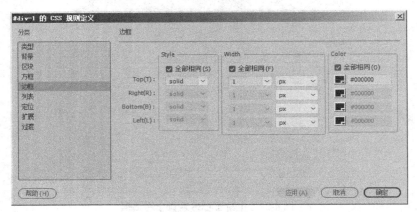

图 4-25　设置【边框】分类参数

（7）设置完毕，连续两次单击 确定 按钮依次关闭打开的对话框，插入的 Div 效果如图 4-26 所示。

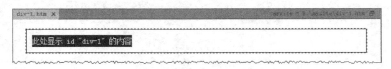

图 4-26　插入 Div

（8）根据需要删除 Div 标签中原有文本，然后输入新的文本，如图 4-27 所示。

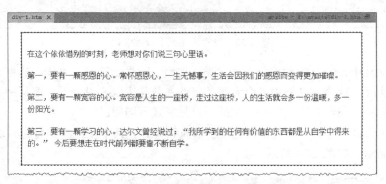

图 4-27　输入文本

在页面布局中，Div 是一个非常多见的元素，配上一定的 CSS 样式就可应用于特定场景，如页眉、侧边栏和导航栏等。为了维护方便，设计人员常给这些 Div 标签使用具有特殊意义的类名称或 ID 名称。例如，一个表示页眉的 Div，其类名称或 ID 名称可以为 page-header、header 等。

4.2.3　插入 HTML5 结构语意元素

HTML5 标准增加了很多新的语意元素，语义元素就是为元素（标签）赋予某种意义，元素的名称就是元素要表达的意思。使用语义元素将会有更清晰的页面结构信息，易于页面的后续维护，有助于屏幕阅读器和其他辅助工具的读取，有利于搜索引擎优化。结构语意元素多用于页面的整体布局，大多数为块级元素，只是代替 Div 标签使用，如 Header（页眉）、Navigation（导航）、Main（主结构）、Aside（侧边）、Article（文章）、Section（章节）、Footer（页脚）和 Figure（图表）等，其自身没有特别样式，需要搭配 CSS 使用。

在 Dreamweaver CC 2017 中插入 HTML5 结构语意元素的方法与插入 Div 是一样的，直接选择菜单命令【插入】/【Header】【Navigation】【Main】【aside】【article】【Section】【Footer】或在【插入】面板的【HTML】类别中单击 □ Header 等相应按钮，如图 4-28 所示。

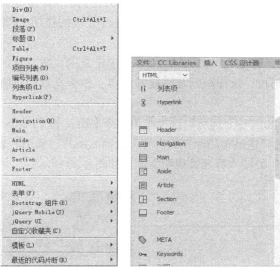

图 4-28　语意结构元素

打开的对话框与插入 Div 时也是相似的，【插入 Header】对话框如图 4-29 所示。

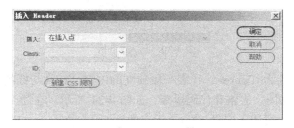

图 4-29　【插入 Header】对话框

可以说，明白插入 Div 的方法就等于掌握了如何插入 Header、Navigation、Main、Aside、Article、Section、Footer，问题的关键是要理解各个标签的含义，真正清楚在何种情况下使用何种标签。下面对这些标签的作用进行简要说明。

• 【Header】：页眉，标签是<header>，用于定义网页或文章的头部区域。当标注网页的页眉时，可包含 logo、导航和搜索条等信息。当标注某篇文章（article）或某个区块（section）部分的头部内容时，只有当标题还附带其他信息时才考虑使用<header>，一般情况下使用<h1>等类似标签标注标题即可。

• 【Navigation】：导航，标签为<nav>，主要标注页面导航链接，包含多个超链接的区域。一个页面可包含多个<nav>，如页面的导航和相关文章推荐等。<footer>区域里的联系信息、认证信息可不必包含在<nav>标签里。

· 【Main】：主结构，标签为<main>，主要用于定义页面的主体内容。网站各个页面可以共享 header 和 footer 等通用元素，但 main 元素应该是彼此不同的。

· 【Aside】：侧边，标签为<aside>，主要用于定义一些和当前页面内容有关的额外信息，如博客文章页面的关联评论、推荐文章列表等，一般以左右边栏的形式呈现在页面两边。

· 【Article】：文章，标签为<article>，主要用于定义独立的自包含内容，如图文博客、论文和文章等，<article>标签里面可包含<header>和<footer>等标签。

· 【Section】：节、区段，标签为<section>，其自身并不具有特别的语义，通常用来把一些相关的元素组合在一起，起到对页面上的内容进行分块的作用，该元素通常由内容及其标题组成。

· 【Footer】：页脚，标签为<footer>，主要用于定义网页或文章的尾部区域。作为网页的页脚时，通常包含网站版权、法律限制及链接等内容。作为文章的页脚时，通常包含作者相关信息。

在 Dreamweaver CC 2017 中，还可以选择菜单命令【插入】/【Figure】插入 Figure 语意元素。在插入时，可在页面中的"这是布局标签的内容"处插入图片、插图、表格和代码段等内容，在"这是布局图标签的题注"处输入标题性说明文字，如图 4-30 所示。

图 4-30　插入 Figure

Figure 语意元素标签为<figure>，代表一段独立的内容，经常与标签<figcaption>配合使用，可用于文章中的图片、插图、表格和代码段等，如图 4-31 所示。在插入<figure>标签时会自动插入<figcaption>标签，其主要用于定义 Figure 元素的标题（caption）。Figcaption 元素应该被置于 Figure 元素的第一个或最后一个子元素的位置。

```
structure.htm ×                                        网站 : E:\website\structure.htm
  1    <!doctype html>
  2 ▼  <html>
  3 ▼  <head>
  4    <meta charset="gb2312">
  5    <title>无标题文档</title>
  6    </head>
  7
  8 ▼  <body>
  9 ▼  <figure><img src="images/jiuzhaigou.jpg" width="302" height="257" alt=""/>
 10      <figcaption>有&ldquo;九寨沟一绝&rdquo;和&ldquo;九寨精华&rdquo;之誉的九寨沟五花
         海</figcaption>
 11    </figure>
 12    </body>
 13    </html>
 14
```

图 4-31　Figure 语意元素

图 4-32 所示是 Header、Main、Article、Section、Aside、Footer 以及 Figure 等语义元素的使用源代码示意图，这些语义结构元素的使用，清楚地表明了网页文档的结构。在 CSS 样式的配合下，网页的布局、文字等将得到很好的控制和表现。

```
 8    <body>
 9    <header>
10    <h1>浏览器网站</h1>
11    </header>
12    <main>
13    <h2>世界主要浏览器</h2>
14    <p>Google Chrome、Firefox 以及 Internet Explorer 是目前最流行的浏览器。</p>
15    <article>
16     <section>
17      <h1>Google Chrome</h1>
18      <p>Google Chrome 是由 Google 开发的一款免费的开源 web 浏览器，于 2008 年发布。</p>
19      <figure>
20       <figcaption>Google Chrome浏览器示意图</figcaption>
21       <img src="gc.jpg" alt="Google Chrome"/>
22      </figure>
23     </section>
24     <section>
25      <h1>Internet Explorer</h1>
26      <p>Internet Explorer 由微软开发的一款免费的 web 浏览器，发布于 1995 年。</p>
27      <figure>
28       <figcaption>Internet Explorer浏览器示意图</figcaption>
29       <img src=" ie.jpg" alt="Internet Explorer"/>
30      </figure>
31     </section>
32     <section>
33      <h1>Mozilla Firefox</h1>
34      <p>Firefox 是一款来自 Mozilla 的免费开源 web 浏览器，发布于 2004 年。</p>
35      <figure>
36       <figcaption>Mozilla Firefox浏览器示意图</figcaption>
37       <img src=" ff.jpg" alt="Internet Explorer"/>
38      </figure>
39     </section>
40    </article>
41    <aside>
42     <h4>国内浏览器</h4>
43      360浏览器是大家比较常用的由国内公司开发的浏览器，另外还有QQ浏览器、UC浏览器等。
44    </aside>
45    </main>
46    <footer>
47     <p>Posted by: W3School</p>
48     <p>Contact information: <a href="mailto:someone@example.com">someone@example.com</a>.</p>
49    </footer>
50    </body>
```

图 4-32　语义结构元素的使用

4.2.4　插入 jQuery UI 布局部件

jQuery UI 是以 jQuery 为基础的开源 JavaScript 网页用户界面代码库，包含底层用户交互、动画、特效和可更换主题的可视控件。用户可以直接用它来构建具有交互性的 Web 应用程序。jQuery UI 实际上是由 jQuery 官方维护的 UI 方向的 jQuery 插件，jQuery UI 与 jquery 的主要区别是：jQuery 是一个 js 库，主要提供的功能是选择器，属性修改和事件绑定等；jQuery UI 则是在 jQuery 的基础上，利用 jQuery 的扩展性设计的插件，提供诸如对话框、拖动行为和改变大小行为等常用的界面元素。

jQuery UI 主要分为 3 个部分：交互、微件和效果库。交互部件是一些与鼠标交互相关的内容，如 Draggable、Droppable、Resizable、Selectable 和 Sortable 等。微件主要是一些界面的扩展，如 Accordion、AutoComplete、ColorPicker、Dialog、Slider、Tabs、DatePicker、Magnifier、ProgressBar 和 Spinner 等，新版本的 UI 将包含更多的微件。效果库用于提供丰富的动画效果，让动画不再局限于 jQuery 的 animate()方法。

jQuery UI 包含了许多维持状态的小部件（Widget），因此，它与典型的 jQuery 插件使用模式稍有不同。所有的 jQuery UI 小部件使用相同的模式，只要会使用其中一个，就知道如何使用其他的小部件，这也是 jQuery UI 相对容易学习和掌握的原因。

jQuery UI 中有几个与布局有关的小部件，如 Accordion（折叠面板）和 Tabs（选项卡面板）。

可以通过选择【插入】/【jQuery UI】中的相应子
菜单命令或在【插入】面板的【jQuery UI】类别
中单击相应的按钮插入 jQuery UI 小部件，如图 4-33
所示。

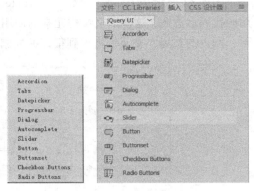

图 4-33　jQuery UI 小部件

1. Accordion（折叠面板）

通过 Accordion 可以创建一个折叠式面板，可
以实现展开或折叠效果。当用户需要在一个固定
大小的空间内实现多个内容展示时，这个效果非
常有用。

（1）选择菜单命令【插入】/【jQuery UI】/
【Accordion】，插入一个折叠面板，如图 4-34 所示。

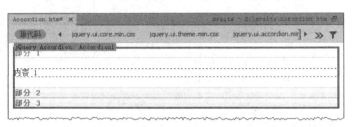

图 4-34　折叠面板

（2）单击顶部的【jQuery Accordion：Accordion1】可选中折叠面板，其【属性】面板如图 4-35
所示。

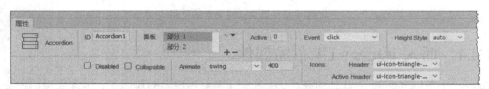

图 4-35　Accordion【属性】面板

（3）在【ID】文本框中可设置 Accordion 的 ID 名称，这里保持默认设置。

（4）在【面板】列表框中，单击 ➕ 按钮将在当前选中面板的后面添加面板，单击 ➖ 按钮将
删除当前选中的面板，单击 ▲ 按钮将在列表中上移当前选中的面板，单击 ▼ 按钮将在列表中下移
当前选中的面板。在【面板】列表框中，当前选中的面板在页面中面板名称以深黄色显示并处在
展开状态，此时可修改面板名称并添加相应的内容，当前未选中的面板以蓝色显示，并处在折叠
状态。

（5）在【Active】文本框中设置默认情况下展开的面板，默认值是"0"，即表示第 1 个面板，
如果设置为"1"，即表示第 2 个面板，以此类推，这里保持默认设置。

（6）在【Event】列表框中设置动作的触发器，即如何展开面板，默认是"click"，也可以选
择"mouseover"，这里保持默认设置。

（7）在【Height Style】列表框中设置面板的高度，包括"auto""fill"和"content"3 个选
项，其中默认选项"auto"表示所有面板的显示高度均以具有最高内容的面板为准，"fill"表示
每个面板显示时均以【Active】选项设置的默认面板内容的高度为准，"content"表示每个面板

显示时均以自身面板内容的高度为准，这里保持默认设置。

（8）在【Disable】选项保持不勾选状态，如果勾选表示面板不可用。

（9）在【collapsible】选项保持不勾选状态，如果勾选表示允许折叠当前面板。

（10）在【Animate】下拉列表框中可以选择动画效果，在后面的文本框中设置动画延迟时间，这里保持默认设置。

（11）在【Icons】选项组，在【head】下拉列表中可以设置面板标题的小图标，在【active head】下拉列表中可以设置活动面板标题的小图标的小图标，即在浏览器中显示时折叠面板标题左侧的小图标和展开面板标题左侧的小图标，这里保持默认设置。

（12）根据需要添加内容并保存文档，此时会弹出【复制相关文件】对话框，效果如图 4-36 所示，单击　确定　按钮即可。

图 4-36　【复制相关文件】对话框

（13）在浏览器中预览，效果如图 4-37 所示。

图 4-37　折叠面板

如果要修改 Accordion 的外观，可通过【CSS 设计器】面板修改相应的 CSS 样式即可。

2．Tabs（选项卡面板）

通过 Tabs 可以创建一个选项卡式面板，浏览者可以单击面板的标签来显示面板中的内容同时隐藏其他面板的内容。当用户需要在一个固定大小的空间内实现多个内容展示时，这个效果将非常有用。

（1）选择菜单命令【插入】/【jQuery UI】/【Tabs】，插入一个选项卡面板，如图 4-38 所示。

（2）单击顶部的【jQuery Tabs：Tabs1】可选中选项卡面板，其【属性】面板如图 4-39 所示，所有属性均保持默认设置。其中，【Hide】和【Show】用于设置面板显示或隐藏时的效果，【Orientation】用于设置 Tabs 的方向，包括"horizontal"（水平）和"vertical"（垂直）两个选项。

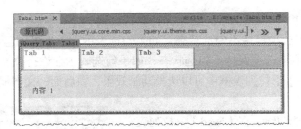

图 4-38　选项卡面板

图 4-39　Tabs【属性】面板

（3）根据需要添加内容并保存文档，在浏览器中预览，效果如图 4-40 所示。

图 4-40　选项卡面板

4.3　应 用 实 例

下面通过实例进一步巩固使用表格和 Div+CSS 的基本方法。

4.3.1　飞翔装饰

根据操作步骤使用表格布局网页，效果如图 4-41 所示。

（1）创建一个新文档并保存为"4-3-1.htm"，然后选择菜单命令【修改】/【页面属性】，打开【页面属性】对话框，设置页面字体为"宋体"，字体样式和字体粗细均为"normal"，文字大小为"14px"，上边距为"0"，设置显示在浏览器标题栏的标题为"飞翔装饰"。

下面设置页眉部分。

（2）选择菜单命令【插入】/【Table】插入一个 1 行 1 列的表格，宽度为"780 像素"，边距、间距和边框均为"0"。

（3）在表格【属性】面板中设置表格的对齐方式为"居中对齐"，然后在单元格【属性】面板中设置单元格的水平对齐方式为"居中对齐"，高度为"80"。

图 4-41　飞翔装饰

（4）将光标置于单元格中，然后选择菜单命令【插入】/【Image】，插入图像"logo.jpg"，如图 4-42 所示。

图 4-42　插入图像

（5）将光标置于上一个表格的后面，然后选择菜单命令【插入】/【Table】继续插入一个 2 行 1 列的表格，表格属性设置如图 4-43 所示。

图 4-43　设置表格属性

（6）在单元格【属性】面板中将第 1 行单元格水平对齐方式设置为"居中对齐"，并在单元格中插入图像"navigate.jpg"，将第 2 行单元格水平对齐方式设置为"居中对齐"，高度设置为"30"，然后选择菜单命令【插入】/【HTML】/【水平线】在单元格中插入一条水平线，如图 4-44 所示。

图 4-44　插入图像和水平线

下面设置主体部分。

（7）在上一个表格的外面继续插入一个 1 行 2 列的表格，设置宽度为"780 像素"，边距、间距和边框均为"0"，对齐方式为"居中对齐"。

（8）设置左侧单元格的水平对齐方式为"居中对齐"，垂直对齐方式为"顶端"，宽度为"180 像素"，然后在其中插入一个 9 行 1 列的表格，表格属性设置如图 4-45 所示。

图 4-45　设置表格属性

（9）设置所有单元格的水平对齐方式均为"居中对齐"，垂直对齐方式均为"居中"，高度为"30 像素"，背景颜色为"#CCCCCC"，然后输入文本。

（10）设置右侧单元格的水平对齐方式为"居中对齐"，垂直对齐方式为"顶端"，宽度为"600"，然后在其中插入一个 3 行 4 列的表格，属性设置如图 4-46 所示。

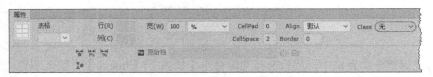

图 4-46　设置表格属性

（11）将第 1 行单元格进行合并，设置其水平对齐方式为"居中对齐"，高度为"150 像素"，然后选择菜单命令【插入】/【HTML】/【Flash SWF】在单元格中插入 SWF 格式动画"feixiang.swf"，如图 4-47 所示。

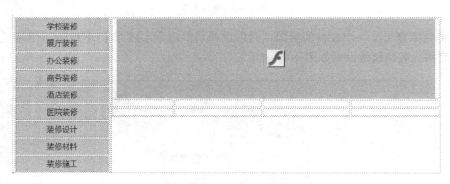

图 4-47　插入 SWF 动画

（12）设置第 2 行和第 3 行的所有单元格的水平对齐方式为"居中对齐"，垂直对齐方式为"居中"，宽度为"25%"，高度为"120 像素"，然后在单元格中依次插入图像"01.jpg"～"08.jpg"，如图 4-48 所示。

下面设置页脚部分。

（13）在主体部分表格的外面继续插入一个 3 行 1 列的表格，设置宽度为"780 像素"，边距、间距和边框均为"0"，对齐方式为"居中对齐"。

图 4-48　插入图像

（14）设置第 1 行和第 3 行单元格的水平对齐方式为"居中对齐"，高度为"30 像素"，然后在第 1 行和第 3 行单元格中输入相应的文本。

（15）设置第 2 行单元格的水平对齐方式为"居中对齐"，高度为"10 像素"，然后在单元格中插入图像"line.jpg"，如图 4-49 所示。

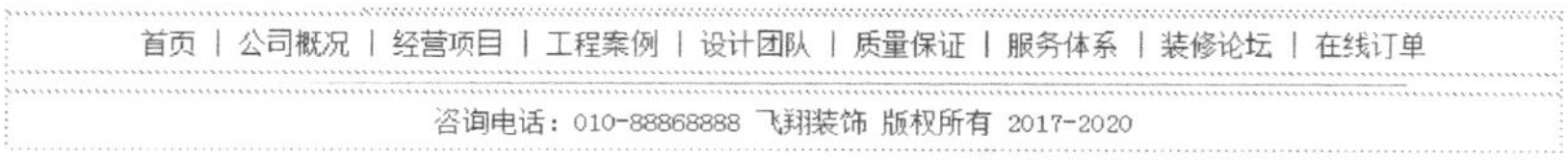

| 首页 | 公司概况 | 经营项目 | 工程案例 | 设计团队 | 质量保证 | 服务体系 | 装修论坛 | 在线订单 |

咨询电话：010-888868888 飞翔装饰 版权所有 2017-2020

图 4-49　设置页脚

（16）最后保存文档。

4.3.2　励志故事

根据操作步骤使用 Div+CSS 布局网页，效果如图 4-50 所示。

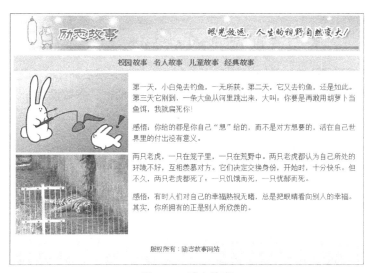

图 4-50　励志故事

（1）创建一个文档并保存为"4-3-2.htm"，然后在【属性】面板的【文档标题】文本框中设置显示在浏览器标题栏的标题为"励志故事"。

（2）选择菜单命令【插入】/【Div】插入 ID 名称为"container"的 Div，并单击 新建 CSS 规则 按钮创建 ID 名称 CSS 样式"#container"，如图 4-51 所示。

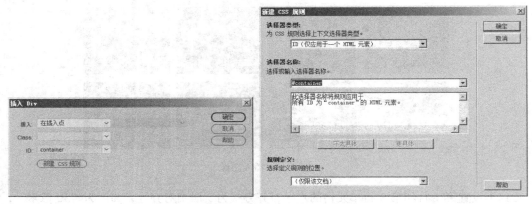

图 4-51　创建 ID 名称 CSS 样式

（3）单击 确定 按钮打开【#container 的 CSS 规则定义】对话框，在【方框】分类中设置方框宽度为"770px"，上下边界均为"0"，左右边界均为"auto"，如图 4-52 所示。

图 4-52　设置【方框】分类参数

（4）依次单击 确定 按钮关闭对话框并插入 Div 标签，然后将 Div 标签内的文本删除，选择菜单命令【插入】/【Header】，打开【插入 Header】对话框，参数设置如图 4-53 所示。

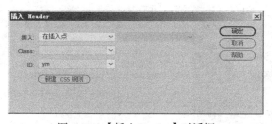

图 4-53　【插入 header】对话框

（5）单击 确定 按钮在 Div 标签内插入 Header 标签，将其中的文本删除，然后选择菜单命令【插入】/【Image】插入图像"logo.jpg"，如图 4-54 所示。

图 4-54　插入图像

（6）选择菜单命令【插入】/【Navigation】打开【插入 Navigation】对话框，参数设置如图 4-55 所示。

（7）单击 新建 CSS 规则 按钮创建 ID 名称 CSS 样式 "#dh"，在【类型】分类中设置文本行高为 "35px"，在【背景】分类中设置背景颜色为 "#8BF0F8"，在【区块】分类中设置文本水平对齐方式为居中对齐 "center"，在【方框】分类中设置方框高度为 "35px"，上下边界均为 "5px"。

图 4-55　【插入 Navigation】对话框

（8）依次单击 确定 按钮关闭对话框并在 Header 标签后插入 Navigation 标签，将其中的文本删除，然后输入新的文本并添加空链接，如图 4-56 所示。

图 4-56　输入文本

（9）选择菜单命令【窗口】/【CSS 设计器】，打开【CSS 设计器】面板，在【选择器】窗口中单击 + 按钮，在文本框中输入复合内容选择器名称 "#container #dh a:link, #container #dh a:visited"，然后按 Enter 键确认。

（10）在【属性】窗口中，单击 T 按钮显示文本属性，设置文本颜色为 "#006600"，文本大小为 "16px"，文本粗细为 "bold"，文本修饰为 "none"，如图 4-57 所示。

（11）运用同样的方法创建复合内容的 CSS 样式 "#container #dh a:hover" 来控制超级链接文本的鼠标悬停样式，设置文本颜色为 "#FF0000"，文本粗细为 "bold"，文本修饰为 "underline"，如图 4-58 所示。

图 4-57　创建样式 "#container #dh a:link, #container #dh a:visited"　　图 4-58　创建样式 "#container #dh a:hover"

（12）选择菜单命令【插入】/【Main】打开【插入主要内容】对话框，参数设置如图 4-59 所示。

（13）单击 确定 按钮插入 Main 标签，将其中的文本删除，然后选择菜单命令【插入】/

【Div】打开【插入 Div】对话框，参数设置如图 4-60 所示。

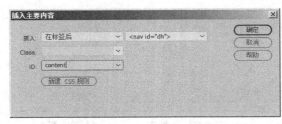

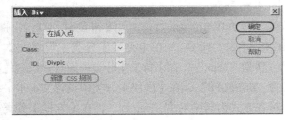

图 4-59 【插入主要内容】对话框　　　　　　　　　图 4-60 【插入 Div】对话框

（14）单击 新建 CSS 规则 按钮创建 ID 名称 CSS 样式"#divpic"，设置方框宽度为"260px"，上边界和左边界均为"0"，方框对齐方式为"左对齐"，如图 4-61 所示，依次单击 确定 按钮关闭对话框并插入一个名称为"divpic"的 Div 标签。

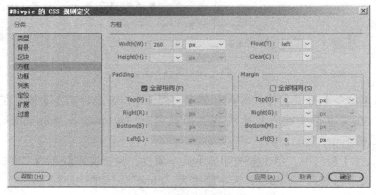

图 4-61 设置属性参数

（15）将 Div 标签中的文本删除，选择菜单命令【插入】/【Table】插入一个 2 行 1 列的表格，设置表格宽度为"255px"，边框、边距和填充均为"0"，表格和单元格对齐方式均为"居中对齐"，单元格高度均为"185"，然后选择菜单命令【插入】/【Image】依次在单元格中插入图像"01.jpg"和"02.jpg"。

（16）选择菜单命令【插入】/【Article】，在 Div 标签"divipic"之后插入 Article 标签，其 ID 名称为"wz"，同时创建 ID 名称 CSS 样式"#wz"，设置方框宽度为"500px"，方框对齐方式为"左对齐"，填充均为"5px"，上边界为"0"，如图 4-62 所示。

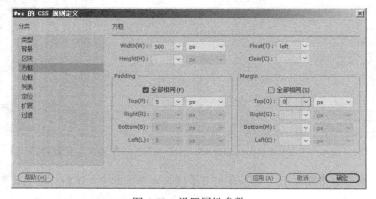

图 4-62 设置属性参数

（17）依次单击 确定 按钮关闭对话框并插入 Article 标签，将其中的文本删除，并在 Article 标签中输入相应的文本，然后在【CSS 设计器】面板的【选择器】窗口中单击 + 按钮，创建复合内容样式"#content #wz p"，设置文本字体为"宋体"，文本大小为"16px"，行高为"25px"，如图 4-63 所示。

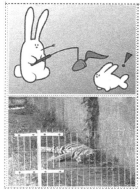

图 4-63 设置文本

（18）选择菜单命令【插入】/【Footer】在 ID 名称为"content"的 Main 标签后插入 Footer 标签，同时单击 新建 CSS 规则 按钮创建 ID 名称 CSS 样式"#footdiv"，在【类型】分类中设置文本大小为"14px"、行高为"60px"，在【背景】分类中设置背景图像为"footbg.jpg"，在【区块】分类中设置文本对齐方式为"center"，在【方框】分类中设置方框高度为"60px"、清除浮动的方式为"both"，依次单击 确定 按钮关闭对话框并插入 Footer 标签，然后将其中的文本删除并输入相应的文本。

（19）最后保存文档。

小　　结

本章主要介绍了表格和 Div+CSS 的基本知识，包括表格的构成和作用、导入导出表格、插入和设置表格属性、编辑表格以及盒子模型和 Div+CSS 布局、使用 Div+CSS 布局页面、插入 HTML5 结构语意元素和 jQuery UI 布局部件等内容，最后通过实例介绍使用表格和 Div+CSS 对网页进行布局的基本方法。熟练掌握表格和 Div+CSS 的基本操作会给网页制作带来极大的方便，因此，表格和 Div+CSS 是需要重点学习和掌握的内容之一。

习　　题

1. 简述表格的主要作用。

2. 简述选择表格的方法并加以练习。

3. 简述合并和拆分单元格的常用方法并加以练习。

4. 简述盒子模型的类型。

5. 自行搜索素材并制作一个网页，要求使用表格进行页面布局。

6. 自行搜集素材并制作一个网页，要求使用 Div+CSS 进行页面布局。

第 5 章
表单和行为

表单是制作交互式网页的基础，制作交互式网页通常需要两个步骤，一是创建表单网页，二是设置应用程序。行为能够为网页增添许多动态效果，提高网站的可交互性。本章将介绍表单和行为的基本知识以及创建表单和添加行为的基本方法。

【学习目标】
- 了解表单和行为的基本概念。
- 掌握插入和设置表单的基本方法。
- 了解常用行为。
- 掌握添加和设置行为的基本方法。

5.1 使 用 表 单

下面介绍表单的基本知识以及常用表单对象的使用方法。

5.1.1 认识表单

表单提供了从用户那里收集信息的方法。表单通常由两部分组成，一部分是用来收集数据的表单页面，另一部分是用来处理数据的应用程序。表单输入类型称为表单对象，表单对象是允许用户输入数据的机制。表单对象名称可以使用字母、数字、字符和下画线的任意组合，但不能包含空格或特殊字符。使用 Dreamweaver CC 2017 可以制作表单页面，在表单页面上插入表单对象通常有两种方法，一种是选择菜单命令【插入】/【表单】中的相应选项，另一种是在【插入】面板的【表单】类别中单击相应按钮，如图 5-1 所示。

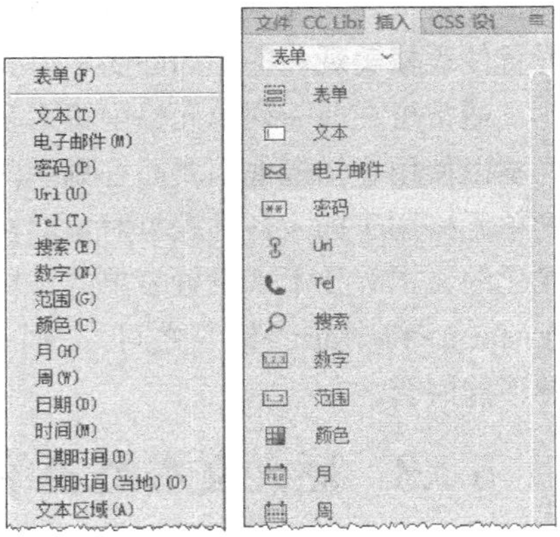

图 5-1　表单菜单命令和【插入】
面板的【表单】类别

5.1.2 插入和设置表单域

表单更多是在动态网页中使用的，通常需要先创建一个动态网页文件。为了方便预览网页，这里在静态 HTML 网页中加以介绍。具体方法如下。

（1）创建一个 HTML 网页并保存，然后选择菜单命令【插入】/【表单】/【表单】，在页面中插入一个表单，如图 5-2 所示。在【设计】视图中，表单轮廓线以红色虚线表示。

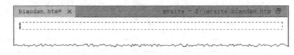

图 5-2　创建表单网页

（2）插入表单后，默认处于选中状态，可根据需要直接在【属性】面板中设置其属性，如图 5-3 所示。

图 5-3　表单【属性】面板

其中，【ID】设置表单的唯一 ID 名称；【Class（类）】设置应用于表单的类样式；【Action（动作）】设置处理表单数据的服务器端脚本路径，如果直接发送到邮箱，需要输入"mailto:"和要发送到的邮箱地址；【Method（方法）】主要用于设置将表单数据发送到服务器的方式，选择"默认"或"GET"选项浏览器将以 GET 方式将表单内的数据附加到 URL 后面发送，选择"POST"选项将以 POST 方式将数据嵌入到 HTTP 请求中发送数据；【Title（标题）】设置表单标签中的 title 名称，起提示文本的作用；【No Validate（不验证）】设置当提交表单时是否对其进行验证；【Auto Complete】（自动完成）设置是否启用表单的自动完成功能；【Enctype（编码类型）】设置对提交给服务器进行处理的数据使用的编码类型，默认设置 "application/x-www-form-urlencoded" 常与 "POST"方法协同使用；【Target（目标）】设置表单被处理后反馈页面打开目标窗口的方式；【Accept Charset（可接受的字符集）】设置服务器处理表单数据所接受的字符集类型。

（3）选择菜单命令【插入】/【Table】可以在表单中插入一个多行两列的表格，表格宽度和单元格宽度根据需要确定，通过表格和单元格属性设置使表格美观一些，如图 5-4 所示。

通常可在前一列单元格中输入表单对象提示文本以使用户知道他们要回答哪些内容，在后一

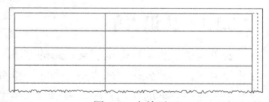

图 5-4　表单页面

列单元格用于插入各种表单对象。在制作表单页面时，可以使用表格、段落标记、换行符、预格式化的文本等技术来设置表单的布局格式。在表单中使用表格时，必须确保所有<table>标签都位于<form>和</form>标签之间。一个页面可以包含多个名称不同的表单标签<form>，但<form>标签不能嵌套。

5.1.3　插入文本类表单对象

这里所说的文本类表单对象主要包括文本、电子邮件、密码、Url、Tel、搜索、数字、范围、颜色、月、周、日期、时间、时期时间、时期时间（当地）和文本区域等。

1. 文本

文本（Text）是可以输入单行文本的表单对象，可选择菜单命令【插入】/【表单】/【文本】来插入文本表单对象。在使用表格布局时，可将一同插入的提示标签文本移到前面的单元格内并修改

成符合实际需要的文字，表单对象留在后面的单元格内（下同，不再单独说明），如图 5-5 所示。

图 5-5　文本表单对象

查看源代码，可以发现插入的文本表单对象由两行代码组成。

```
<label for="textfield">Text Field:</label>
<input type="text" name="textfield" id="textfield">
```

第 1 行代码为提示标签代码，<label>标签的 for 属性与第 2 行代码中表单对象的 id 属性相同。第 2 行代码是供用户输入内容的文本域代码，用于接受用户数据。文本表单对象【属性】面板如图 5-6 所示。

图 5-6　文本表单对象【属性】面板

其中，【Name（名称）】设置文本域的名称；【Size（字符宽度）】设置文本域的宽度；【Max length（最大字符数）】设置可向文本域中输入的最大字符数；【Value（初始值）】设置文本域在浏览器中显示时默认显示的内容；【Title（标题）】设置文本域的提示文本，当在浏览器中鼠标指针停留在该文本域上时将显示该提示文本；【Place Holder（期望值）】设置提示用户输入信息的格式或内容，当在浏览器中浏览时，该内容将以浅灰色显示在文本域中，输入内容时该文本不再显示，删除文本域中的内容后该文本又显示；【Disabled（禁用）】设置该文本域是否被禁用；【Required（必填）】设置该文本域是否为必填项；【Auto Complete（自动完成）】设置是否让浏览器自动记忆用户输入的内容；【Auto Focus（自动获得焦点）】设置在页面加载时域是否自动获得焦点；【Read Only（只读）】设置该文本域是否为只读文本域；【Form（关联表单）】设置要与此元素关联的表单，如引用一个以上的表单，要使用空格分隔表单列表；【pattern（格式）】设置输入字段值的模式或格式；【Tab Index（Tab 键顺序）】设置 Tab 键的移动顺序；【List（数据列表）】设置要与此元素关联的数据列表。

2. 电子邮件

电子邮件（Email）是用于输入电子邮件地址列表的表单对象，可选择菜单命令【插入】/【表单】/【电子邮件】来插入电子邮件表单对象，并可根据需要设置其相关属性，如图 5-7 所示。在电子邮件表单对象【属性】面板中，【Multiple】主要用于设置是否允许一个以上的值，如两个或更多电子邮件地址。

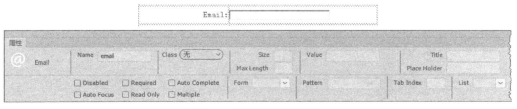

图 5-7　电子邮件表单对象

3. 密码

密码（Password）是用于输入电子邮件地址列表的表单对象，可选择菜单命令【插入】/【表单】/【密码】来插入密码表单对象，并可根据需要设置其相关属性，如图 5-8 所示。

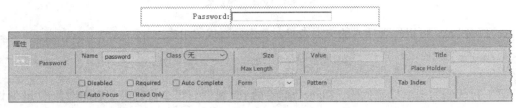

图 5-8　密码表单对象

4. Url

地址（Url）是用于输入绝对 Url 的表单对象，可选择菜单命令【插入】/【表单】/【Url】来插入地址表单对象，并可根据需要设置其相关属性，如图 5-9 所示。

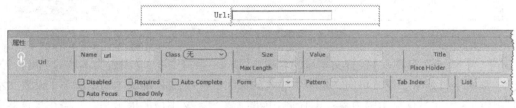

图 5-9　Url 表单对象

5. Tel

电话（Tel）是用于输入 Tel 的表单对象，可选择菜单命令【插入】/【表单】/【Tel】来插入电话表单对象，并可根据需要设置其相关属性，如图 5-10 所示。

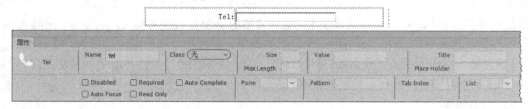

图 5-10　Tel 表单对象

6. 搜索

搜索（Search）是用于输入一个或多个搜索词的表单对象，可选择菜单命令【插入】/【表单】/【搜索】来插入搜索表单对象，并可根据需要设置其相关属性，如图 5-11 所示。

图 5-11　搜索表单对象

7. 数字

数字（Number）是用于仅输入数字的表单对象，可选择菜单命令【插入】/【表单】/【数字】来插入数字表单对象，并可根据需要设置其相关属性，如图 5-12 所示。在数字表单对象【属性】面板中，【Min（最小值）】设置输入字段允许的最小值，【Max（最大值）】设置输入字段允许的最大值，【Step（间隔）】设置输入字段允许的数字间隔，如果 step="3"，则合法的数字是 "-3,0,3,6" 等。

图 5-12　数字表单对象

8. 范围

范围（Range）是用于输入仅包含某个数字范围内值的表单对象，可选择菜单命令【插入】/【表单】/【范围】来插入范围表单对象，并可根据需要设置其相关属性，如图 5-13 所示。

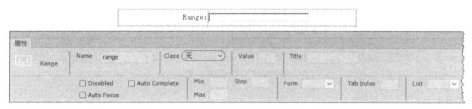

图 5-13　范围表单对象

9. 颜色

颜色（Color）是用于输入仅包含颜色值的表单对象，可选择菜单命令【插入】/【表单】/【颜色】来插入颜色表单对象，并可根据需要设置其相关属性，如图 5-14 所示。在颜色表单对象【属性】面板中，可以在【Value（初始值）】文本框中输入颜色初始值，如 "#804B4C"，也可以通过单击 按钮打开调色板选择合适的颜色。

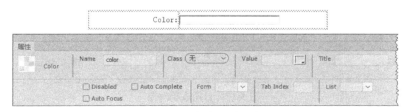

图 5-14　颜色表单对象

10. 月

月（Month）是供用户输入月和年的表单对象，可选择菜单命令【插入】/【表单】/【月】来插入月表单对象，并可根据需要设置其相关属性，如图 5-15 所示。在月表单对象【属性】面板中，可以在【Value（初始值）】文本框中设置月的初始值，在【Min】文本框中设置允许输入月的最小值，在【Max】文本框中设置允许输入月的最大值，月均使用 "YYYY-MM" 格式，还可以在

【Step（间隔）】文本框中设置月值的数字间隔。

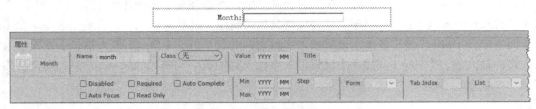

图 5-15　月表单对象

11. 周

周（Week）是供用户输入周的表单对象，可选择菜单命令【插入】/【表单】/【周】来插入周表单对象，并可根据需要设置其相关属性，如图 5-16 所示。在周表单对象【属性】面板中，可以在【Value（初始值）】文本框中设置周的初始值，在【Min】文本框中设置允许输入周的最小值，在【Max】文本框中设置允许输入周的最大值，周均使用"YYYY-WW"格式，还可以在【Step（间隔）】文本框中设置周值的数字间隔。

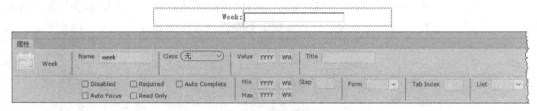

图 5-16　周表单对象

12. 日期

日期（Date）是供用户输入日期（年月日）的表单对象，可选择菜单命令【插入】/【表单】/【日期】来插入日期表单对象，并可根据需要设置其相关属性，如图 5-17 所示。在日期表单对象【属性】面板中，可以在【Value（初始值）】文本框中设置日期的初始值，在【Min】文本框中设置允许输入日期的最小值，在【Max】文本框中设置允许输入日期的最大值，日期均使用"YYYY-MM-DD"格式，还可以在【Step（间隔）】文本框中设置日期值的数字间隔。

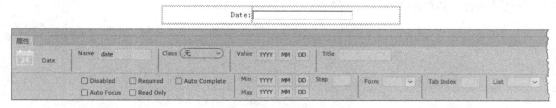

图 5-17　日期表单对象

13. 时间

时间（Time）是供用户输入时间（时分秒）的表单对象，可选择菜单命令【插入】/【表单】/【时间】来插入时间表单对象，并可根据需要设置其相关属性，如图 5-18 所示。在时间表单对象【属性】面板中，可以在【Value（初始值）】文本框中设置时间的初始值，在【Min】文本框中设置允许输入时间的最小值，在【Max】文本框中设置允许输入时间的最大值，时间均使用"HH-MM-SS"格式，还可以在【Step（间隔）】文本框中设置时间值的数字间隔。

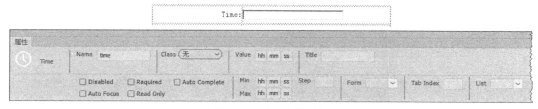

图 5-18　时间表单对象

14. 日期时间

日期时间（Datetime）是供用户输入日期时间（年月日时分秒，带时区）的表单对象，可选择菜单命令【插入】/【表单】/【日期时间】来插入日期时间表单对象，并可根据需要设置其相关属性，如图 5-19 所示。在日期时间表单对象【属性】面板中，可以在【Value（初始值）】文本框中设置日期时间的初始值，在【Min】文本框中设置允许输入日期时间的最小值，在【Max】文本框中设置允许输入日期时间的最大值，日期时间均使用"YYYY-MM-DD HH:MM:SS"格式，在每个选项的后面还可以设置时区，在【Step（间隔）】文本框中可以设置日期时间值的数字间隔。

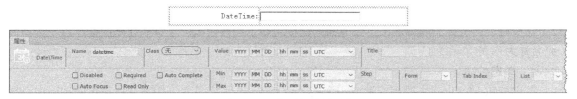

图 5-19　日期时间表单对象

15. 日期时间（当地）

日期时间（当地）（Datetime-local）是供用户输入当地日期时间（年月日时分秒，无时区）的表单对象，可选择菜单命令【插入】/【表单】/【日期时间（当地）】来插入日期时间（当地）表单对象，并可根据需要设置其相关属性，如图 5-20 所示。

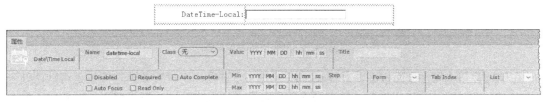

图 5-20　日期时间（当地）表单对象

16. 文本区域

文本区域（Textarea）是可以输入多行文本的表单对象，可选择菜单命令【插入】/【表单】/【文本区域】来插入文本区域表单对象，并可根据需要设置其相关属性，如图 5-21 所示。文本区域（Textarea）【属性】面板与文本（Text）【属性】面板相比，既有相同的选项，也有不同的选项。【Rows（行数）】设置文本区域的行数，当文本的行数大于指定的行数时，会自动出现滚动条。【cols（列数）】设置文本区域的列数，即文本区域的横向可输入多少个字符。【Wrap（换行）】设置当在表单中提交时文本区域中的文本如何换行，包括"默认""Soft"和"Hard"3个选项。"Soft"表示当在表单中提交时文本区域中的文本不换行，这也是默认值。"Hard"表示当在表单中提交时文本区域中的文本换行（包含换行符），当使用"Hard"时，必须设置 cols（列数）属性。

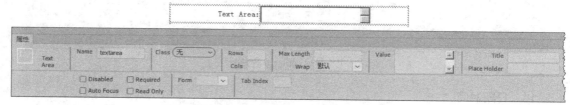

图 5-21　文本区域表单对象

上面介绍了电子邮件、密码、Url、Tel、搜索、数字、范围、颜色、月、周、日期、时间、时期时间和时期时间（当地）等 HTML5 新增加的表单对象，在文本、文本区域两个传统的表单对象中也增加了 HTML5 新的属性，这些新特性提供了更好地输入控制和验证。在众多浏览器中，Opera 浏览器对新的输入类型支持最好，不过仍然可以在所有主流的浏览器中使用它们，因为即使不被支持，也可以显示为常规的文本域。

5.1.4　插入选择类表单对象

这里所说的选择类表单对象主要包括单选按钮和单选按钮组、复选框和复选框组以及选择域（原名称为列表/菜单）。

1.　单选按钮

单选按钮（Radio）主要用于标记一个选项是否被选中，它只允许用户从所提供的选项中选择唯一答案。选择菜单命令【插入】/【表单】/【单选按钮】将在文档中插入一个单选按钮表单对象，反复执行该操作可插入多个单选按钮，如图 5-22 所示。

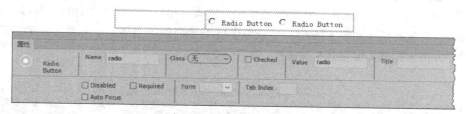

图 5-22　单选按钮表单对象

在单选按钮【属性】面板中，【Checked（已选）】选项用于设置该单选按钮是否默认处于选中状态。在设置单选按钮属性时，需要依次选中各个单选按钮分别进行设置。单选按钮一般以两个或者两个以上的形式出现，它的作用是让用户在两个或者多个选项中选择一项。同一组单选按钮的 name 名称都是一样的，那么依靠什么来判断哪个按钮被选定呢？因为单选按钮具有唯一性，即多个单选按钮只能有一个被选定，所以【Value（选定值）】选项就是判断的唯一依据。每个单选按钮的【Value（选定值）】选项被设置为不同的数值，如性别"男"的单选按钮的【选定值】选项被设置为"1"，性别"女"的单选按钮的【选定值】选项被设置为"0"。

2.　单选按钮组

选择菜单命令【插入】/【表单】/【单选按钮】，一次只能插入一个单选按钮。在实际应用中，单选按钮至少要有两个或者更多，因此可以选择菜单命令【插入】/【表单】/【单选按钮组】，打开【单选按钮组】对话框，经过设置一次插入多个单选按钮。在【名称】文本框中可设置单选按钮组的名称，单击➕按钮可添加单选按钮选项，单击➖按钮可删除选中的单选按钮选项，单击▲按钮可上移选中的单选按钮选项，单击▼按钮可下移选中的单选按钮选项，在【布局，使用】中选择【换行符（
标签）】选项将使用换行符对单选按钮换行，选择【表格】选项将使用表格对单选按钮进行布局。由于其布局使用换行符或表格，每个单选按钮都是单独一行，可以根据实际需要进行调整。例如，如果一行显示两个单选按钮，就可以将换行符删除，让它们在一行显示，如图 5-23 所示。

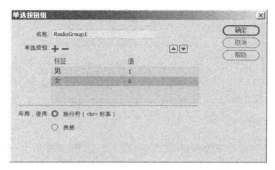

图 5-23　单选按钮组

3. 复选框

复选框（Checkbox）常被用于有多个选项可以同时被选择的情况。每个复选框都是独立的，必须有一个唯一的名称。选择菜单命令【插入】/【表单】/【复选框】，将在文档中插入一个复选框，反复执行该操作将插入多个复选框，如图 5-24 所示。

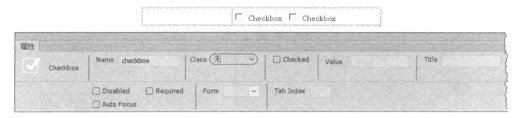

图 5-24　复选框表单对象

在设置复选框属性时，需要依次选中各个复选框分别进行设置。复选框在表单中一般都不单独出现，而是多个复选框同时使用。复选框的名称最好与其说明性文字发生联系，这样在表单脚本程序的编制中将会节省许多时间和精力。

4. 复选框组

选择菜单命令【插入】/【表单】/【复选框】命令，一次只能插入一个复选框。在实际应用中，复选框通常是多个同时使用，因此可以选择菜单命令【插入】/【表单】/【复选框组】命令一次插入多个复选框。由于其布局使用换行符或表格，每个复选框都是单独一行，可以根据实际需要进行调整。例如，如果一行显示 4 个复选框，就可以将它们之间的换行符删除，让它们在一行中显示，如图 5-25 所示。

5. 选择

选择（Select）可以显示一个包含有多个选项的可滚动列表，在列表中可以选择需要的项目。选择菜单命令【插入】/【表单】/【选择】，将在文档中插入一个选择域，如图 5-26 所示。在选择表单对象【属性】面板中，【Size】设置选择域的高度，以行数计算，【Multiple】设置是否允许多选，【Selected】设置将选择的项目作为选择域的初始选项。

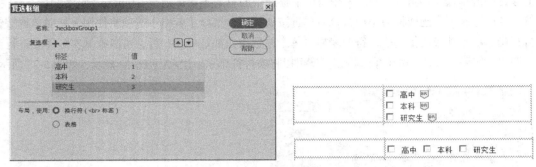

图 5-25　复选框组

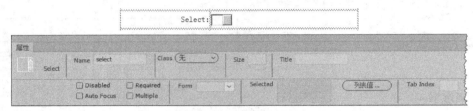

图 5-26　选择表单对象

单击 列表值... 按钮将打开【列表值】对话框，在该对话框中可以增加、删除、上移和下移列表项，如图 5-27 所示。

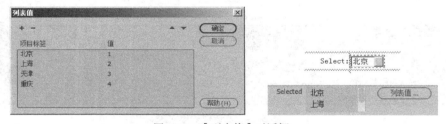

图 5-27　【列表值】对话框

5.1.5　插入按钮类表单对象

这里所说的按钮类表单对象主要包括按钮、"提交"按钮、"重置"按钮、图像按钮，另外，隐藏域和文件域两个表单对象也在这里一并介绍。

1. 按钮

按钮（Button）是指网页文件中表示按钮时用到的表单对象。选择菜单命令【插入】/【表单】/【按钮】可插入一个普通按钮，如图 5-28 所示。在按钮【属性】面板中，【Value】选项用于设置按钮上的文字，一般为"确定""提交"或"注册"等。

2. "提交"按钮

使用"提交"按钮（Submit Button）可以将表单数据提交到服务器。选择菜单命令【插入】/【表单】/【"提交"按钮】，将插入一个"提交"按钮，如图 5-29 所示。"提交"按钮与按钮在页面中虽然显示形式一样，但其【属性】面板是有很大差别的。其中，【Form Action】用来设置单击该按钮后表单的提交动作，【Form Method】用来设置将表单数据发送到服务器的方法，【Form

Enctype】用来设置发送表单数据的编码类型，【Form No Validate】用来设置在提交表单时是否进行验证，勾选表示不验证。

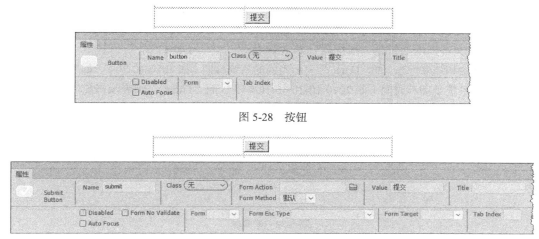

图 5-28　按钮

图 5-29　"提交"按钮

3. "重置"按钮

使用"重置"按钮（Reset Button）可以删除表单中输入或设置的所有内容，使其恢复到初始状态。选择菜单命令【插入】/【表单】/【"重置"按钮】，将插入一个"重置"按钮，如图 5-30 所示。

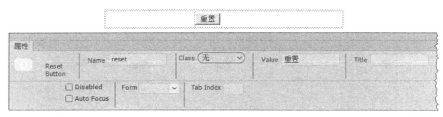

图 5-30　"重置"按钮

4. "图像"按钮

"图像"按钮（Image Button）用于在表单中插入一幅图像从而生成图形化按钮，在网页中使用图形化按钮要比单纯使用按钮美观得多。选择菜单命令【插入】/【表单】/【"图"像按钮】，将会打开【选择图像源文件】对话框，选择图像并单击 确定 按钮，一个"图像"按钮随即出现在表单中，如图 5-31 所示。"图像"按钮【属性】面板与"提交"按钮【属性】面板相比，有相似的部分，也有不同的部分。在"图像"按钮【属性】面板中，【Src】用来设置要为"图像"按钮使用的图像源文件，【Alt】用来为图像设置替代文本，【W】和【H】用于设置图像的宽度和高度，单击 编辑图像 按钮将打开默认的图像编辑软件对该图像进行编辑。

图 5-31　"图像"按钮

5. 隐藏

隐藏（Hidden）表单对象的作用主要是用来储存并提交非用户输入信息，如注册时间和认证号等，这些都需要使用 JavaScript、ASP 等源代码来编写，隐藏域在网页中一般不显现。选择菜单命令【插入】/【表单】/【隐藏】，将插入一个隐藏域，如图 5-32 所示。在隐藏域【属性】面板中，【Value】文本框内通常是一段代码，如 ASP 代码 "<% =Date() %>"，其中 "<%...%>" 是 ASP 代码的开始和结束标志，而 "Date()" 表示当前的系统日期（如 2010-10-20），如果换成 "Now()" 则表示当前的系统日期和时间（如 2010-10-20 10:16:44），而 "Time()" 则表示当前的系统时间（如 10:16:44）。

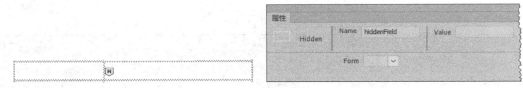

图 5-32　隐藏域

6. 文件

文件（File）表单对象的作用是允许用户浏览并选择本地计算机上的文件，以便将该文件作为表单数据进行上传。但真正上传文件还需要相应的上传组件支持，文件域仅仅是供用户浏览并选择文件使用，并不具有上传功能。从外观上看，文件域只是比文本域多了一个 浏览... 按钮。选择菜单命令【插入】/【表单】/【文件】，将插入一个文件域，如图 5-33 所示。

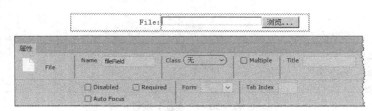

图 5-33　文件域

5.1.6　插入域集和标签

下面简要介绍一下域集和标签。

1. 域集

使用域集可将表单内的相关元素进行分组，浏览器会以特殊方式来显示它们，它们可能有特殊的边界、3D 效果等。首先选中要分组的表单对象，然后选择菜单命令【插入】/【表单】/【域集】，打开【域集】对话框，输入域集名称，然后单击 确定 按钮，将把选中的多个表单对象集中到一个域集中，如图 5-34 所示。

在浏览器中的预览效果如图 5-35 所示。

2. 标签

标签为 input 等表单对象定义标注（标记）。标签元素不会向用户呈现任何特殊效果。但它为鼠标用户改进了可用性。在浏览器中，如果在标签元素内单击文本，就会触发此控件。也就是说，当用户单击表单对象前面的标签文本时，浏览器就会自动将焦点转到和标签文本对应的表单对象上。选择菜单命令【插入】/【表单】/【标签】可以插入标签，然后直接输入表单对象的说明文字即可。标签的 for 属性要与标签所对应的表单对象的 id 属性相同，如图 5-36 左图和中图所示，可以与 name 属性不同。实际上，在插入表单对象时，标签也同时被插入，并有默认的提示文字，通过标签【属性】面板进行修改即可，如图 5-36 右图所示。

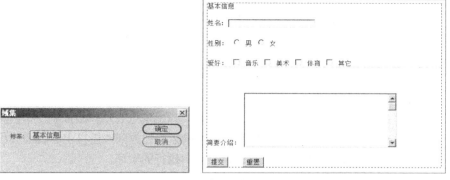

图 5-34　【域集】对话框

图 5-35　在浏览器中的预览效果

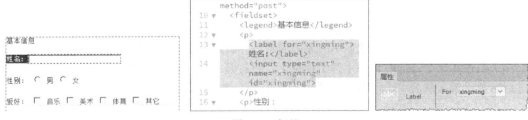

图 5-36　标签

5.2　使　用　行　为

下面介绍行为的基本知识以及常用行为的使用方法。

5.2.1　认识行为

行为的基本元素有两个：事件和动作，事件是触发动作的原因，动作是事件触发后要实现的效果。行为是事件和事件触发的动作的组合，是用来动态响应用户操作、改变当前页面效果或是执行特定任务的一种方法。

事件是由浏览器生成的消息，它提示该页的浏览者已执行了某种操作。例如，当浏览者将鼠标指针移到某个链接上时，浏览器将为该链接生成一个"onMouseOver"事件，然后浏览器检查在当前页面中是否应该调用某段 JavaScript 代码进行响应。不同的页面元素定义不同的事件。例如，在大多数浏览器中，"onMouseOver"和"onClick"是与超级链接关联的事件，而"onLoad"是与图像和文档的 body 部分关联的事件。

动作是一段预先编写的 JavaScript 代码，可用于执行诸如以下的任务：打开浏览器窗口、显示或隐藏 AP 元素、转到 URL 等。在将行为附加到某个页面元素后，当该元素的某个事件发生时，行为即会调用与这一事件关联的动作。例如，如果将"弹出信息"动作附加到一个链接上，并指定它将由"onMouseOver"事件触发，则只要某人将鼠标指针放到该链接上，就会弹出相应的信息。一个事件也可以触发许多动作，用户可以定义它们执行的顺序。

5.2.2　添加行为

添加行为的具体操作过程如下。

（1）在页面上选择一个对象，如一个图像或一个链接。如果要将行为附加到整个文档，可在文档窗口左下角的标签选择器中单击选中<body>标签。

（2）选择菜单命令【窗口】/【行为】，打开【行为】面板，如图 5-37 所示。

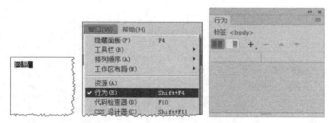

图 5-37　【行为】面板

（3）单击 + 按钮，将会弹出行为下拉菜单，从中选择一个要添加的行为。下拉菜单中灰色显示的行为不可选择。它们呈灰色显示的原因通常是当前文档中缺少某个所需的对象。

（4）当选择某个行为时，如【弹出信息】，将打开一个对话框显示相关参数和说明，根据要求进行参数设置，然后单击 确定 按钮关闭对话框，如图 5-38 所示。

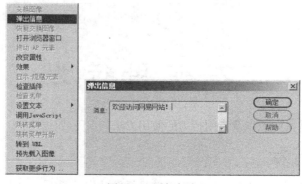

图 5-38　添加行为

（5）在添加的行为中触发动作的默认事件显示在【行为】面板的【事件】列表中，如果默认显示的事件不是所预想的事件，可从【事件】下拉列表中选择适合的事件，如图 5-39 所示。

（6）保存文件后在浏览器中预览，当鼠标停留在文本上时，将弹出一个消息提示框，如图 5-40 所示。

图 5-39　【事件】下拉列表

图 5-40　浏览器预览效果

Dreamweaver CC 2017 提供的所有行为都适用于新型浏览器。一些行为不适用于较旧的浏览器，但它们不会产生错误。添加行为的对象通常需要一个唯一的 ID。例如，如果要对图像应用"交换图像"行为，则此图像需要一个 ID。如果没有为元素指定一个 ID，Dreamweaver CC 2017 将自动为其指定一个 ID。用户既可以将行为附加到整个文档（即附加到<body>标签），也可以附加到超级链接、图像、表单元素和其他多种 HTML 页面元素上。

【行为】面板是一个专门管理和编辑行为的工具，通过【行为】面板可以方便地为对象添加或编辑行为。已附加到当前对象的行为显示在行为列表中，并按事件以字母顺序列出。如果同一事件引发不同的行为，这个行为将按执行顺序在【行为】面板中显示。如果行为列表中没有显示任何行为，则表示没有行为附加到当前所选的对象上。下面对【行为】面板中的选项进行简要说明。

• ▤（显示设置事件）按钮：列表中只显示附加到当前对象的那些事件，【行为】面板默认显示的视图就是【显示设置事件】视图，如图 5-41 所示。

• ▤（显示所有事件）按钮：列表中按字母顺序显示适合当前对象的所有事件，已经设置行为的将在事件名称后面显示行为名称，如图 5-42 所示。

图 5-41　【显示设置事件】视图

图 5-42　【显示设置所有事件】视图

• ＋（添加行为）按钮：单击该按钮将会弹出一个下拉菜单，其中包含可以附加到当前选定元素的行为。当从该列表中选择一个行为时，将出现一个对话框，用户可以在此对话框中设置该行为的参数。如果菜单上的所有行为都处于灰色显示状态，则表示选定的元素无法生成任何行为。

• －（删除事件）按钮：单击该按钮可在行为列表中删除所选的行为。

• ▲ 或 ▼ 按钮：可在行为列表中上下移动特定事件的选定行为。只能更改特定事件的行为顺序，如可以更改"onLoad"事件中发生的几个行为的顺序，但是所有"onLoad"行为在行为列表中都会被放置在一起。对于不能在列表中上下移动的行为，箭头按钮将处于禁用状态。

• 【事件】下拉列表：其中包含可以触发该行为的所有事件，此下拉列表仅在选中某个事件时可见，当单击所选事件名称旁边的箭头时显示此下拉列表。根据所选对象的不同，显示的事件也有所不同。如果未显示预期的事件，需要确认是否选择了正确的页面元素或标签。如果要选择特定的标签，可使用文档窗口左下角的标签选择器。

行为中比较常用的事件主要有以下几个。

• 【onFocus】：当指定的元素成为交互的中心时产生该事件。例如，在一个文本区域中单击将产生一个 onFocus 事件。

• 【onBlur】：当指定的元素不再是交互的中心时产生该事件。例如，当在文本区域内单击后，然后在文本区域外单击，浏览器将为这个文本区域产生一个 onBlur 事件。

• 【onChange】：当浏览者改变页面的参数时产生该事件。例如，当浏览者从菜单中选择一个命令或改变一个文本区域的参数值，然后在页面的其他地方单击时，会产生一个 OnChange 事件。

• 【onClick】：当浏览者单击指定的元素时产生该事件。单击直到浏览者释放鼠标按键时才完成，只要按下鼠标按键便会令某些现象发生。

• 【onLoad】：当图像或页面载入完成时产生该事件。

• 【onUnload】：当浏览者离开页面时产生该事件。

• 【onMouseMove】：当浏览者指向一个特定元素并移动鼠标指针时产生（鼠标指针停留在元素的边界以内）该事件。

• 【onMouseDown】：当在特定元素上按下鼠标按键时产生该事件。

• 【onMouseOut】：当鼠标指针从特定的元素移走时产生（鼠标指针移至元素的边界以外）该事件。这个事件经常被用来与【恢复交换图像】动作关联，当浏览者不再指向一个图像时，即鼠标指针离开时它将返回到初始状态。

• 【onMouseOver】：当鼠标指针首次指向特定元素时产生（鼠标指针从没有指向元素到指向元素），该特定元素通常是一个链接。

• 【onSelect】：当浏览者在一个文本区域内选择文本时产生该事件。

• 【onSubmit】：当浏览者提交表单时产生该事件。

5.2.3　常用行为

下面对常用行为的功能和设置方法进行简单介绍。

1．弹出信息

【弹出信息】行为显示一个包含指定消息的提示框。当从一个文档切换到另一个文档或单击特定链接或图像时，想给用户传达特定信息，可以使用此功能。当给图像设置类似"禁止图像下载"的提示信息时，可以按照下面的方法设置。

（1）首先在页面中选中图像，然后在【行为】面板中单击 ＋ 按钮，在弹出的行为下拉菜单中选择【弹出信息】命令。

（2）在打开的【弹出信息】对话框的【消息】文本框中输入提示信息，如图 5-43 左图所示，单击 确定 按钮关闭对话框。

（3）在【行为】面板中将触发事件设置为"onMouseDown"，即鼠标按下时触发该事件，如

图 5-43 右图所示。

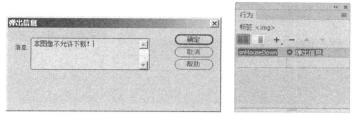

图 5-43　【弹出信息】对话框

（4）保存文档并在浏览器中预览网页，当在图像上单击鼠标右键时，将显示"本图像不允许下载！"的提示框，如图 5-44 所示。

图 5-44　浏览效果

这样就达到了限制用户使用鼠标右键来下载图像的目的，并在试图下载时进行了提醒。

在【消息】文本框中还可以嵌入任何有效的 JavaScript 函数调用、属性、全局变量或其他表达式。如果要嵌入一个 JavaScript 表达式，需要将其放置在大括号"{}"中，如图 5-45 所示。如果要在浏览器中显示大括号，需要在它前面加一个反斜杠"\{}"。

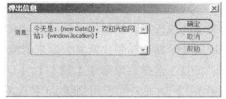

2. 调用 JavaScript

【调用 JavaScript】行为能够在事件发生时执行自定义的函数或 JavaScript 代码行。用户可以自己编写 JavaScript，也可以使用 Web 上各种免费的 JavaScript 库中提供的代

图 5-45　设置弹出信息行为

码。当单击页面中带有空链接的"关闭窗口"文本时关闭网页，可以按照下面的方法设置。

（1）在文档中输入文本"关闭窗口"并添加空链接"#"。

（2）在【行为】面板中单击 + 按钮，在弹出的行为下拉菜单中选择【调用 JavaScript】命令，打开【调用 JavaScript】对话框。

（3）在【JavaScript】文本框中输入 JavaScript 代码"window.close()"，用来关闭窗口，如图 5-46 左图所示，单击 确定 按钮关闭对话框。

（4）在【行为】面板中保证将触发事件设置为"onClick"，即鼠标按下时触发该事件，如图 5-46 右图所示。

（5）保存文档并在浏览器中预览网页，当单击文本"关闭窗口"时，将弹出提示对话框，询问用户是否关闭窗口，如图 5-47 所示。

图 5-46　【调用 JavaScript】对话框

图 5-47　预览网页

在【JavaScript】文本框中必须准确输入要执行的 JavaScript 代码或函数名称。例如，如果要创建一个"后退"按钮，可以输入"if(history.length>0){history.back()}"。如果已将代码封装在一个函数中，则只需输入该函数的名称，如"hGoBack()"。

3. 改变属性

【改变属性】行为用来改变网页元素的属性值，如文本大小和字体、背景色、图像的来源以及表单的执行等。当鼠标指针经过含有图像的 Div 标签时，其边框颜色由蓝色变成红色，当鼠标指针离开时其边框颜色恢复为原来的蓝色，可以按照下面的方法设置。

（1）选择菜单命令【插入】/【Div】打开【插入 Div】对话框，设置 ID 名称为"Div_1"，单击 新建 CSS 规则 按钮创建 ID 名称 CSS 样式"#Div_1"，设置其宽度为"260px"，边框样式为"实线"，粗细为"5px"，颜色为蓝色"#00F"，如图 5-48 所示。

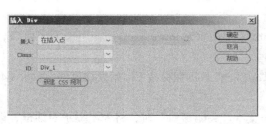

图 5-48　插入 Div 标签并创建 CSS 样式

（2）连续单击（确定）按钮依次关闭打开的对话框，此时将在页面中插入一个 Div 标签，接着选择菜单命令【插入】/【image】，在 Div 标签中插入图像 "tu01.jpg"，图像宽度保证为 "260px"。

（3）选中 Div 标签，在【行为】面板中单击 + 按钮，在弹出的行为下拉菜单中选择【改变属性】命令，打开【改变属性】对话框。

（4）在对话框中设置相应参数，单击（确定）按钮关闭对话框，然后在【行为】面板中将触发事件设置为 "onMouseOver"，如图 5-49 所示。

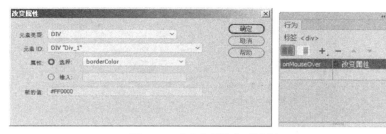

图 5-49 【改变属性】对话框

（5）运用相同的方法给 Div 标签再添加一个【改变属性】行为，边框颜色设置为蓝色 "#0000FF"，触发事件设置为 "onMouseOut"，如图 5-50 所示。

图 5-50 【改变属性】对话框

（6）保存文档并预览网页，当鼠标指针经过含有图像的 Div 标签时，其边框颜色会由蓝色变成红色，当鼠标指针离开时其边框颜色便恢复为原来的蓝色，如图 5-51 所示。

图 5-51 预览效果

4. 交换图像

【交换图像】行为可以将一个图像替换为另一个图像，这是通过改变图像的 "src" 属性来实现的。虽然可以通过为图像添加【改变属性】行为来改变图像的 "src" 属性，但是【交换图像】行为更加复杂一些，可以使用这个行为来创建翻转的按钮及其他图像效果（包括同时替换多个图像）。当鼠标指针经过图像时，图像变换为另一幅图像，当鼠标指针离开时恢复为原来的图像，可以按照下面的方法设置。

（1）在页面中插入一幅图像并在【属性】面板中将其 ID 名称命名为"tu01"。

（2）选中图像，然后在【行为】面板中单击 + 按钮，在弹出的行为下拉菜单中选择【交换图像】命令，打开【交换图像】对话框。

（3）在【图像】列表框中选择要改变的图像，然后设置【设定原始档为】选项，并选择【预先载入图像】和【鼠标滑开时恢复图像】复选框，如图 5-52 所示。

图 5-52　【交换图像】对话框

如果希望鼠标指针在经过同一个图像时，文档中其他图像也产生【交换图像】行为，可在该对话框的【图像】列表框中继续选择其他的图像进行设置。

（4）单击 确定 按钮关闭对话框，在【行为】面板中自动添加了 3 个行为，【交换图像】和【恢复交换图像】两个行为附加于图像标签<img>，【预先载入图像】行为附加于文档主体标签<body>，其触发事件已进行自动设置，如图 5-53 所示。

图 5-53　在【行为】面板中自动添加了 3 个行为

（5）保存文档并预览网页，当鼠标指针滑过图像时图像会发生变化，如图 5-54 所示。

图 5-54　预览效果

将【交换图像】行为附加到某个对象时，如果选择了【鼠标滑开时恢复图像】和【预先载入图像】选项，都会自动添加【恢复交换图像】和【预先载入图像】两个行为。【恢复交换图像】行为可以将最后一组交换的图像恢复为它们以前的源文件。【预先载入图像】行为可在加载页面时对新图像进行缓存，这样可防止当图像应该出现时由于下载而导致延迟。

5．恢复交换图像

【恢复交换图像】行为就是将交换后的图像恢复为它们以前的源文件。在添加【交换图像】行为时，如果没有选择【鼠标滑开时恢复图像】选项，以后可以通过添加【恢复交换图像】行为达到这一目的，可以按照下面的方法设置。

（1）选中已添加【交换图像】行为的对象。

（2）在【行为】面板中单击 + 按钮，在弹出的行为下拉菜单中选择【恢复交换图像】命令，打开【恢复交换图像】对话框，直接单击 确定 按钮即可，如图 5-55 所示。

图 5-55　【恢复交换图像】对话框

6．打开浏览器窗口

使用【打开浏览器窗口】行为可在一个新的窗口中打开页面。设计者可以指定这个新窗口的属性，包括窗口尺寸、是否可以调节大小和是否有菜单栏等。当在页面中单击图像时打开一个单独的窗口显示相关内容，可以按照下面的方法设置。

（1）在页面中插入一幅图像并给其添加空链接"#"。

（2）在【行为】面板中单击 + 按钮，在弹出的行为下拉菜单中选择【打开浏览器窗口】命令，打开【打开浏览器窗口】对话框。

（3）在对话框的【要显示的 URL】文本框中设置目标对象地址，在【窗口宽度】和【窗口高度】文本框中分别输入"550"和"350"，在【属性】栏勾选【需要时使用滚动条】复选框，单击 确定 按钮关闭对话框，其触发事件保持默认设置，如图 5-56 所示。

图 5-56　【打开浏览器窗口】对话框

（4）保存文档并预览网页，当用鼠标单击图像时会打开一个新窗口，如图 5-57 所示。

图 5-57　预览网页

　　如果不指定该窗口的任何属性，在打开时它的大小和属性与打开它的窗口相同。指定窗口的任何属性都将自动关闭所有其他未明确设置的属性。例如，如果不为窗口设置任何属性，它将以"1024×768"像素的大小打开，并具有导航条、地址工具栏、状态栏和菜单栏。如果将宽度明确设置为"640"、将高度设置为"480"，但不设置其他属性，则该窗口将以"640×480"像素的大小打开，并且不具有工具栏。如果需要将该窗口用作链接的目标窗口，或者需要使用 JavaScript 对其进行控制，需要指定窗口的名称（不使用空格或特殊字符）。

　　7. 效果

　　效果几乎可以应用于 HTML 页面上的任何元素，使用该功能可以实现网页元素的发光、缩小、淡化和高光等效果。要使某个元素应用效果，该元素必须处于当前选定状态，或者必须具有一个 ID 名称。利用该效果可以修改元素的不透明度、缩放比例、位置和样式属性（如背景颜色），也可以组合两个或多个属性来创建有趣的视觉效果。当在页面中单击图像时图像渐渐隐去，可以按照下面的方法设置。

　　（1）在页面中插入一幅图像，然后在【行为】面板中单击 + 按钮，在弹出的行为下拉菜单中选择【效果】/【Fade】命令，打开【Fade】对话框。

　　（2）在对话框的【效果持续时间】文本框中设置持续时间为"1000"，在【可见性】下拉列表框中选择"hide"，单击 确定 按钮关闭对话框，其触发事件保证为"onClick"，如图 5-58 所示。

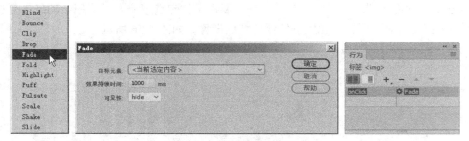

图 5-58　【Fade】对话框

　　（3）保存文档，将弹出【复制相关文件】对话框，单击 确定 按钮，然后预览网页，当用鼠标单击图像时，图像会渐渐隐去，如图 5-59 所示。

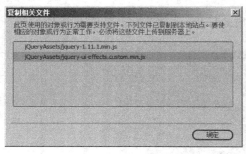

图 5-59　预览网页

　　【效果】共包含 12 个子命令。【Blind（百叶窗）】可以使某个元素沿某个方向收起来直至隐藏，【Bounce（晃动）】可以使目标元素上下晃动，【Clip（剪裁）】可以使目标元素上下同时收起来直至隐藏，【Drop（下落）】可以使目标元素向左边移动并升高透明度直至隐藏，【Fade（渐显/渐隐）】可以使目标元素实现渐渐显示或隐藏的效果，【Fold（折叠）】可以使目标元素向上收起再向左收起直至隐藏，【Highlight（高亮颜色）】可以使目标元素呈高亮度显示，【Puff

（膨胀）】可以扩大目标元素高度并升高透明度直至隐藏，【Pulsate（闪烁）】可以使目标元素闪烁，【Scale（缩放）】可以使目标元素从右下向左上收起直至隐藏，【Shake（震动）】可以使目标元素左右震动，【Slide（滑动）】可以使目标元素从左往右移动元素。

8. 预先载入图像

使用【预先载入图像】行为可以对在页面打开之初不会立即显示的图像进行缓存，可以按照下面的方法设置。

（1）在文档中选择一个对象，如在标签选择器中选择"<body>"标签。

（2）在【行为】面板中单击 + 按钮，在弹出的行为下拉菜单中选择【预先载入图像】命令，打开【预先载入图像】对话框。

（3）在【图像源文件】文本框中设置好要预先载入的图像，然后单击对话框顶部的 + 按钮将图像添加到【预先载入图像】列表框中，如图 5-60 所示。按照相同的方法添加要在当前页面预先加载的其他图像文件。如果要从【预先载入图像】列表框中删除某个图像，可在列表框中选择该图像，然后单击 − 按钮。最后在【行为】面板中设置触发事件为"onLoad"。

图 5-60　【预先载入图像】对话框

9. 检查表单

对于文本域（Text）和文本区域（Textarea），还可以通过使用【检查表单】行为来验证访问者所输入的信息是否符合要求。如果用户希望在填写完表单中所有项目进行提交表单时检查各个域，可以按照下面的方法设置。

（1）先选中整个表单，然后在【行为】面板中单击 + 按钮，在弹出的行为下拉菜单中选择【检查表单】命令打开【检查表单】对话框。

（2）在【域】列表框中选中第 1 项，然后在【值】选项中勾选【必需的】，【可接受】选项保持默认设置，接着在【域】列表框中选中第 2 项进行相同的设置，如图 5-61 所示。

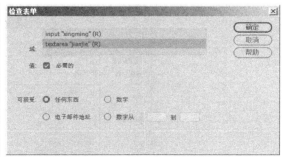

图 5-61　【检查表单】对话框

（3）在【行为】面板中保证将【检查表单】行为的触发事件设置为"onSubmit"，如图 5-62所示，其表示在用户提交表单时对文本域或文本区域进行检查以确保数据的合法性。

（4）保存网页并预览，当表单被提交时，必填项如果为空则发生警告，提示用户重新填写，如果不为空则提交表单，如图 5-63 所示。

图 5-62　【行为】面板　　　　　　　　　　　　　　图 5-63　预览网页

在【检查表单】对话框中，【域】列表框列出表单中所有的文本域和文本区域供选择，【值】选项如果选择【必需的】表示必须输入内容，【可接受】包括 4 个选项，其中【任何东西】表示输入的内容不受限制，【电子邮件地址】表示仅接受电子邮件地址格式的内容，【数字】表示仅接受数字，【数字从…到…】表示仅接受指定范围内的数字。

另外，如果用户希望在填写表单中的文本域或文本区域时，每填写完一项就检查一项，应该分别选择各个域，然后在【行为】面板中单击 + 按钮，在弹出的行为下拉菜单中选择【检查表单】命令，在打开的【检查表单】对话框中进行参数设置，并将【检查表单】行为的触发事件设置为"onBlur"，其表示在用户填写表单项时就对该项进行检查。

5.3　应 用 实 例

下面通过实例进一步巩固使用表单和行为的基本方法。

5.3.1　论文提交

根据操作步骤制作表单网页，效果如图 5-64 所示。

图 5-64　论文提交

（1）将素材文档复制到站点下并打开网页文档"5-3-1.htm"，将光标置于"论文标题："右侧单元格中，然后选择菜单命令【插入】/【表单】/【文本】插入一个文本域，用文本"论文标题："替换标签 label 内的默认文本"Text Field:"，并将标签及文本一同移至前面单元格内，然后在【属性】面板中设置文本域属性，如图 5-65 所示。

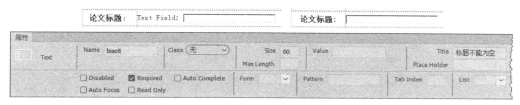

图 5-65　文本域【属性】面板

（2）将光标置于"所属学科："右侧单元格中，选择菜单命令【插入】/【表单】/【选择】插入一个选择域，用文本"所属学科："替换标签 label 内的默认文本"Select:"并将标签及文本一同移至前面单元格内，然后在【属性】面板中设置选择域属性，如图 5-66 所示。

图 5-66　选择域【属性】面板

（3）将光标置于"内容摘要："右侧单元格中，选择菜单命令【插入】/【表单】/【文本区域】插入一个文本区域，用文本"内容摘要："替换标签 label 内的默认文本"Text Area:"，并将标签及文本一同移至前面单元格内，然后在【属性】面板中设置文本区域属性，如图 5-67 所示。

图 5-67　文本区域【属性】面板

（4）将光标置于"上传文档："右侧单元格中，选择菜单命令【插入】/【表单】/【文件】插入一个文件域，用文本"上传文档："替换标签 label 内的默认文本"File:"，并将标签及文本一同移至前面单元格内，然后在【属性】面板中设置文件域属性，如图 5-68 所示。

（5）将光标置于"手机号码："右侧单元格中，选择菜单命令【插入】/【表单】/【Tel】插入一个 Tel 文本域，用文本"手机号码："替换标签 label 内的默认文本"Tel:"，并将标签及文本一同移至前面单元格内，然后在【属性】面板中设置 Tel 文本域属性，如图 5-69 所示。

图 5-68　文件域【属性】面板

图 5-69　文本区域【属性】面板

（6）将光标置于"手机号码："下面一行右侧单元格中，选择菜单命令【插入】/【表单】/【"提交"按钮】插入一个提交按钮，然后在【属性】面板中设置其属性，如图 5-70 所示。

图 5-70　提交按钮【属性】面板

（7）在提交按钮的后面空两格，选择菜单命令【插入】/【表单】/【"重置"按钮】插入一个重置按钮，然后在【属性】面板中设置其属性，如图 5-71 所示。

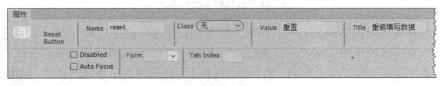

图 5-71　重置按钮【属性】面板

（8）最后保存文档，如图 5-72 所示。

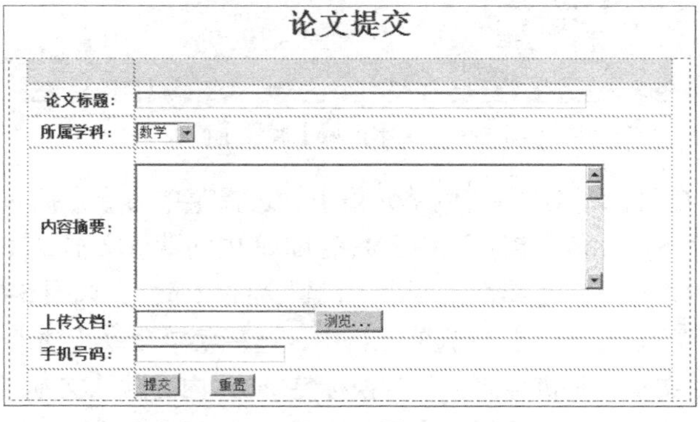

论文提交

论文标题：
所属学科：数学
内容摘要：
上传文档：　　　　　　　　浏览...
手机号码：
提交　重置

图 5-72　表单页面

5.3.2　游瘦西湖

根据操作步骤使用行为完善网页,效果如图 5-73 所示。

图 5-73　游瘦西湖

(1)将素材文档复制到站点下并打开网页文档"5-3-2.htm",选中图像并在【属性】面板中将其 ID 名称设置为"pic",如图 5-74 所示。

图 5-74　设置图像 ID 名称

(2)选择菜单命令【窗口】/【行为】打开【行为】面板,在面板中单击 + 按钮,在弹出的下拉菜单中选择【交换图像】命令打开【交换图像】对话框,在【图像】列表框中选择要改变的图像,然后设置其【设定原始档为】选项为"shouxihu02.jpg",单击 确定 按钮关闭对话框,如图 5-75 所示。

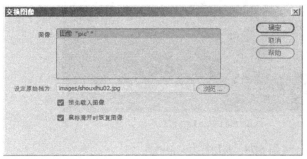

图 5-75　【交换图像】对话框

(3)仍然选中图像,然后在【行为】面板中单击 + 按钮,在弹出的【行为】下拉菜单中选择【设置文本】/【设置状态栏文本】命令打开【设置状态栏文本】对话框,在【消息】文本框中输入文本"扬州最出名的就是瘦西湖了,五亭桥,二十四桥明月夜,都是对扬州瘦西湖的描述,一些电视剧也来这里取景。",单击 确定 按钮关闭对话框,在【行为】面板中保证将触发事件设置为"onMouseOver",如图 5-76 所示。

图 5-76 【设置状态栏文本】对话框

（4）选中文本"到百度查询【瘦西湖】更多内容"，并在【属性（HTML）】面板中为其添加空链接"#"，然后在【行为】面板中单击 + 按钮，在弹出的【行为】下拉菜单中选择【转到 URL】命令打开【转到 URL】对话框，在【URL】文本框中输入百度网址"http://www.baidu.com"，单击 确定 按钮关闭对话框，在【行为】面板中保证将触发事件设置为"onClick"，如图 5-77 所示。

图 5-77 【转到 URL】对话框

（5）最后保存文档，如图 5-78 所示。

图 5-78 使用行为完善网页

小　结

本章主要介绍了表单和行为的基本知识，包括表单的作用、插入和设置表单域、插入和设置各类表单对象以及行为的概念、添加和设置行为等内容，最后通过实例介绍使用表单和行为的基本方法。熟练掌握表单和行为的基本操作会给交互式网页和特效网页制作带来极大的方便，希望读者多加练习。

习　题

1. 分别简述对表单和行为的理解。
2. 使用本章所介绍的表单知识制作一个表单网页。
3. 使用本章所介绍的行为知识制作一个网页。

移动设备网页

现在通过手机等移动设备浏览网页已是非常普遍的事情，针对移动设备开发网页已是大势所趋。因此，Dreamweaver CC 2017 也置入了创建和编辑移动设备网页的一些基本功能。本章将介绍使用 jQuery Mobile 组件、Bootstrap 组件和 jQuery UI 移动部件构建移动网页的基本方法。

【学习目标】

- 了解 jQuery Mobile 的功能和作用。
- 掌握使用 jQuery Mobile 的基本方法。
- 了解 Bootstrap 的功能和作用。
- 掌握使用 Bootstrap 的基本方法。
- 掌握使用 jQuery UI 移动部件的基本方法。

6.1 使用 jQuery Mobile 组件

下面介绍 jQuery Mobile 的基本知识以及在 Dreamweaver CC 2017 中使用 jQuery Mobile 的基本方法。

6.1.1 认识 jQuery Mobile

读者在使用 Dreamweaver CC 2017 创建 jQuery Mobile 移动设备网页之前，有必要清楚 jQuery 和 jQuery Mobile 各自的特点以及它们之间的关系。

1. 什么是 jQuery

简单地说，jQuery 是一个 JavaScript 函数库，它极大地简化了 JavaScript 编程。jQuery 设计的理念是"写得更少、做得更多"。jQuery 封装 JavaScript 常用的功能代码，提供一种简便的 JavaScript 设计模式，优化 HTML 文档操作、事件处理、动画设计和 AJAX 交互。jQuery 的核心特性可以总结为：具有独特的链式语法和短小清晰的多功能接口；具有高效灵活的 CSS 选择器，并且可对 CSS 选择器进行扩展；拥有便捷的插件扩展机制和丰富的插件。jQuery 兼容各种主流浏览器。

jQuery 库位于一个 JavaScript 文件中，如果使用 jQuery 需要下载 jQuery 库，然后通过下面的标记把其包含在希望使用的网页中。

```
<head>
<script type="text/javascript" src="jquery.js"></script>
</head>
```

如果是 HTML5 网页，在<script>标签中不需要使用 type="text/javascript"。因为 JavaScript 是 HTML5 以及所有现代浏览器的默认脚本语言！

如果不希望下载并存放 jQuery，也可以通过 CDN（内容分发网络）引用 jQuery。谷歌和微软的服务器都存有 jQuery。

从 Google CDN 引用 jQuery，可使用以下代码。

```
<head>
<script src="http://ajax.googleapis.com/ajax/libs/jquery/1.8.0/jquery.min.js">
</script>
</head>
```

从 Microsoft CDN 引用 jQuery，可使用以下代码。

```
<head>
<script src="http://ajax.aspnetcdn.com/ajax/jQuery/jquery-1.8.0.js">
</script>
</head>
```

许多用户在访问其他站点时，已经从谷歌或微软加载过 jQuery。这时会从缓存中加载 jQuery，这样可以减少加载时间。同时，大多数 CDN 都可以确保当用户向其请求文件时，会从离用户最近的服务器上返回响应，这样也可以提高加载速度。

2. 什么是 jQuery Mobile

jQuery Mobile 是创建移动 Web 应用程序的框架，使用 HTML5、CSS3、JavaScript 和 AJAX 通过尽可能少的代码来完成对页面的布局，适用于所有移动设备。jQuery Mobile 构建于 jQuery 库之上，如果通晓 jQuery，学习起来会更容易。

那么，为什么要使用 jQuery Mobile 呢？现在，jQuery 驱动着因特网上的大量网站，在浏览器中提供动态用户体验，促使传统桌面应用程序越来越少。现在，主流移动平台上的浏览器功能都赶上了桌面浏览器，因此 jQuery 团队引入了 jQuery Mobile（JQM）。其目标是向所有主流移动浏览器提供一种统一体验，使整个因特网上的内容更加丰富，不管使用哪种设备查看。jQuery Mobile 将"写得更少、做得更多"这一理念提升到了新的层次，它会自动为网页设计交互的易用外观，并在所有移动设备上保持一致。用户不需要为每种移动设备或操作系统编写一个应用程序，因为 jQuery Mobile 使用 HTML、CSS 和 JavaScript，这些技术都是所有移动 Web 浏览器的标准。

与 jQuery 核心库一样，用户的开发计算机上不需要安装任何东西，只需将各种 "*.js" 和 "*.css" 的文件直接包含到自己的页面中即可。

6.1.2 创建 jQuery Mobile 页面

在 Dreamweaver CC 2017 中，可以创建一个 HTML5 页面，然后在页面中添加 jQuery Mobile 组件来创建移动设备网页。具体操作方法如下。

（1）选择菜单命令【文件】/【新建】打开【新建文档】对话框，在【文档类型】下拉列表框中选择 "HTML5"，如图 6-1 所示，单击 创建(R) 按钮创建一个 HTML5 页面，然后选择菜单命令【文件】/【保存】将文档保存为 "jqm.htm"。

（2）选择菜单命令【窗口】/【插入】显示【插入】面板，然后在类别下拉菜单中选择【jQuery Mobile】类别，jQuery Mobile 组件将显示在面板中，如图 6-2 所示。

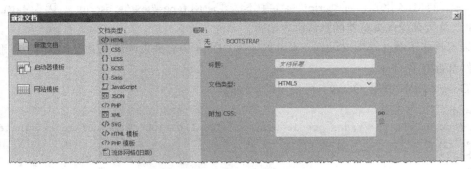

图 6-1　【新建文档】对话框

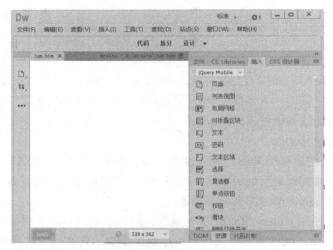

图 6-2　【插入】面板中的【jQuery Mobile】类别

（3）单击 页面 按钮，打开【jQuery Mobile 文件】对话框，在【链接类型】中选择【远程（CDN）】，在【CSS 类型】中选择【组合】，如图 6-3 所示。其中，【组合】表示完全使用 CSS 文件，【拆分】表示使用被拆分成结构和主题组件的 CSS 文件。

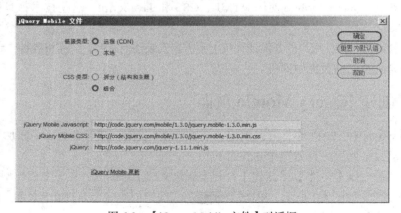

图 6-3　【jQuery Mobile 文件】对话框

（4）设置完毕，单击 确定 按钮，打开【页面】对话框，设置【ID】名称并勾选【标题】和【脚注】两个选项，如图 6-4 所示。

（5）单击 确定 按钮创建 jQuery Mobile 页面结构，如图 6-5 所示。

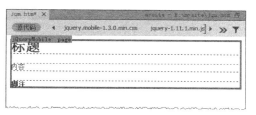

图 6-4　【页面】对话框

图 6-5　jQuery Mobile 页面

为了保证页眉和页脚两部分在移动设备中浏览时始终处于固定状态，仅中间内容部分可上下滑动浏览，可进行下面的设置。

（6）将文档编辑窗口切换到【拆分】视图，将光标置于<div data-role="header">中 data-role="header"的后面，然后按空格键，在弹出的快捷菜单中选择【data-】选项，如图 6-6 所示。

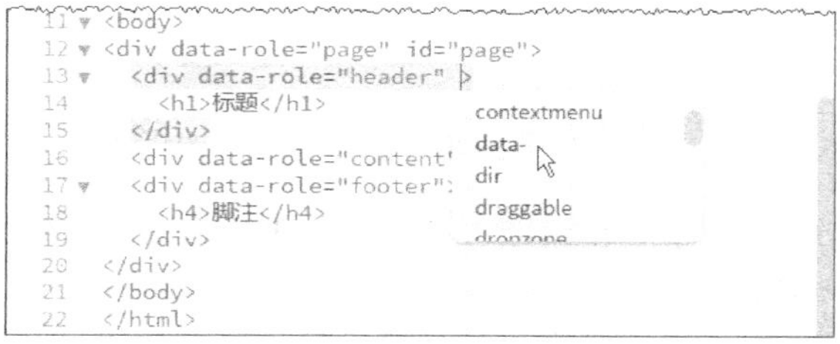

```
11 ▼ <body>
12 ▼ <div data-role="page" id="page">
13 ▼   <div data-role="header" >
14       <h1>标题</h1>              contextmenu
15     </div>                       data-
16     <div data-role="content'    dir
17 ▼   <div data-role="footer":    draggable
18       <h4>脚注</h4>              dropzone
19     </div>
20   </div>
21   </body>
22   </html>
```

图 6-6　选择【data-】选项

（7）在弹出的快捷菜单中选择【data-position】选项，如图 6-7 所示。

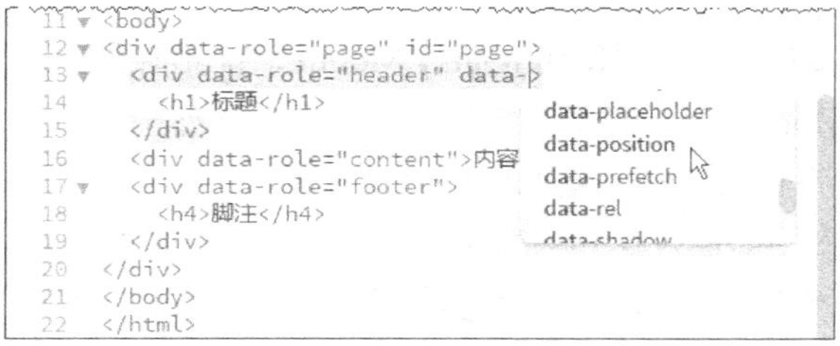

```
11 ▼ <body>
12 ▼ <div data-role="page" id="page">
13 ▼   <div data-role="header" data-
14       <h1>标题</h1>              data-placeholder
15     </div>                       data-position
16     <div data-role="content">内容 data-prefetch
17 ▼   <div data-role="footer">     data-rel
18       <h4>脚注</h4>              data-shadow
19     </div>
20   </div>
21   </body>
22   </html>
```

图 6-7　选择【data-position】选项

（8）在弹出的快捷菜单中选择【fixed】选项，如图 6-8 所示，这样页眉部分会始终保持在屏幕的顶部。

```
11 ▼ <body>
12 ▼ <div data-role="page" id="page">
13 ▼   <div data-role="header" data-position="">
14       <h1>标题</h1>              fixed
15     </div>
16     <div data-role="content">内容</div>
17 ▼   <div data-role="footer">
18       <h4>脚注</h4>
19     </div>
20   </div>
21   </body>
22   </html>
```

图 6-8　选择【fixed】选项

（9）运用同样的方法在<div data-role="footer">中添加属性 data-position="fixed"，如图 6-9 所

示，这样页脚部分会始终保持在屏幕的底部。

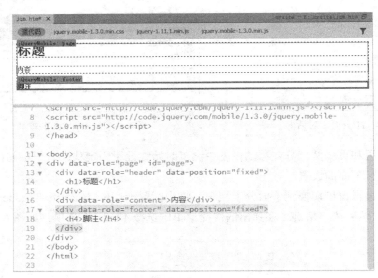

图 6-9　添加属性 data-position="fixed"

（10）根据实际需要在"标题"处添加相应的内容，通常会在此处建立导航工具栏，用于放置标题和按钮，至少要有一个具有"返回"功能的按钮，用于返回前一页。

（11）根据实际需要在"内容"处添加最主要的内容，包括文本、图像、按钮、列表和表单等。

（12）根据实际需要在"页脚"处添加相应的内容，可以是包括一些功能性按钮的工具栏或其他一些适合放置的内容。

（13）最后保存文档。

在制作移动设备网页时，如果要使用 jQuery Mobile，首先需要在开发界面中包含 CSS 文件、jQuery library 和 jQuery Mobile library 3 部分内容。在上面的操作中引用这 3 个元素采用的是 jQuery CDN 方式，当然也可以将相关文件下载到自己的服务器。

在上面的页面中，内容都包含在 div 标签中，并在标签中设置了 data-role="page"属性，这样 jQuery Mobile 就知道需要处理的内容是"page"部分。在名称为"page"的 div 标签中，可以包含 header、content 和 footer 的 div 元素，其中包含 header 和 footer 的 div 元素是可选的，包含 content 的 div 元素是必须的，至少要有一个。

6.1.3　应用 jQuery Mobile 组件

jQuery Mobile 提供了多种组件，通过 Dreamweaver CC 2017 可以可视化地向页面中插入列表、布局和表单等元素。插入的方法通常有两种，一种是在【插入】面板的【jQuery Mobile】类别选择相应的元素，另一种是在【插入】/【jQuery Mobile】菜单中选择相应的元素。下面对一些主要的 jQuery Mobile 组件进行简要介绍。

1. 列表视图

jQuery Mobile 中的列表视图是标准的 HTML 列表，分为有序列表和无序列表两种。在 Dreamweaver CC 2017 中，插入列表视图的方法如下。

（1）创建一个 jQuery Mobile 页面，并将光标置于页面中要插入列表视图的位置，如图 6-10 所示。

（2）选择菜单命令【插入】/【jQuery Mobile】/【列表视图】，打开【列表视图】对话框，如图 6-11 所示。

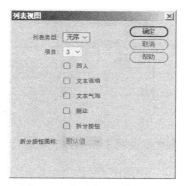

图 6-10　定位插入位置　　　　　　　　　　图 6-11　【列表视图】对话框

（3）在【列表类型】下拉列表框中选择要创建的列表类型，包括"无序"和"有序"两个选项，这里保持默认设置。

（4）在【项目】下拉列表框中选择列表的项目数，包括"1"～"10"，这里保持默认设置。

（5）根据实际需要决定是否勾选【凹入】【文本说明】【文本气泡】【侧边】和【拆分按钮】等选项，这里保持默认设置。

（6）当勾选【拆分按钮】选项时，【拆分按钮图标】下拉列表框处于可选状态，从下拉列表框中可以选择拆分按钮图标的样式，共有 20 个选项。

（7）最后单击【确定】按钮，在页面中插入列表视图，如图 6-12 所示。

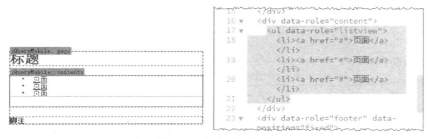

图 6-12　插入列表视图

（8）根据需要将列表选项的文字修改成实际需要的文本，同时在【属性（HTML）】面板中修改超级链接目标地址，并保存文档。

（9）将文档窗口切换到【实时视图】状态，效果如图 6-13 所示。列表中的列表项自动转换为按钮显示，这是符合移动设备特点和用户使用需求的。

上面的操作是在没有选择【凹入】【文本说明】【文本气泡】【侧边】【拆分按钮】等选项的情况下的显示样式，为了使读者更清楚这 5 个选项的功能，下面进行简要说明。

图 6-13　列表实际效果

• 【凹入】表示列表具有圆角和外边距，效果如图 6-14 所示。

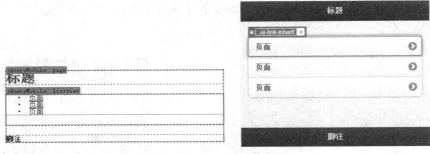

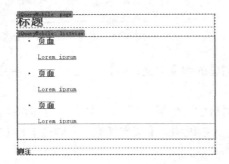

图 6-14　凹入及实时视图

- 【文本说明】表示列表项有标题和说明文本，效果如图 6-15 所示。

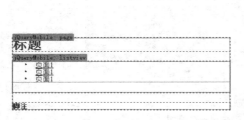

图 6-15　文本说明及实时视图

- 【文本气泡】表示显示与列表项相关的数目，效果如图 6-16 所示。

图 6-16　文本气泡及实时视图

- 【侧边】表示在列表项最右侧显示补充内容，如图 6-17 所示。

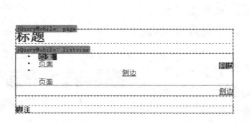

图 6-17　侧边及实时视图

• 【拆分按钮】表示当每个列表项有多个操作时，拆分按钮可以用于提供两个可独立单击的部分，即列表项本身和列表项右侧的图标，如图 6-18 所示。

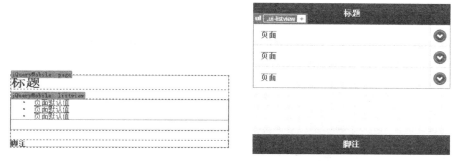

图 6-18　拆分按钮及实时视图

读者在熟悉代码的情况下，可以根据需要修改相应的代码，达到理想的效果。从上面的操作中，可以发现创建移动设备网页的列表，通常是在<ol>或<ul>元素中添加了 data-role="listview" 属性。如果需要使这些项目可单击，在每个列表项（<li>）中添加链接即可。如果想使列表具有圆角和外边距，也可在代码中直接添加 data-inset="true"属性，即<ul data-role="listview" data-inset="true">。

2. 布局网格

jQuery Mobile 提供了一套基于 CSS 的列布局方案。不过，一般不推荐在移动设备上使用列布局，这是由于移动设备的屏幕宽度所限。但是，有时需要定位更小的元素，比如按钮或导航栏，就像在表格中那样并排。这时，列布局就十分恰当。网格中的列是等宽的（总宽是 100%），无边框、背景、外边距或内边距。当然，有时在列中包含多个行也是可能的。在 Dreamweaver CC 2017 中，插入布局网格的方法如下。

（1）创建一个 jQuery Mobile 页面，并将光标置于页面中要插入布局网格的位置。

（2）选择菜单命令【插入】/【jQuery Mobile】/【布局网格】，打开【布局网格】对话框，如图 6-19 所示。

图 6-19　【布局网格】对话框

（3）在【行】下拉列表框中选择要创建的行数，在【列】下拉列表框中选择要创建的列数，当需要创建多列多行的布局时，设置为多行多列即可，这里保持默认设置。

（4）单击 确定 按钮在页面中插入布局网格，如图 6-20 所示，可以根据实际需要输入相应的内容，最后保存文档。

（5）将文档窗口切换到【实时视图】状态，效果如图 6-21 所示。

3. 可折叠块

可折叠块（Collapsibles）允许隐藏或显示内容，这对于存储部分信息很有用。创建可折叠的内容块，需要向某个容器分配 data-role="collapsible" 属性。在容器（div）中，添加一个标题元素

（h1～h6），其后是需要扩展的任意 HTML 标记。默认情况下内容是关闭的，如需在页面加载时扩展内容，需要使用 data-collapsed="false" 属性。在 Dreamweaver CC 2017 中，插入可折叠的方法如下。

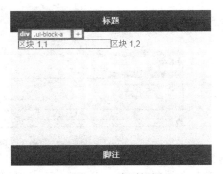

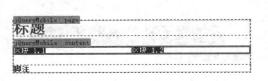

图 6-20　插入布局网格

图 6-21　实时视图

（1）创建一个 jQuery Mobile 页面，并将光标置于页面中要插入可折叠块的位置。

（2）选择菜单命令【插入】/【jQuery Mobile】/【可折叠块】插入可折叠块，如图 6-22 所示，根据实际需要输入相应的内容，最后保存文档。

（3）将文档窗口切换到【实时视图】状态，效果如图 6-23 所示。"+"表示可以展开，"−"表示可以收缩。

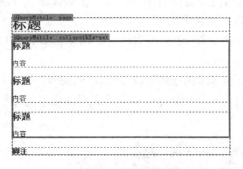

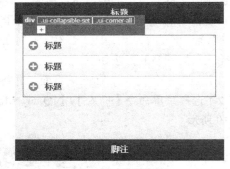

图 6-22　插入可折叠块

图 6-23　实时视图

4. 表单元素

jQuery Mobile 会自动为 HTML 表单添加便于触控的外观，这既适合移动设备的特点，又符合用户的使用习惯。实际上，jQuery Mobile 使用 CSS 来设置 HTML 表单元素的样式，来达到更有吸引力更易用的目的。在 jQuery Mobile 中，可以使用的表单控件有：文本框、单选按钮、复选框、选择菜单、滑动条和翻转切换开关等。当使用 jQuery Mobile 表单时，<form>元素必须设置 method 和 action 属性；每个表单元素必须设置唯一的 id 属性，该 id 在站点的页面中必须是唯一的，这是因为 jQuery Mobile 的单页面导航模型允许许多不同的"页面"同时呈现；每个表单元素必须有一个标记（label），需要设置 label 的 for 属性来匹配元素的 id。在 Dreamweaver CC 2017 中，插入表单元素的方法如下。

（1）创建一个 jQuery Mobile 页面，并将光标置于页面中要插入表单元素的位置。

（2）选择菜单命令【插入】/【表单】/【表单】播放表单标签，根据实际需要设置表单的 id

名称以及 method 和 action 属性，这里暂不设置。

（3）保证光标在表单中，然后选择菜单命令【插入】/【jQuery Mobile】/【文本】插入文本框，如图 6-24 所示，根据实际需要修改提示文本。

（4）将文档窗口切换到【实时视图】状态，效果如图 6-25 所示。

图 6-24　插入文本框　　　　　　　　　　　　　图 6-25　实时视图

在【插入】/【jQuery Mobile】菜单中共有 18 个表单元素，当选择文本、密码、文本区域、选择、滑块、翻转切换开关、电子邮件、URL、搜索、数字、时间、日期、日期时间、周和月表单元素时，将直接在页面中插入相应的表单对象，当选择复选框、单选按钮、按钮表单元素时，会打开相应的对话框，要求用户进行参数设置，然后再插入相应的表单对象。如果要设置表单对象的属性，方法与普通表单对象是一样的，需要先选中表单对象，然后在【属性】面板中进行设置。由于这些表单元素是在移动设备中使用的，表单字段是通过标准的 HTML 元素编写的，jQuery Mobile 为它们设置了专门针对移动设备的美观易用的样式，也可以使用新的 HTML5<input> 类型，因此其显示形式与普通网页中的表单元素是不一样的，这一点读者需要清楚。

当插入复选框时，会打开【复选框】对话框，根据实际需要设置复选框的名称、复选框的个数以及布局方式，效果如图 6-26 所示。

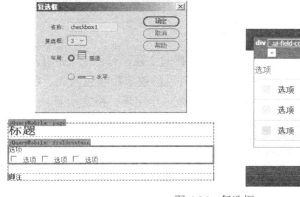

图 6-26　复选框

当插入单选按钮时，会打开【单选按钮】对话框，根据实际需要设置单选按钮的名称、单选按钮的个数以及布局方式，效果如图 6-27 所示。

当插入按钮时，会打开【按钮】对话框，根据实际需要设置按钮的个数、类型和布局方式等参数，效果如图 6-28 所示。

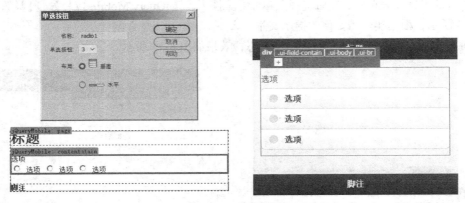

图 6-27　单选按钮

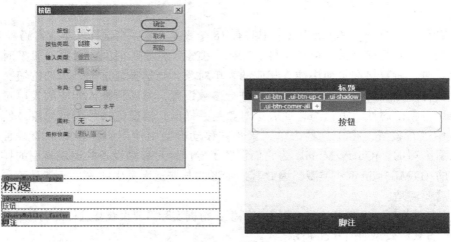

图 6-28　按钮

6.1.4　关于 jQuery Mobile 主题

jQuery Mobile 提供了从 "a" ～ "e" 5 种不同的样式主题，每种主题带有不同颜色的按钮、栏和内容块等。jQuery Mobile 中的一种主题由多种可见的效果和颜色构成。定制应用程序的外观，可在代码中添加 data-theme 属性，并为该属性分配一个字母，格式如下。

```
<div data-role="page" data-theme="a|b|c|d|e">
```

- a：默认，黑色背景上的白色文本。
- b：蓝色背景上的白色文本/灰色背景上的黑色文本。
- c：亮灰色背景上的黑色文本。
- d：白色背景上的黑色文本。
- e：橙色背景上的黑色文本。

默认情况下，jQuery Mobile 为页眉和页脚使用 "a" 主题，为页眉内容使用 "c" 主题。用户可根据需要对主题进行混合使用。

主题化的页面、内容和页脚，参考代码如下。

```
<div data-role="header" data-theme="b"></div>
<div data-role="content" data-theme="a"></div>
<div data-role="footer" data-theme="e"></div>
```

主题化的对话框，参考代码如下。

```
<a href="#pagetwo" data-rel="dialog">Go To The Themed Dialog Page</a>
<div data-role="page" id="pagetwo" data-overlay-theme="e">
  <div data-role="header" data-theme="b"></div>
  <div data-role="content" data-theme="a"></div>
  <div data-role="footer" data-theme="c"></div>
</div>
```

主题化的按钮，参考代码如下。

```
<a href="#" data-role="button" data-theme="a">Button</a>
<a href="#" data-role="button" data-theme="b">Button</a>
<a href="#" data-role="button" data-theme="c">Button</a>
```

主题化的图标，参考代码如下。

```
<a href="#" data-role="button" data-icon="plus" data-theme="e">Plus </a>
```

页眉和页脚中的主题化按钮，参考代码如下。

```
<div data-role="header">
  <a href="#" data-role="button" data-icon="home" data-theme="b">Home </a>
  <h1>Welcome To My Homepage</h1>
  <a href="#" data-role="button" data-icon="search" data-theme="e"> Search</a>
</div>
```

主题化的导航栏，参考代码如下。

```
<div data-role="footer">
  <a href="#" data-role="button" data-theme="b" data-icon="plus">Button1</a>
  <a href="#" data-role="button" data-theme="c" data-icon="plus"> Button2</a>
  <a href="#" data-role="button" data-theme="e" data-icon="plus"> Button3</a>
</div>
<div data-role="footer" data-theme="e">
  <h1>Insert Footer Text Here</h1>
  <div data-role="navbar">
    <ul>
      <li><a href="#" data-icon="home" data-theme="b">Button 1</a></li>
      <li><a href="#" data-icon="arrow-r">Button 2</a></li>
      <li><a href="#" data-icon="arrow-r">Button 3</a></li>
      <li><a href="#" data-icon="search" data-theme="a" >Button 4</a> </li>
    </ul>
  </div>
</div>
```

主题化的可折叠按钮和内容，参考代码如下。

```
<div data-role="collapsible" data-theme="b" data-content-theme="e">
  <h1>Click me - I'm collapsible!</h1>
  <p>I'm the expanded content.</p>
</div>
```

主题化列表，参考代码如下。

```
<ul data-role="listview" data-theme="e">
  <li><a href="#">List Item</a></li>
  <li data-theme="a"><a href="#">List Item</a></li>
  <li data-theme="b"><a href="#">List Item</a></li>
  <li><a href="#">List Item</a></li>
</ul>
```

主题化划分按钮，参考代码如下。

```
<ul data-role="listview" data-split-theme="e">
```

主题化的可折叠列表，参考代码如下。

```
<div data-role="collapsible" data-theme="b" data-content-theme="e">
  <ul data-role="listview">
    <li><a href="#">Agnes</a></li>
  </ul>
</div>
```

主题化表单，参考代码如下。

```
<label for="name">Full Name:</label>
<input type="text" name="text" id="name" data-theme="a">

<label for="colors">Choose Favorite Color:</label>
<select id="colors" name="colors" data-theme="b">
  <option value="red">Red</option>
  <option value="green">Green</option>
  <option value="blue">Blue</option>
</select>
```

主题化的可折叠表单，参考代码如下。

```
<fieldset data-role="collapsible" data-theme="b" data-content-theme="e">
<legend>Click me - I'm collapsible!</legend>
```

jQuery Mobile 允许用户向移动页面添加新主题，如果已经下载 jQuery Mobile，可通过编辑 CSS 文件来添加或编辑新主题。只需拷贝一段样式，并用字母名（f-z）来对类进行重命名，然后调整为自己喜欢的颜色和字体即可，也可以通过在 HTML 文档中使用主题类来添加新样式，如为工具条添加类 ui-bar-(a-z)，并为内容添加类 ui-body-(a-z)，代码如下。

```
<style>
.ui-bar-f
{
color:blue;
background-color:yellow;
}
.ui-body-f
{
font-weight:bold;
color:purple;
}
</style>
```

6.1.5　应用实例——设置 jQuery Mobile 主题

在 Dreamweaver CC 2017 中，使用【jQuery Mobile 色板】面板可以在 jQuery Mobile CSS 文件中预览所有主题，也可以使用该面板来应用主题，或从 jQuery Mobile Web 页的各种元素中删除它们，使用该功能可将主题逐个应用于标题、列表、按钮和其他元素中，具体方法如下。

（1）创建一个 jQuery Mobile 页面并保存文档，如图 6-29 所示。

（2）将光标置于需要设置页面主题的位置，然后选择菜单命令【窗口】/【jQuery Mobile 色板】，打开【jQuery Mobile 色板】面板，如图 6-30 所示，面板中从左至右 6 个颜色块依次表示"未应用任何主题""Theme: a""Theme: b""Theme: c""Theme: d"和"Theme: e"，可根据需要选择。

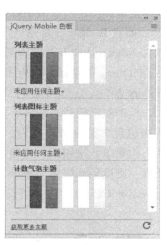

图 6-29　创建 jQuery Mobile 页面　　　　　图 6-30　jQuery Mobile 色板

（3）切换至【实时视图】状态，在未修改列表主题前效果如图 6-31 所示。

（4）当在【jQuery Mobile 色板】面板单击【列表主题】列表中的某主题颜色时，即可修改当前页面中列表主题，如图 6-32 所示。

图 6-31　实时视图　　　　　　　图 6-32　修改主题

（5）修改完主题颜色后，注意保存文档。

6.2　使用 Bootstrap 组件

下面介绍 Bootstrap 的基本知识以及在 Dreamweaver CC 2017 中使用 Bootstrap 的基本方法。

6.2.1 认识 Bootstrap

什么是 Bootstrap 呢？Bootstrap 来自 Twitter，是目前最受欢迎的快速开发 Web 应用程序和网站的前端框架，是一个快速开发 Web App 和站点的工具包。Bootstrap 基于 HTML、CSS 和 JavaScript，使得 Web 开发更快速简单。自 Bootstrap 3 起，Bootstrap 框架包含了贯穿于整个库的移动设备优先的样式。Bootstrap 的响应式 CSS 能够自适应于台式机、平板电脑和手机。Bootstrap 为开发人员创建接口提供了一个简洁统一的解决方案，它包含了功能强大的内置组件，提供了基于 Web 的定制，而且 Bootstrap 是完全开源的，它的代码托管、开发、维护都依赖 GitHub 平台。因此，可以说 Bootstrap 让所有开发者都能快速上手、所有设备都能适配、所有项目都能适用。

Bootstrap 在 jQuery 的基础上进行了更为个性化的完善，形成了一套自己独有的网站风格，并兼容大部分 jQuery 插件。Bootstrap 自带了 13 个 jQuery 插件，这些插件为 Bootstrap 中的组件赋予了"生命"，其中包括模式对话框、标签页、滚动条和弹出框等。

Bootstrap 中包含丰富的 Web 组件，使用这些组件可以快速搭建一个美观且功能齐全的网站。这些组件包括下拉菜单、按钮组、按钮下拉菜单、导航、导航条、路径导航、分页、排版、缩略图、警告对话框、进度条和媒体对象等。

在 Dreamweaver CC 2017 中，可以创建 Bootstrap 文档，还可编辑使用 Bootstrap 创建的现有模板网页。

6.2.2 创建 Bootstrap 文件

在 Dreamweaver CC 2017 中，创建 Bootstrap 文件的方法如下。

（1）选择菜单命令【文件】/【新建】，打开【新建文档】对话框，在【文档类型】中选择"HTML"，在【框架】中选择"BOOTSTRAP"，如图 6-33 所示。

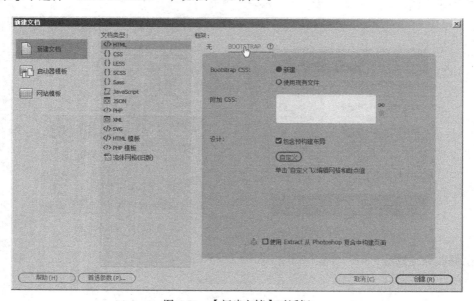

图 6-33　【新建文档】对话框

（2）在【Bootstrap CSS】中有两个选项：【新建】和【使用现有文件】，这里选择【新建】。选择【新建】选项，则本地站点根文件夹中将创建 3 个文件夹："css""fonts"和"js"，并将

"bootstrap.css" 文件复制到 "css" 文件夹，将 "bootstrap.js" 和 "jquery-1.11.3.min.js" 文件复制
到 "js" 文件夹，将一些字体文件复制到 "fonts" 文件夹；如果选择【使用现有文件】选项，则
会显示一个文件文本框，用户可从本地选择文件。

（3）在【附加 CSS】选项中可根据需要附加外部 CSS 样式表，这里暂不设置。

（4）在【设计】选项中，默认勾选【包含预构建布局】，如果不勾选该选项，创建的文档是
空白文档，单击 自定义 按钮可以在显示的选项区域中编辑网格和断点，如图 6-34 所示，这里暂不
进行设置。

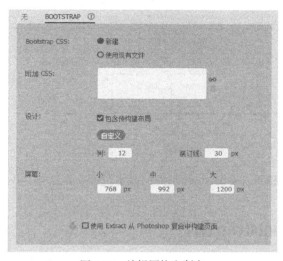

图 6-34　编辑网格和断点

（5）单击 创建(R) 按钮创建一个 Bootstrap 文件，然后选择菜单命令【文件】/【保存】将
文档保存为 "bootstrap.htm"，如图 6-35 所示。

图 6-35　创建 bootstrap 文件

（6）在【实时视图】状态，选定要插入 bootstrap 组件位置处的某个布局控件，然后选择菜单
命令【插入】/【bootstrap 组件】/【Navigation】/【Nav Tabs】，此时显示插入导航面板位置提示
框，根据需要选择选项，这里选择 "之后" 选项，如图 6-36 所示。

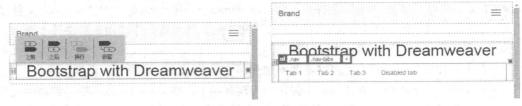

图 6-36　插入 Nav Tabs

（7）切换到【设计】视图，可根据需要修改导航面板的导航名称，最后保存文档，如图 6-37 所示。

图 6-37　【设计】视图

创建 Bootstrap 文件和插入 Bootstrap 组件的基本过程就是这样，不同的组件大同小异，读者自己领会即可。

6.2.3　应用 Bootstrap 组件

Bootstrap 内置了几十种高可用的组件，以实现导航栏、通知和弹出框等功能。在 Dreamweaver CC 2017 可以可视化地向页面中插入这些组件。插入的方法通常有两种，一种是在【插入】面板的【Bootstrap 组件】类别选择相应的元素，如图 6-38 所示；另一种是在【插入】/【Bootstrap 组件】菜单中选择相应的元素，如图 6-39 所示。在插入时，通常是在【实时视图】状态下进行。下面在页面中插入几个组件体验一下其效果。

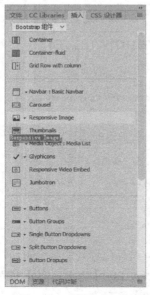

图 6-38　【插入】面板

图 6-39　菜单命令

（1）创建一个 Bootstrap 页面，注意在【新建文档】对话框的【Bootstrap】框架中不勾选【包含预构建布局】，创建一个空白文档。

（2）选择菜单命令【插入】/【Bootstrap 组件】/【Button Groups】/【Basic Button Group】，在页面中插入 Basic Button Group，效果如图 6-40 所示。

（3）选择菜单命令【插入】/【Bootstrap 组件】/【Navbar】/【Basic Navbar】，在页面中插入 Basic Navbar，效果如图 6-41 所示。

图 6-40　插入 Basic Button Group

图 6-41　插入 Basic Navbar

（4）选择菜单命令【插入】/【Bootstrap 组件】/【Input Groups】/【Basic Input Group】，在页面中插入 Basic Input Group，效果如图 6-42 所示。

（5）保存文档，最终效果如图 6-43 所示。

图 6-42　插入 Basic Input Group

图 6-43　组件效果

通过 Bootstrap 组件菜单命令和【插入】面板的【Bootstrap 组件】类别，可以发现能够插入的组件很多，读者可以尝试向页面中插入这些组件，进一步认识这些组件的作用和外观形态。限于篇幅，这里不再一一介绍。

6.2.4　使用 Bootstrap 模板

Dreamweaver CC 2017 内置了 6 种常用的 Bootstrap 模板，包括产品、作品集、房地产、机构、电子商务和简历等。使用 Bootstrap 模板创建页面的具体方法如下。

（1）选择菜单命令【文件】/【新建】，打开【新建文档】对话框。

（2）在最左侧一栏中选择【启动器模板】，在【示例文件夹】中选择 "Bootstrap 模板"，在【示例页】中选择需要的选项，如 "Bootstrap-作品集"，如图 6-44 所示。

图 6-44　Bootstrap 模板

（3）单击 创建(R) 按钮创建一个基于 "Bootstrap-作品集" 模板的网页文档，如图 6-45 所示。

图 6-45　使用 Bootstrap 模板创建页面

（4）根据实际需要对页面中的文本等内容进行修改，替换成自己需要的文本或图像。

（5）最后保存文档。

6.3　使用 jQuery UI 移动部件

关于什么是 jQuery UI 以及 Accordion（折叠面板）和 Tabs（选项卡面板）两个布局小部件（Widget），第 4 章已进行过介绍，这里不再赘述。当然，jQuery UI 不是专门针对移动设备的，但其中的一些部件是可以使用的，下面对 Datepicker（日期选择器）、Progressbar（进度条）Dialog（对话框）、Autocomplete（自动完成）和 Slider（滑块）等进行简要介绍。

6.3.1　Datepicker

Datepicker（日期选择器）是向页面添加日期选择功能的高度可配置插件，可以自定义日期格式和语言，限制可选择的日期范围等。Datepicker 绑定到一个标准的表单 input 字段上，把焦点移到 input 上时，将在一个小的覆盖层上打开一个交互日历。选择一个日期，单击页面上的任意地方（输入框即失去焦点）或者按 Esc 键来关闭。如果选择了一个日期，则反馈显示为 input 的值。对于一个内联的日历，只需简单地将日期选择器附加到 div 或者 span 上即可。

（1）选择菜单命令【插入】/【jQuery UI】/【Datepicker】，插入一个日期选择器，如图 6-46 所示。

图 6-46　日期选择器

（2）单击顶部的【jQuery Datepicker：Datepicker 1】选中日期选择器，【属性】面板如图 6-47所示。

图 6-47 Datepicker【属性】面板

在【ID】文本框中可以设置日期选择器的 ID 名称。在【Date Format】列表框中可以定义日期选择器的日期格式，如图 6-48 所示。在【区域设置】列表框中可以定义日期选择器的语言，如图 6-49 所示。【按钮图像】选项用于定义是否显示日历的按钮，按钮图像可自定义，这样就可单击输入框旁边的按钮来显示日期选择器。【Change Month】选项用于定义月份在日期选择器中是否可编辑。【Change Year】选项用于定义年份在日期选择器中是否可编辑。【内联】选项用于定义是否使用内联日期选择器代替弹出窗口。【Show Button Panel】选项用于定义是否显示按钮面板。【Min Date】和【Max Date】选项用于定义可选择的日期范围，设置起止日期可为今天的一个数值偏移（最小日期为-20，表示今天往前 20 天，最大日期为 15，表示今天往后 15 天）。【Number Of Months】选项用于定义在一个日期选择器中同时最多显示几个月，设置选项为一个整数 2，或者大于 2 的整数。

图 6-48 日期格式

图 6-49 区域设置

6.3.2 Progressbar

通过 Progressbar（进度条）可以插入一个进度条，向用户显示一个确定的或不确定的进程状态。

（1）选择菜单命令【插入】/【jQuery UI】/【Progressbar】，插入一个进度条，如图 6-50所示。

图 6-50 插入进度条

（2）单击顶部的【jQuery Progressbar：Progressbar1】，选中进度条，【属性】面板如图 6-51所示。

图 6-51　Progressbar【属性】面板

在【ID】文本框中可设置 Progressbar 的 ID 名称。在【Value】文本框中可设置进度条显示的度数（0～100）。在【Max】文本框中可设置进度条的最大值。【Disable】选项用于设置是否禁用进度条。【Animated】选项用于设置是否使用 Gif 动画来显示进度条。

6.3.3　Dialog

通过 Dialog（对话框）可在一个交互覆盖层中打开内容，实现客户端对话框效果。基本的对话框窗口是一个定位于视区中的覆盖层，同时通过一个 iframe 与页面内容分隔开。它由一个标题栏和一个内容区域组成，且可以移动、调整尺寸，默认可通过右上角的"×"图标关闭。

（1）选择菜单命令【插入】/【jQuery UI】/【Dialog】，插入一个对话框，如图 6-52 所示。

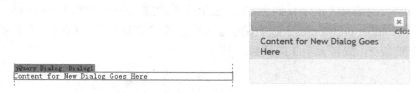

图 6-52　插入对话框

（2）单击顶部的【jQuery Dialog：Dialog1】选中对话框，【属性】面板如图 6-53 所示。

图 6-53　Dialog【属性】面板

在【ID】文本框中可设置 Dialog 的 ID 名称。在【Title】文本框中可设置对话框的标题。在【Position】列表框中可设置对话框在显示窗口中的位置，包括"center""left""right""top"和"bottom"5 个选项。在【Width】和【Height】文本框中可设置对话框的宽度和高度。在【Min Width】和【Min Height】文本框中可设置对话框的最小宽度和最小高度，在【Max Width】和【Max Height】文本框中可设置对话框的最大宽度和最大高度。【Auto Open】选项用于设置在初始化时是否自动打开对话框，默认为打开。【Draggable】选项用于设置是否可以使用标题栏拖动对话框，默认为可以拖动。【Modal】选项用于设置在显示消息时，是否禁用页面上的其他元素。【Close on Escape】选项用于设置在用户按下 Esc 键时是否关闭对话框，默认为关闭。【Resizable】选项用于设置用户是否可以调整对话框的大小，默认为可以。【Hide】选项用于设置隐藏对话框时使用的动画形式及在关闭对话框之前的动画持续时间。【Show】选项用于设置打开对话框时使用的动画形式及在打开对话框之前的动画持续时间。【Trigger Button】选项用于设置触发对话框显示的按钮。【Trigger Event】选项用于设置触发对话框显示的事件。

6.3.4　Autocomplete

使用 Autocomplete（自动完成）功能，用户可根据输入值进行搜索和过滤，快速找到并从预设值列表中选择。Autocomplete 可以从本地源或者远程源获取数据，本地源适用于小数据集，如带有 50 个条目的地址簿；远程源适用于大数据集，如带有数百个或者上万个条目的数据库。

（1）选择菜单命令【插入】/【jQuery UI】/【Autocomplete】，插入一个 Autocomplete 文本框，如图 6-54 所示。

图 6-54　插入 Autocomplete 文本框

（2）单击顶部的【jQuery Autocomplete：Autocomplete1】选中对话框，【属性】面板如图 6-55 所示。

图 6-55　Autocomplete【属性】面板

在【ID】文本框中可设置 Autocomplete 的 ID 名称。【Source】选项用于设置用引号引起来的 URL 或格式为["a" "b" "c" "d"]的数组作为 Autocomplete 的数据源。在【Min Length】文本框中可设置在显示自动完成建议之前要输入的最小字符数。在【Delay】文本框中可设置在显示自动完成建议之前击键后的延迟时间（以毫秒为单位）。在【Append To】文本框中可设置菜单必须追加到的元素（选择器/标签名称）。【Auto Focus】选项用于设置是否将焦点自动设置到第 1 个项目。

【Position】选项有 3 个列表框，第 1 个列表框用于设置自动建议相对于自动建议菜单的对齐方式，共有 "my:left top" "my:top" "my:center" "my:bottom" "my:left" 和 "my:right" 6 个选项；第 2 个列表框用于设置自动建议菜单相对于文本字段的对齐方式，共有 "at:left bottom" "at:top" "at:center" "at:bottom" "at:left" 和 "at:right" 6 个选项；第 3 个列表框用于设置自动建议导致溢出时重新摆放元素，共有 "无" "collision:flip" "collision:fit" "collision:fit flip" 和 "collision:fit none" 5 个选项

下面对 Position 中的 my、at 和 collision 的涵义和作用进行简要说明。

选项 my 用于定义被定位元素上对准目标元素的位置，格式为：my:horizontal vertical，horizontal 表示水平方向的值（包括 "left" "center" 和 "right"），vertical 表示垂直方向的值（包括 "top" "center" 和 "bottom"），当省略时默认值为 "center"。当出现一个单一的值时，如 "my:right" 即表示 "my:right center"，"my:top" 即表示 "my:center top"。每个纬度也可以包含偏移，以像素计或以百分比计，百分比偏移是相对于被定位的元素，如 "my:right+10 top-25%"。

选项 at 用于定义目标元素上对准被定位元素的位置，格式为：at: horizontal vertical。at 选项值可参考 my 的选项值，其中百分比偏移是相对于目标元素。

选项 collision 用于定义当被定位元素在某些方向上溢出窗口时则移动它到另一个位置，格式为：collision: horizontal/vertical。与 my 和 at 相似，该选项会接受一个单一的值或一对值，如 "flip" "fit" "fit flip" 和 "fit none"，默认值为 "flip"。值 "flip" 表示翻转元素到目标的相对一边，再次运行 collision 检测一遍查看元素是否适合，最后将使用允许更多的元素可见的那一边。值 "fit" 表示把元素从窗口的边缘移开。值 "flip fit" 表示首先应用 "flip" 逻辑，把元素放置在允许更多元素可见的那一边，然后应用 "fit" 逻辑，确保尽可能多的元素可见。值 "none" 表示不应用任何 collision 检测。

6.3.5　Slider

通过 Slider（滑块）可以创建一个滑块，拖动手柄可以选择一个数值。基本的滑块是水平的，有一个单一的手柄，可以用鼠标或箭头键进行移动。

（1）选择菜单命令【插入】/【jQuery UI】/【Slider】，插入一个滑块，如图 6-56 所示。

图 6-56　插入 Slider

（2）单击顶部的【jQuery Slider：Slider1】选中滑块，【属性】面板如图 6-57 所示。

图 6-57　Slider【属性】面板

在【ID】文本框中可设置 Slider 的 ID 名称。在【Min】和【Max】文本框中可设置滑块的最小值和最大值。在【Step】文本框中可设置滑块在最小值和最大值采用的每个间隔或步长的大小。在【Range】选项中，当指定两个控制点时，滑块创建可带样式的范围元素。在【Value(s)】文本框中可设置初始时滑块的值，如有多个滑块则设置第一个滑块。在【Animate】选项中可设置滑块移动时的平滑度，以毫秒定义，包括 "slow" "normal" 和 "fast" 3 个选项。在【Orientation】选项可设置滑动条的方向，包括 "horizontal" 和 "vertical" 两个选项。

6.3.6　Button

用带有适当的悬停（hover）和激活（active）的样式的可主题化按钮来加强标准表单元素的功能。通过 Button（按钮）可以创建单个主题化的按钮，通过【属性】面板可设置按钮文本两侧的图标以及按钮上的文字。

（1）选择菜单命令【插入】/【jQuery UI】/【Button】，插入一个按钮，如图 6-58 所示。

图 6-58　插入 Button

（2）单击顶部的【jQuery Button：Button 1】选中按钮，【属性】面板如图 6-59 所示。

图 6-59　Button【属性】面板

在【ID】文本框中可设置 Button 的 ID 名称。在【Label】文本框中可设置在按钮上显示的文字，如"添加"和"提交"等。在【Icons】选项中的【Primary】列表框可设置显示在标签文本左侧的图标，在【Secondary】列表框中可设置显示在标签文本右侧的图标。【Disabled】选项用于设置是否禁用按钮。【Text】选项用于设置显示或隐藏按钮上的文本，如果在【Icons】选项中未选择任何图标，则此属性即使被选中也将被忽略。

6.3.7　Buttonset

通过 Buttonset（按钮组）可以一次创建多个主题化的按钮，按钮的数量可通过【属性】面板来添加或减少，还可调整顺序。

（1）选择菜单命令【插入】/【jQuery UI】/【Buttonset】，插入一个按钮组，如图 6-60 所示。

图 6-60　插入 Buttonset

（2）单击顶部的【jQuery Buttonset：Buttonset1】选中按钮组，【属性】面板如图 6-61 所示。

图 6-61　Buttonset【属性】面板

在【ID】文本框中可设置 Buttonset 的 ID 名称。在【Buttons】选项中，单击 ✚ 按钮可在列表框中添加按钮，单击 ━ 按钮可在列表框中删除按钮，单击 ▲ 按钮可在列表框中上移按钮，单击 ▼ 按钮可在列表框中下移按钮。

6.3.8　Checkbox Buttons

Checkbox Buttons（复选框按钮组）通过 button 部件把复选框显示为切换按钮样式，与复选框相关的 label 元素作为按钮文本。

（1）选择菜单命令【插入】/【jQuery UI】/【Checkbox Buttons】，插入一个复选框按钮组，如图 6-62 所示。

图 6-62　插入 Checkbox Buttons

（2）单击顶部的【jQuery Buttonset：Checkboxes1】选中复选框按钮组，【属性】面板如图 6-63 所示。可根据需要在【属性】面板添加或删除选项。

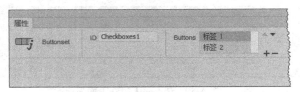

图 6-63　Checkbox Buttons【属性】面板

（3）在文档窗口中根据实际需要修改复选框标签文本，如果需要设置复选框表单对象自身的属性，可在复选框【属性】面板中进行。

6.3.9　Radio Buttons

通过 Radio Buttons（单选按钮组）可以一次插入 3 个单选按钮，使其成为一套按钮。

（1）选择菜单命令【插入】/【jQuery UI】/【Radio Buttons】，插入一个单选按钮组，如图 6-64 所示。

图 6-64　插入 Radio Buttons

（2）单击顶部的【jQuery Buttonset：Radio Buttons1】选中单选按钮组，【属性】面板如图 6-65 所示。可根据需要在【属性】面板添加或删除选项。

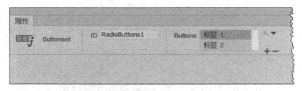

图 6-65　Radio Buttons【属性】面板

（3）在文档窗口中根据实际需要修改单选按钮标签文本，如果需要设置单选按钮表单对象自身的属性，可在单选按钮【属性】面板中进行。

小　结

本章主要介绍了 jQuery Mobile 组件、Bootstrap 组件和 jQuery UI 移动部件的基本知识以及使用它们制作移动网页的基本方法。熟练掌握这些基本知识会给移动网页制作带来极大的方便，希望读者多加练习。

习　题

1．简述对 jQuery Mobile 的理解并练习其组件使用方法。
2．简述对 Bootstrap 的理解并练习其组件使用方法。
3．简述对 jQuery UI 的理解并练习其部件使用方法。

第7章
模板和站点发布

使用库可以制作不同网页内容相同的部分，使用模板可以批量制作具有相同结构的网页。网站建设完毕，通常需要进行站点发布，以便让浏览者访问。本章将介绍使用库和模板制作网页以及配置和发布站点的基本方法。

【学习目标】

- 了解库和模板的概念。
- 掌握创建和应用库的方法。
- 掌握创建和应用模板的方法。
- 掌握设置测试服务器的方法。
- 掌握连接远程服务器的方法。
- 掌握发布站点的方法。

7.1　使　用　库

下面介绍库的基本知识。

7.1.1　认识库

库是一种特殊类型的文档，其中包含可放置到网页中的一组单个资源或资源副本。库中的这些资源称为库项目，也就是要在整个网站范围内反复使用或经常更新的元素。在网页制作实践中，经常遇到要将一些网页元素在多个页面内应用的情形。当修改这些重复使用的页面元素时，如果逐页修改会相当费时，这时便可以使用库项目来解决这个问题。当编辑某个库项目时，可以自动更新所有使用该项目的页面。使用库项目时，Dreamweaver 将向文档中插入该项目的 HTML 源代码副本，并添加一个包含对原始外部项目引用的 HTML 注释。自动更新过程就是通过这个外部引用来实现的。在 Dreamweaver 中，创建的库项目保存在站点的"Library"文件夹内，"Library"文件夹是自动生成的，不能对其名称进行修改。

7.1.2　创建库项目

在 Dreamweaver CC 2017 中，创建库项目的方法如下。

（1）选择菜单命令【窗口】/【资源】，打开【资源】面板，单击 🖾（库）按钮切换至【库】分类。

（2）单击【资源】面板右下角的 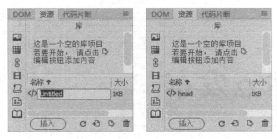（新建库项目）按钮，新建一个库项目，然后在列表框中 "Untitled" 处输入库项目的新名称并按 Enter 键确认，如图 7-1 所示。

图 7-1　创建空白库项目

（3）在选中库项目的前提下，单击面板底部的 （编辑）按钮或在鼠标右键快捷菜单中选择【编辑】命令打开库项目。

（4）在文档窗口中插入一幅图像并保存文档，如图 7-2 所示。

图 7-2　添加图像

用户也可以将网页文档中现有的对象元素转换为库项目。方法是：在页面中选择要转换的内容，然后选择菜单命令【工具】/【库】/【增加对象到库】，即可将选中的内容转换为库项目，并显示在【库】列表中，最后输入库名称并确认即可。

7.1.3　应用库项目

库项目是可以在多个页面中重复使用的页面元素。在 Dreamweaver CC 2017 中，应用库项目的方法如下。

（1）新建一个网页文档并保存，然后选择菜单命令【插入】/【Table】插入一个 3 行 1 列的表格，表格宽度为 "800 像素"，对齐方式为 "居中对齐"，边框粗细、间距和填充均为 "0"，如图 7-3 所示。

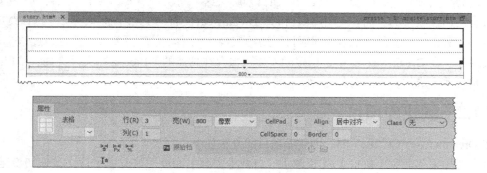

图 7-3　插入表格

（2）将光标置于第 1 行单元格内，然后在【资源】面板中选中库项目，单击底部的（插入）按钮（或者在鼠标右键快捷菜单中选择【插入】命令），将库项目插入到网页文档中。

（3）在第 2 行和第 3 行单元格中输入相应的文本，在【属性】面板中将标题格式设置为"标题 2"，正文字体设置为"宋体"，大小设置为"16px"，文本"小故事大道理："加粗显示，如图 7-4 所示，最后保存文档。

图 7-4　插入库项目

在插入库项目时，Dreamweaver 不是向文档中直接插入库项目，而是插入一个库项目链接，【属性】面板中的"Src /Library/head.lbi"可以清楚地说明这一点，如图 7-5 所示。

图 7-5　库项目【属性】面板

7.1.4　维护库项目

下面介绍维护库项目的基本方法。

（1）编辑库项目。在引用库项目的当前网页中，选择库项目后，在【属性】面板中单击（打开）按钮，可打开库项目的源文件进行编辑，这等同于单击【资源】面板【库】类别底部的 ▷（编辑）按钮或在鼠标右键快捷菜单中选择【编辑】命令打开库项目。

（2）重命名库项目。在【资源】面板的【库】类别中，当库项目数量超过一个时，需要先选中要重命名的库项目，然后再单击库项目的名称或在鼠标右键快捷菜单中选择【重命名】命令，使库项目名称处于编辑状态，接着输入一个新名称并按 Enter 键使更改生效。此时，需要在弹出的【更新文件】对话框中选择是否更新使用该项目的文档。

（3）更新库项目。在库项目被修改保存后，引用该库项目的网页文档会进行自动更新。如果没有进行自动更新，可以选择菜单命令【工具】/【库】/【更新当前页】，对应用库项目的当前文档进行更新。也可选择菜单命令【工具】/【库】/【更新页面】，打开【更新页面】对话框更新相关页面。如果在【更新页面】对话框的【查看】下拉列表中选择【整个站点】选项，然后从其右侧的下拉列表中选择站点的名称，将会使用当前库项目更新所选站点中的所有页面，如图 7-6

所示。如果选择【文件使用…】选项，然后从其右侧的下拉列表中选择库项目名称，将会更新当前站点中所有应用了该库项目的文档，如图 7-7 所示。

图 7-6　更新站点　　　　　　　　　　　　　　图 7-7　更新页面

（4）分离库项目。一旦在网页文档中应用了库项目，如果希望其成为网页文档的一部分，这就需要将库项目从源文件中分离出来。方法是：在当前网页中选中库项目，然后在【属性】面板中单击 从源文件中分离 按钮，在弹出的信息提示框中单击

确定 按钮，将库项目的内容与库文件分离，如图 7-8 所示。分离后，就可以对这部分内容进行编辑了，因为它已经是网页的一部分，与库项目再没有联系。

（5）删除库项目。打开【资源】面板并切换至【库】分类，在库项目列表中选中要删除的库项目，单击【资源】面板右下角的 ▥ 按钮或直接在键盘上按 Delete 键即可。一旦删除了一个库项目，将无法进行恢复，因此应特别小心。

图 7-8　分离库项目信息提示框

7.2　使用模板

下面介绍模板的基本知识。

7.2.1　认识模板

模板是一种特殊类型的文档，用于设计固定的并可重复使用的页面布局结构。基于模板创建的网页文档会继承模板的布局结构，在批量制作具有相同版式和风格的网页时使用模板是一个不错的选择，而且模板变化时可以同时更新基于该模板创建的网页文档，从而提高站点管理和维护的效率。在设计模板时，设计者需要在模板中插入模板对象，从而指定在基于模板创建的网页文档中哪些区域是可以编辑的。在 Dreamweaver CC 2017 中，常用的模板对象有可编辑区域、重复区域和重复表格等。可编辑区域是指可以进行添加、修改和删除网页元素等操作的区域。重复区域是指可以复制任意次数的指定区域。重复区域不是可编辑区域，若要使重复区域中的内容可编辑，必须在重复区域内插入可编辑区域或重复表格。重复表格是指包含重复行的表格格式的可编辑区域，用户可以定义表格的属性并设置哪些单元格可编辑。重复表格可以被包含在重复区域内，但不能被包含在可编辑区域内。

模板操作必须在 Dreamweaver 站点中进行，如果没有站点，在保存模板时系统会提示创建 Dreamweaver 站点。在 Dreamweaver 中，创建的模板文件保存在站点的 "Templates" 文件夹内，"Templates" 文件夹是自动生成的，不能对其名称进行修改。

7.2.2　创建模板

在 Dreamweaver CC 2017 中，创建模板文件并添加模板对象的方法如下。

（1）选择菜单命令【窗口】/【资源】，打开【资源】面板，单击  按钮，切换至【模板】分类。

（2）单击【资源】面板右下角的 按钮，创建一个模板文件，然后在列表框中"Untitled"处输入模板的新名称并按 Enter 键确认，如图 7-9 所示。

图 7-9　通过【资源】面板创建模板

（3）在选中模板的前提下，单击面板底部的 （编辑）按钮或在鼠标右键快捷菜单中选择【编辑】命令打开模板文档。

（4）选择菜单命令【插入】/【Table】插入一个 4 行 1 列的表格，表格宽度为"800 像素"，对齐方式为"居中对齐"，边框粗细、间距和填充均为"0"，如图 7-10 所示。

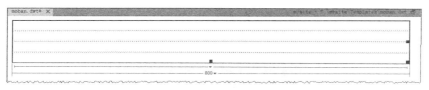

图 7-10　插入表格

（5）将光标置于表格第 1 行单元格内，然后选择菜单命令【插入】/【模板】/【可编辑区域】，打开【新建可编辑区域】对话框，在【名称】文本框中输入可编辑区域名称，单击 确定 按钮插入可编辑区域，如图 7-11 所示。

（6）可编辑区域左上角显示可编辑区域的名称，单击模板对象的名称将其选中，在【属性】面板的【名称】文本框中可以修改模板对象名称，如图 7-12 所示。

图 7-11　插入可编辑区域

图 7-12　【属性】面板

（7）将光标置于表格第 2 行单元格内，选择菜单命令【插入】/【模板】/【重复区域】，打开【新建重复区域】对话框，在【名称】文本框中输入重复区域名称并单击 确定 按钮插入重复区域，如图 7-13 所示。

（8）将文本"内容 1"删除，然后插入一个 2 行 1 列的表格，表格宽度为"100%"，边框粗细、间距均为"0"，填充为"5"，然后依次在两个单元格中分别插入可编辑区域，名称分别为"标题"和"具体内容"，如图 7-14 所示。

图 7-13　插入重复区域

图 7-14　插入表格和可编辑区域

（9）将光标置于倒数第 2 行单元格内，然后选择菜单命令【插入】/【模板】/【重复表格】，打开【插入重复表格】对话框，进行参数设置后单击〔确定〕按钮插入重复表格，如图 7-15 所示。

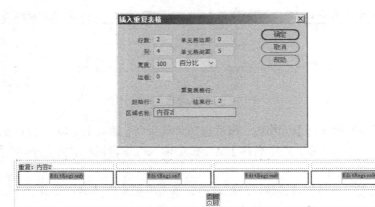

图 7-15　插入重复表格

如果在【插入重复表格】对话框中不设置【单元格边距】、【单元格间距】和【边框】的值，则大多数浏览器按【单元格边距】为"1"、【单元格间距】为"2"和【边框】为"1"显示表格。【插入重复表格】对话框的上半部分与普通的表格参数没有什么不同，重要的是下半部分的参数。

- 【重复表格行】：用于指定表格中的哪些行包括在重复区域中。
- 【起始行】：用于设置重复区域的第 1 行。
- 【结束行】：用于设置重复区域的最后 1 行。
- 【区域名称】：用于设置重复表格的名称。

（10）将所插入重复表格的第 1 行所有单元格的宽度均设置为"25%"，将第 1 行和第 2 行所有单元格的对齐方式均设置为"居中对齐"。

（11）将最外层表格最后一行的单元格对齐方式设置为"居中对齐"，然后在其中插入一个可编辑区域，如图 7-16 所示。

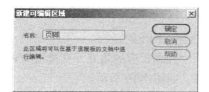 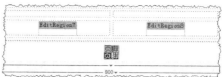

图 7-16　插入可编辑区域

（12）最后选择菜单命令【文件】/【保存】保存文档。

除了通过【资源】面板来创建模板文件，也可以选择菜单命令【文件】/【新建】，打开【新建文档】对话框，在【新建文档】类别中选择【HTML 模板】，单击⟨ 创建(R) ⟩按钮来创建空白模板文档，如图 7-17 所示，然后根据实际需要设计页面并添加模板对象。

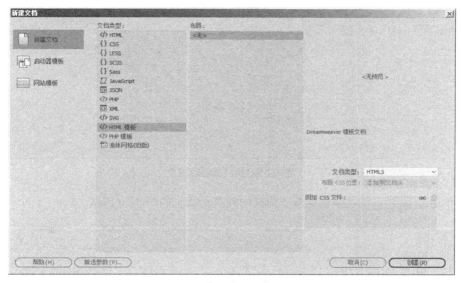

图 7-17　【新建文档】对话框

另外，也可以将现有网页保存为模板。首先打开一个网页文档，删除其中不需要的内容，保留页面布局结构，然后根据需要添加模板对象，最后选择菜单命令【文件】/【另存为模板】，打开【另存模板】对话框，设置好保存的位置和名称，然后保存即可，如图 7-18 所示。

图 7-18　【另存模板】对话框

7.2.3　应用模板

创建模板的目的在于通过模板批量生成网页。在 Dreamweaver CC 2017 中，应用模板的方法如下。

（1）选择菜单命令【文件】/【新建】，打开【新建文档】对话框。

（2）选择【网站模板】选项，在【站点】列表框中选择相应的站点，在模板列表框中选择需要的模板，并勾选【当模板改变时更新页面】复选框，如图 7-19 所示。

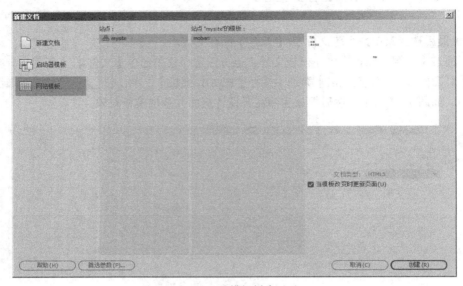

图 7-19　从模板创建网页

（3）单击 创建(R) 按钮创建基于模板的网页文档，如图 7-20 所示。

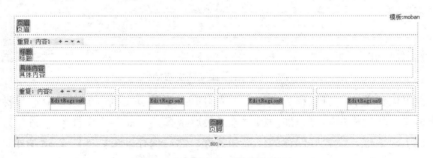

图 7-20　创建基于模板的网页

（4）"页眉"和"页脚"两处是可编辑区域，可以根据需要直接添加内容。

（5）在"重复：内容 1"中的"标题"和"具体内容"中可以输入相应的标题和内容，如果还有更多类似的内容，可以单击 ✚ 按钮添加重复区域，按照同样的方法可以在"重复：内容 2"中添加相应的内容并根据需要添加重复区域，如图 7-21 所示。

（6）根据实际可以设置文本格式，最后保存网页文档。

另外，也可以在现有的页面应用模板。方法是，首先打开要应用模板的网页文档，然后选择菜单命令【工具】/【模板】/【应用模板到页】，或在【资源】面板的模板列表框中选中要应用的模板，再单击面板底部的 应用 按钮即可应用模板。如果已打开的文档是一个空白文档，文档将直接应用模板；如果打开的文档是一个有内容的文档，这时通常会打开一个【不一致的区域名称】对话框，该对话框会提示用户将文档中的已有内容移到模板的相应区域。

图 7-21　在"重复：内容 2"中添加相应的内容并根据需要添加重复区域

7.2.4　维护模板

下面介绍维护模板的基本方法。

（1）打开附加模板。在一个网站中，如果模板很多，使用模板的网页也很多，该如何快速地打开当前网页文档所使用的模板呢？首先打开使用模板的网页文档，然后选择菜单命令【工具】/【模板】/【打开附加模板离】，这样就可快速打开模板了。

（2）重命名模板。在【资源】面板的【模板】类别中，当模板数量超过一个时，需要先选中要重命名的模板，然后再单击模板的名称或在鼠标右键快捷菜单中选择【重命名】命令，使模板名称处于可编辑状态，接着输入一个新名称并按 Enter 键使更改生效。

（3）删除模板。在【资源】面板的【模板】类别中选择要删除的模板，单击面板底部的 🗑 按钮或按 Delete 键，然后确认要删除该模板。删除模板后，该模板文件将被从站点中删除。基于已删除模板的文档不会与此模板分离，它们仍保留该模板文件在被删除前所具有的结构和可编辑区域。可以将这样的文档转换为没有可编辑区域或锁定区域的网页文档。

（4）更新应用了模板的文档。手动更新基于模板的文档的方法是：在文档窗口中打开要更新的网页文档，然后选择菜单命令【工具】/【模板】/【更新当前页】，Dreamweaver CC 2017 会基于模板的变化来更新该网页文档。用户可以更新站点的所有页面，也可以只更新特定模板的页面。选择菜单命令【工具】/【模板】/【更新页面】，打开【更新页面】对话框。在【查看】下拉列表中根据需要执行下列操作之一：如果要按相应模板更新所选站点中的所有文件，请选择【整个站点】，然后从后面的下拉列表中选择站点名称，如图 7-22 左图所示；如果要针对特定模板更新文件，请选择【文件使用…】，然后从后面的下拉列表中选择模板名称，如图 7-22 右图所示。确保在【更新】选项中选中了【模板】。如果不想查看更新文件的记录，可取消选择【显示记录】复选框。否则，可让该复选框处于选中状态。单击 开始(S) 按钮更新文件，如果选择了【显示记录】复选框，将提供关于它试图更新的文件的信息，包括它们是否成功更新的信息。

图 7-22　更新页面

（5）将网页从模板中分离。打开想要分离的基于模板的文档，然后选择菜单命令【工具】/【模板】/【从模板中分离】。网页文档脱离模板后，模板中的内容将自动变成网页中的内容，网页与模板不再有关联，用户可以在文档中的任意区域进行编辑。

7.3　发 布 站 点

下面介绍发布站点的相关知识。

7.3.1　应用实例——配置本地 Web 服务器

Windows 用户可以通过安装 IIS 在本地计算机上运行 Web 服务器。如果使用 IIS 中的 Web 服务器，则 Web 服务器的默认名称是计算机的名称。服务器名称对应于服务器的根文件夹，在 Windows 系统的计算机上根文件夹默认是 "C:\Inetpub\wwwroot"，用户也可根据实际需要进行修改。在浏览器的地址栏中输入 URL 可以打开存储在根文件夹中的任何网页。还可以通过在 URL 中指定子文件夹来打开存储在根文件夹的任何子文件夹中的任何网页。Web 服务器在本地计算机上运行时，可以用 "localhost" 来代替服务器名称。除了使用服务器名称或 "localhost" 之外，还可以使用另一种表示方式："127.0.0.1"。例如，"http://localhost/index.htm" 也可以写成 "http://127.0.0.1/index.htm"。

Windows 7 中的 IIS 在默认状态下没有被安装，因此在第 1 次使用时应首先安装 IIS 服务器，安装完成后在 Web 服务器中会有一个默认的站点处于运行状态，可以将这个站点的物理路径修改为自己的站点路径，下面介绍基本方法。

（1）在 Windows 7 中打开【控制面板】，在【查看方式】中选择【小图标】选项，如图 7-23 所示。

图 7-23　打开【控制面板】

（2）单击【管理工具】选项，进入【管理工具】窗口，如图 7-24 所示。

图 7-24 【管理工具】窗口

（3）双击【Internet 信息服务（IIS）管理器】选项，打开【Internet 信息服务（IIS）管理器】窗口，并在左侧列表中展开网站的相关选项，如图 7-25 所示。

图 7-25 【Internet 信息服务（IIS）管理器】窗口

（4）保证 Web 服务器已经启动，如果没有启动，选择【Default Web Site】选项，然后单击鼠标右键，在弹出的快捷菜单中选择【管理网站】/【启动】命令启动 Web 服务器，如图 7-26 所示。

（5）选择【Default Web Site】选项，然后在右侧列表中单击【操作】中的【基本设置】选项，打开【编辑网站】对话框修改【物理路径】选项为本地网站的实际保存位置即可，如图 7-27 所示。

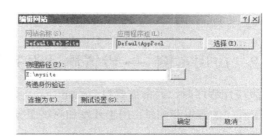

图 7-26 快捷菜单　　　　图 7-27 【添加虚拟目录】对话框

（6）单击 确定 按钮关闭对话框，双击【默认文档】选项打开图 7-28 所示窗口。

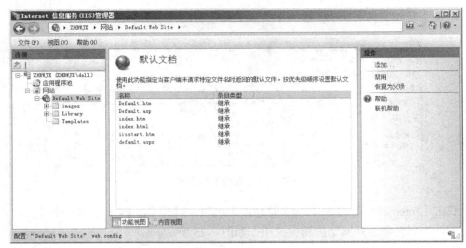

图 7-28　默认文档

（7）在右侧列表中单击【添加】，打开【添加默认文档】对话框，根据需要添加默认文档名称（如果已存在不需要再添加），如图 7-29 所示。

（8）单击　确定　按钮添加默认文档。这样 Windows 7 中 Web 服务器的基本设置就完成了，可以运行 HTML 网页了。

（9）如果要运行 ASP 网页，还需要双击【ASP】选项，将【启用父路径】的值设置为"True"，如图 7-30 所示。

图 7-29　【添加默认文档】对话框

图 7-30　启用父路径

7.3.2　应用实例——设置测试服务器

在开发应用程序时，通常需要在 Dreamweaver CC 2017 中定义一个可以使用服务器技术的站点，以便于程序的开发和测试。用于开发和测试服务器技术的站点，称为测试站点或测试服务器，具体方法如下。

（1）在菜单栏中选择【站点】/【管理站点】命令打开【管理站点】对话框，选中相应站点（也可新建），然后单击 ⬚ 按钮打开站点设置窗口，如图 7-31 所示。

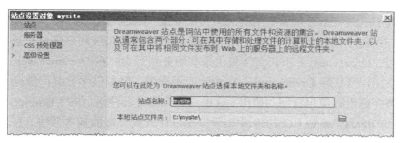

图 7-31　站点设置窗口

（2）在左侧列表中选择【服务器】类别，如图 7-32 所示。【服务器】类别允许用户指定远程服务器和测试服务器，单击 + 按钮将添加一个新服务器，单击 − 按钮将删除选中的服务器，单击 ✎ 按钮将编辑选中的服务器，单击 ⬚ 按钮将编辑选中的服务器。

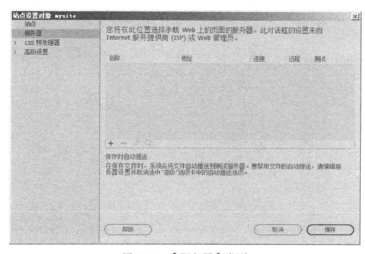

图 7-32　【服务器】类别

（3）单击 + 按钮添加一个本地测试服务器，在【基本】选项卡的【服务器名称】文本框中设置新服务器的名称，在【连接方法】下拉列表框中选择与服务器的连接方法，在【Web URL】文本框中设置 Web URL，要求与 Web 服务器中的设置一样，如图 7-33 所示。

（4）切换到【高级】选项卡，设置测试服务器要用于 Web 应用程序的服务器模型，如图 7-34 所示。

图 7-33　【基本】选项卡　　　　　　　　　　图 7-34　【高级】选项卡

早期版本的 Dreamweaver 通常安装有 ASP VBScript 等服务器行为，用户可以在 Dreamweaver 中可视化设计应用程序，对没有专门学习 Web 应用程序编程的初级用户来说非常方便和实用。但随着版本的升级，Dreamweaver 不再直接提供这些服务器行为，在 Dreamweaver 中不能再可视化设计应用程序。用户要想在 Dreamweaver 中设计应用程序，要专门学习编程语言，这也是本书没有专门安排章节介绍设计应用程序的原因。这里只是以服务器技术 ASP VBScript 为例，简单介绍在本地计算机和 Dreamweaver CC 2017 中架设应用程序开发环境的基本方法。虽然 Dreamweaver CC 不支持可视化设计应用程序，但对正在处理的 ASP.NET、ASP VBScript、ASP JavaScript、JSP 和 PHP 等页面仍支持实时视图、代码颜色和代码提示等功能。

（5）单击 保存 按钮关闭选项卡，然后在【服务器】类别中，指定刚添加的服务器的类型为"测试"，如图 7-35 所示。

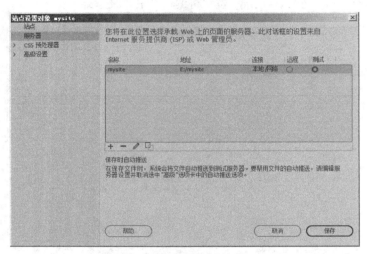

图 7-35　设置测试服务器

（6）单击 保存 按钮关闭对话框，同时关闭【管理站点】对话框。

在本地 IIS 中设置了 Web 服务器，然后在 Dreamweaver CC 2017 中设置了测试服务器，就可以在本地测试网页了。

7.3.3　应用实例——连接远程服务器

网页设计好以后，可以通过 Dreamweaver CC 2017 直接发布到远程服务器供用户浏览，如果远程服务器的网页需要修改也可以通过 Dreamweaver CC 2017 下载网页，这时需要在 Dreamweaver CC 2017 中连接远程服务器。最典型的连接方法是 FTP，但 Dreamweaver CC 2017 还支持本地/网络、FTPS、SFTP、WebDav 和 RDS 连接方法。Dreamweaver CC 还支持连接到启用了 IPv6 的服务器。所支持的连接类型包括 FTP、SFTP、WebDav 和 RDS 等。为了让读者真正了解通过 Dreamweaver CC 2017 连接远程服务器的方法，下面在 Dreamweaver CC 2017 配置 FTP 服务器的过程中所提及的远程服务器均是指 Windows Server 2003 系统中的 IIS 服务器。具体设置方法如下。

（1）选择菜单命令【站点】/【管理站点】，打开【管理站点】对话框，在站点列表中选择站点"mysite"，然后单击 ✎ 按钮，打开站点设置窗口。

（2）在左侧列表中选择【服务器】选项，单击 ➕ 按钮，在弹出的对话框中的【基本】选项卡中进行参数设置，如图 7-36 所示。

（3）选择【高级】选项卡，根据需要进行参数设置，如图 7-37 所示。

图 7-36　设置基本参数

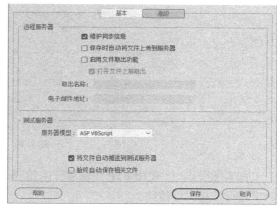

图 7-37　设置高级参数

（4）最后单击 （保存） 按钮关闭窗口，然后在【服务器】类别中，指定刚添加的服务器的类型为"远程"，如图 7-38 所示。

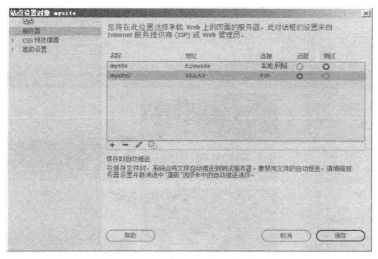

图 7-38　设置远程服务器

（5）单击 （保存） 按钮关闭对话框，同时关闭【管理站点】对话框。

经过上面的设置，本地文件就可以发布到远程服务器上了。

7.3.4　应用实例——发布站点

使用 Dreamweaver CC 2017 发布站点的方法如下。

（1）在【文件】面板中单击 （展开/折叠）按钮，展开站点管理器，在【显示】下拉列表中选择要发布的站点，在后面的下拉列表框中选择"远程服务器"，如图 7-39 所示。

（2）单击 （连接到远程服务器）按钮，将会开始连接远程服务器，连接成功后可以在【本地文件】列表中选择站点根文件夹"mysite"（如果仅上传部分文件，可选择相应的文件或文件夹），然后单击 （上传文件）按钮将文件上传到远程服务器即可。如果要从远程服务器下载文件，可以在远程服务器中选择相应的文件，然后单击 ⬇ 按钮下载即可。

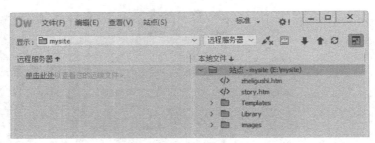

图 7-39　站点管理器

在实际操作中，使用 FTP 传输软件上传和下载站点文件非常方便，读者也可以使用 FTP 传输软件进行站点文件传输。

7.4　应用实例——杭州西湖

根据操作步骤使用库和模板制作网页，效果如图 7-40 所示。

图 7-40　杭州西湖

（1）在 Dreamweaver CC 2017 中，选择菜单命令【窗口】/【资源】打开【资源】面板，单击 ▥ 按钮切换至【库】分类，单击 ▣ 按钮新建一个库项目，然后输入库项目名称 "logo" 并按 Enter 键确认。

（2）选中库项目并单击 ▷ 按钮将其打开，然后选择菜单命令【插入】/【Image】插入图像 "logo.jpg"，如图 7-41 所示，最后保存并关闭库项目。

（3）在【资源】面板中单击 ▥ 按钮切换至【模板】分类，单击 ▣ 按钮新建一个模板，然后输入模板名称 "xihu" 并按 Enter 键确认。

图 7-41　创建库项目

（4）双击模板名称前的图标 `</>` 将模板打开，然后选择菜单命令【文件】/【页面属性】打开【页面属性】对话框，设置文本字体为"宋体"，文本大小为"14px"。

（5）选择菜单命令【插入】/【Table】，插入一个 1 行 1 列、宽度为"780 像素"的表格，属性参数设置如图 7-42 所示。

图 7-42　表格【属性】面板

（6）将光标置于单元格中，在【资源】面板的【库】分类中选中库项目"logo"，单击【插入】按钮将库项目插入到单元格中。

（7）在库项目所在表格的后面继续插入一个 1 行 2 列的表格，表格宽度为"780 像素"，填充、间距和边框均为"0"，表格的对齐方式为"居中对齐"。

（8）在【属性】面板中，设置左侧单元格的水平对齐方式为"左对齐"、垂直对齐方式为"顶端"、宽度为"180"、单元格背景颜色为"#8DE1FF"，右侧单元格的水平对齐方式为"居中对齐"、垂直对齐方式为"顶端"、宽度为"600"。

（9）将光标置于左侧单元格中，然后选择菜单命令【插入】/【模板】/【可编辑区域】打开【新建可编辑区域】对话框，在【名称】文本框中输入可编辑区域名称，如图 7-43 所示，单击【确定】按钮插入可编辑区域。

图 7-43　插入可编辑区域

（10）将光标置于右侧单元格中，然后选择菜单命令【插入】/【模板】/【重复区域】打开【新建重复区域】对话框，在【名称】文本框中输入重复区域名称，如图 7-44 所示，单击【确定】按钮插入重复区域。

（11）将重复区域中的文本删除，接着插入一个 1 行 2 列的表格，表格宽度为"520 像素"，填充和边框均为"0"，间距为"5"，表格的对齐方式为"居中对齐"，然后在【属性】面板中设置两个单元格的水平对齐方式均为"居中对齐"，宽度均为"50%"。

图 7-44　插入重复区域

（12）选择菜单命令【插入】/【模板】/【可编辑区域】，依次在两个单元格中插入可编辑区域，名称分别为"风景 1"和"风景 2"，如图 7-45 所示。

图 7-45　插入可编辑区域

（13）在最外层表格的后面再插入一个 1 行 1 列的表格，表格宽度为"780 像素"，填充、间距和边框均为"0"，表格的对齐方式为"居中对齐"，同时设置单元格的水平对齐方式为"居中对齐"，高度为"50"，背景颜色为"#5ECAF1"，最后在单元格中输入相应的文本，如图 7-46 所示。

图 7-46　输入文本

（14）打开【CSS 设计器】面板，在【选择器】窗口中单击 + 按钮，在文本框中输入标签选择器名称"p"并按 Enter 键确认，然后在【属性】窗口中单击 T 按钮显示文本属性，设置行高为"25px"。

（15）最后保存并关闭模板文档。

（16）选择菜单命令【文件】/【新建】，打开【新建文档】对话框，选择【网站模板】选项，然后在【站点】列表框中选择站点，在模板列表框中选择模板，并选择【当模板改变时更新页面】复选框，如图 7-47 所示。

（17）单击 创建(R) 按钮创建基于模板的网页文档并将其保存为"7-4.htm"，如图 7-48 所示。

（18）将左侧可编辑区域中的文本删除，然后插入一个 1 行 1 列的表格，表格宽度为"100%"，填充和边框均为"0"，间距为"5"，单元格水平对齐方式为"左对齐"，并输入相应的文本。

（19）将右侧可编辑区域"风景 1"和"风景 2"中的文本删除，分别插入图像"xihu01.jpg"

和"xihu02.jpg"，然后单击"重复：西湖风景"文本右侧的 + 按钮添加重复区域，依次将两个单元格可编辑区域中的文本删除，分别插入图像"xihu 03.jpg"和"xihu 04.jpg"。

图 7-47 【新建文档】对话框

图 7-48 创建文档

（20）最后保存文档，如图 7-49 所示。

图 7-49 使用库和模板制作网页

小　　结

　　本章主要介绍了库和模板以及发布站点的基本知识，包括库和模板的概念、创建和应用库、创建和应用模板以及配置本地 Web 服务器、设置测试服务器、连接远程服务器和上传站点文件等内容，最后通过实例介绍使用库和模板的基本方法。熟练掌握库和模板以及配置和发布站点的基本操作会给网页批量制作带来极大的方便，希望读者多加练习。

习　　题

1. 简述对库项目和模板的理解。
2. 创建一个库项目并添加相应的内容。
3. 根据自己的喜好和兴趣创建一个关于某一主题的模板，然后根据模板创建一个网页。

第8章
Animate CC 2017 基础

使用 Animate CC 2017 进行动画设计和制作非常方便，由于其采用矢量图形和流媒体技术，制作出来的动画文件尺寸非常小，能在有限带宽的条件下流畅播放，长期以来广泛应用于 Web 领域。本章将介绍使用 Animate CC 2017 制作动画的基础知识和基本功能。

【学习目标】

- 了解 Animate CC 2017 的工作界面。
- 掌握 Animate CC 2017 基本绘图工具。
- 掌握编辑图形的基本方法。
- 掌握使用文本的基本方法。

8.1　认识 Animate CC 2017

下面对 Animate CC 2017 的工作界面、舞台和场景【工具】面板、【时间轴】面板、首选参数以及创建和保存文档等内容进行简要介绍。

8.1.1　关于 Animate CC 2017

Animate CC 是由原来的 Adobe Flash Professional CC 更名得来，在维持原有 Flash 开发工具支持外，新增了 HTML5 创作工具，为网页开发者提供更适应现有网页应用的音频、图形、视频和动画等创作支持。Animate CC 2017 拥有大量的新特性，特别是在继续支持 Flash SWF 和 AIR 格式的同时，支持 HTML5 Canvas 和 WebGL，并能通过可扩展架构去支持包括 SVG 在内的几乎任何动画格式。也就是说，使用 Animate CC 2017 不仅可以制作保存 Flash 动画，还可以制作保存其他格式类型的动画，其支持的动画类型范围更加广泛。Animate CC 2017 在输出格式方面的灵活性可确保在不需要任何插件的情况下都可以查看其内容。

8.1.2　工作界面

当启动 Animate CC 2017（2017 发行版，内部版本号 16.0.0.112）后，在工作窗口中通常会显示开始屏幕（也称欢迎屏幕），如图 8-1 所示，开始屏幕主要用于创建新文档或打开已有文档等，具体包括【打开最近的项目】、【新建】、【模板】、【简介】和【学习】5 个选项列表。如果不希望软件启动时显示开始屏幕，可勾选开始屏幕底部的【不再显示】复选框。

在开始屏幕中选择【ActionScript 3.0】选项新建一个 Flash 文档，如图 8-2 所示。Animate CC

2017 的操作界面主要包括菜单栏、编辑栏、舞台、时间轴以及【工具】面板和【属性】面板等功能面板。各个面板组都是浮动的可组合面板，可以根据实际需要来调整其状态，使用更加简便。工作界面也可以根据用户使用习惯选择需要的类型，在工作区切换下拉菜单中选择相应的选项即可切换工作区模式。

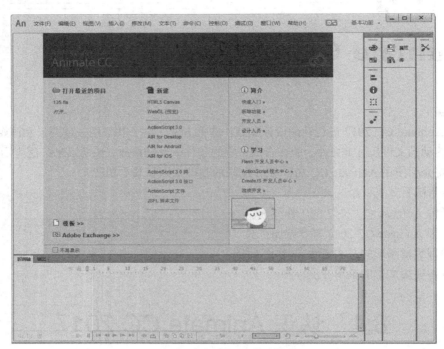

图 8-1　初始界面

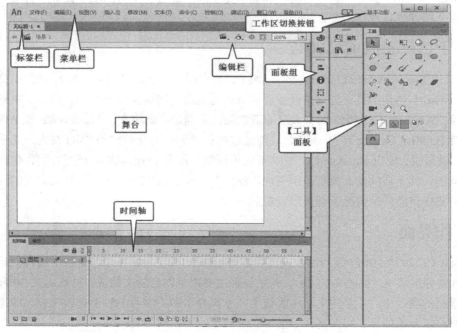

图 8-2　工作界面

8.1.3　舞台和场景

舞台是在创建 Animate 文档时放置图形内容的矩形区域，可以在其中绘制图形，也可以在舞台中导入图像、媒体文件等，默认情况下是一幅白色的画布。创作环境中的舞台相当于 Flash Player 或 Web 浏览器窗口中在播放期间显示文档的矩形空间。舞台之外的灰色区域称为后台区，在设计动画时，往往要利用后台区做一些辅助性的工作，但主要内容都要在舞台中实现。这就如同演出一样，在舞台之外（后台）可能要做许多准备工作，但真正呈现给观众的只是舞台上的表演。

舞台上方为编辑栏，包含编辑场景按钮、编辑元件按钮、舞台居中按钮、剪切舞台范围以外的内容按钮和缩放舞台下拉列表框等。编辑栏的上面是标签栏，显示文档的名字。要在工作时更改舞台的视图，可使用放大和缩小等功能。舞台上的最小缩小比率为 4%。舞台上的最大放大比率为 2000%，最大的缩放比率取决于显示器的分辨率和文档大小。缩放舞台具体有以下 3 种方式。

- 选择菜单命令【视图】/【放大】【缩小】或【缩放比率】中的相应选项，如图 8-3 所示。
- 在缩放舞台下拉列表框中选择相应的选项，如图 8-4 所示。
- 可在【工具】面板中选择缩放工具，默认处于放大状态，如果要缩小视图，在选择缩放工具后要单击缩小工具。在放大或缩小之间切换缩放工具时要单击这两个按钮，如图 8-5 所示。

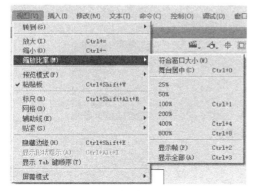

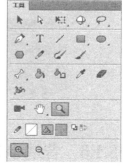

图 8-3　菜单命令　　　　　图 8-4　缩放舞台下拉列表框　　　图 8-5　【工具】面板

如果要在舞台上更好地定位项目，可以使用网格、辅助线和标尺工具。在【视图】菜单中选择相应的命令即可。

在电影或话剧中，经常要更换场景。为了设计的需要，如要按主题组织文档，在动画制作中可以使用单独的场景用于简介、出现的消息以及片头片尾字幕等。使用场景类似于使用几个 FLA 文件一起创建一个较大的演示文稿。每个场景都有一个时间轴。文档中的帧都是按场景顺序连续编号的。例如，如果文档包含两个场景，每个场景有 10 帧，则场景 2 中的帧的编号为 11～20。文档中的各个场景将按照【场景】面板中所列的顺序进行播放。当播放头到达一个场景的最后一帧时，播放头将前进到下一个场景。发布 SWF 文件时，每个场景的时间轴会合并为 SWF 文件中的一个时间轴。将该 SWF 文件编译后，其行为方式与使用一个场景创建的 FLA 文件相同。由于这种行为，场景通常会存在一些缺点，不建议在一个 FLA 文件中使用大量的场景。

8.1.4 【工具】面板

选择菜单命令【窗口】/【工具】，可以显示【工具】面板。【工具】面板集中了绘图、上色和选择等常用工具，并可以更改舞台的视图，如图 8-5 所示。【工具】面板分为 4 个部分：【工具】区域包含选择、绘图和上色工具；【查看】区域包含在应用程序窗口内进行缩放和平移的工具；【颜色】区域包含用于笔触颜色和填充颜色的功能按钮；【选项】区域包含用于当前所选工具的功能选项。使用这些工具可以很方便地绘制、选取、喷绘及修改动画。

在【基本功能】工作界面下，【工具】面板位于窗口右侧。单击【工具】面板右上方的 按钮或 按钮，可以展开面板或将面板折叠为图标。将鼠标指针移动到【工具】面板中的任一按钮上时，该按钮将凸出显示，如果鼠标指针在工具按钮上停留一段时间，鼠标指针的右下角会显示该工具的名称。单击工具箱中的任一工具按钮可将其选择。个别工具按钮的右下角带有黑色小三角形，表示该工具还隐藏有其他同类工具，将鼠标指针放置在这样的按钮上，按下鼠标左键不放，即可将隐藏的工具显示出来。将鼠标指针移动到弹出工具组中的任一工具上并单击鼠标，可将该工具选择。

8.1.5 【时间轴】面板

选择菜单命令【窗口】/【时间轴】，可以显示【时间轴】面板。时间轴用于组织和控制文档内容在一定时间内播放的层数和帧数，是实现动画的关键部分，如图 8-6 所示。具体内容将在后续章节进行详细介绍。

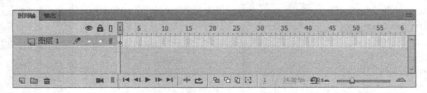

图 8-6 【时间轴】面板

8.1.6 首选参数

在使用 Animate CC 2017 时，可以为应用程序操作设置首选参数以便符合个人操作习惯，包括编辑操作、代码和编译器操作、同步设置、绘制选项及文本选项。具体方法如下。

（1）选择菜单命令【编辑】/【首选参数】，打开【首选参数】对话框，如图 8-7 所示。

（2）在左侧列表中选择一个类别并根据需要设置即可，如【常规】类别，在【用户界面】下拉列表中有"浅"和"深"两个选项，可根据需要选择；如果要对用户界面元素应用阴影，可勾选【启用阴影】复选框；如果要在单击处于图标模式中的面板的外部时使这些面板自动折叠，可勾选【自动折叠图标面板】复选框。

（3）设置完毕，单击 确定 按钮关闭对话框。

在【首选参数】对话框左侧列表框中，共包括 7 个类别，内容基本涵盖了 Animate CC 2017 中所有工作环境参数的设置，根据各个选项的说明进行修改设置即可，对初学者来说，可保持默认设置，不必修改。

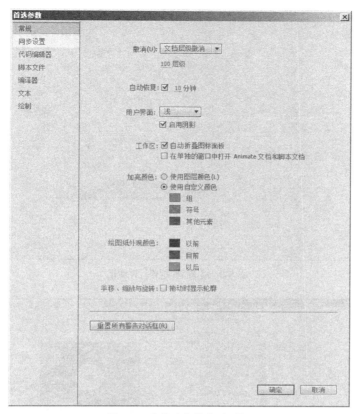

图 8-7　【首选参数】对话框

8.1.7　创建和保存文档

使用 Animate CC 2017 可以创建新文档，也可以打开原有文档进行修改，保存时要注意文档格式。

1. 创建文档

使用 Animate CC 2017 创建文档的途径通常有两种：一种是使用开始屏幕，另一种是使用菜单命令【文件】/【新建】。

（1）通过开始屏幕创建文档。

启动 Animate CC 2017 后，在开始屏幕的【新建】栏下包括 HTML5 Canvas、WebGl（预览）、ActionScript 3.0、AIR for Desktop、AIR for Android、AIR for iOS、ActionScript 3.0 类、ActionScript 3.0 接口、ActionScript 3.0 文件和 JSFL 脚本文件 10 个选项，选择任何一个选项都将创建相应的文档并进入编辑窗口。

（2）通过菜单命令【文件】/【新建】创建文档。

选择菜单命令【文件】/【新建】，打开【新建文档】对话框，在【常规】选项卡的【类型】列表框中，列出了与在开始屏幕中相同的 10 个选项，如图 8-8 所示。选择任何一个选项都将创建相应的文档并进入编辑窗口。

也可选择【模板】选项卡，在左侧【类别】列表框中列出了 10 种类型，每种类型都在中间的【模板】列表框中提供了一定数量的模板供用户选择使用，如图 8-9 所示。

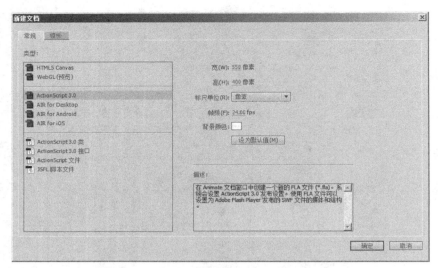

图 8-8　【新建文档】对话框

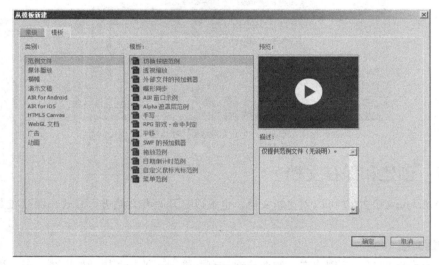

图 8-9　【模板】选项卡

2. 保存文档

保存文档通常主要有以下几种方式。

（1）菜单命令【保存】【另存为】和【全部保存】。

对新建的文档进行编辑后保存，使用菜单命令【文件】/【保存】和【文件】/【另存为】的性质是一样的，都是为当前文件命名并进行保存，其打开的对话框如图 8-10 所示。但对于打开的文件进行编辑后再保存，就要分清用【保存】命令还是【另存为】命令，【保存】命令是将文件以原文件名进行保存，而【另存为】命令可将修改后的文件重命名后进行保存。如果要将打开的多个文件同时进行保存，还可以选择【文件】/【全部保存】命令。在保存文档时，可在【保存类型】下拉列表中选择是保存为 "Animate 文档（*.fla）" 还是 "Animate 未压缩文档（*.xfl）"。

（2）菜单命令【还原】。

如果需要还原到上次保存时的文档版本，可以选择【文件】/【还原】命令。

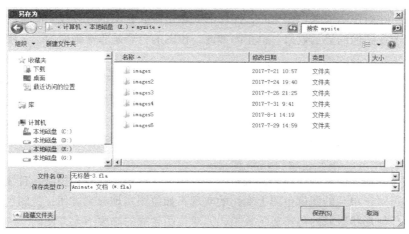

图 8-10　【另存为】对话框

（3）菜单命令【另存为模板】。

选择【文件】/【另存为模板】命令可以将文档保存为模板，以便用作创建新文档的起点。该命令打开的【另存为模板】对话框如图 8-11 左图所示，其中【名称】文本框用于定义模板的名称，【类别】列表文本框用于定义模板的类别，可以选择也可以输入，列表框如图 8-11 右图所示，【描述】文本框用于输入模板的说明文字，最多可容纳 255 个字符，这样在【新建文档】对话框中选择该模板时就会显示这些说明文字。

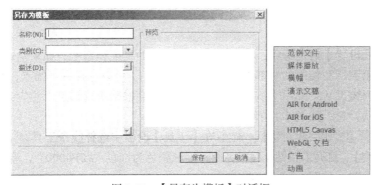

图 8-11　【另存为模板】对话框

8.2　绘　图　工　具

Animate CC 2017 提供了很多绘图工具，供用户绘制各种形状、线条以及填充颜色。下面对这些工具简要进行说明。

8.2.1　关于图形

图形通常包括位图图像和矢量图形两种。位图也叫点阵图或栅格图像，是由称作像素的单个点组成的。当放大位图时，可以看见构成图像的无数单个方块。简单地说，位图就是由最小单位像素构成的图，缩放后会失真。位图是由像素阵列的排列来实现其显示效果的，每个像素都有自己的颜色信息。在对位图像编辑操作时，操作的对象是像素，用户可以改变图像的色相、饱和度和亮度，从而改变图像的显示效果。也正因如此，位图的色彩是非常艳丽的，常用于对色彩丰富度或真实感要求比较高的场所。

矢量图也称向量图，在数学上定义为一系列由直线或曲线连接的点，而计算机是根据矢量数据计算生成的。计算机在显示和存储矢量图的时候，只是记录图形的边线位置和边线之间的颜色，而图形的复杂与否将直接影响矢量图形文件的大小，与图形的尺寸无关。这就是矢量图形文件体积通常比较小的原因。矢量图是可以任意放大和缩小的，在放大和缩小后图形的清晰度都不会受到影响。

矢量图和位图最大的区别还在于，矢量图的轮廓形状更容易修改和控制，且线条工整并可以重复使用，不过对于单独的图像色彩上变化的实现不如位图实现起来方便；位图色彩变化丰富，可以改变位图任何形状区域的色彩显示效果，但对位图轮廓的修改不大方便。

8.2.2　自由绘图工具

Animate CC 2017 提供的自由绘图工具包括线条工具、铅笔工具、钢笔工具和画笔工具等，使用这些工具可以绘制各种矢量图形。使用线条工具可以绘制不同角度的矢量直线，使用铅笔工具可以绘制任意线条，使用钢笔工具可以创建和编辑路径以便绘制出相对比较复杂和精确的曲线图形，使用画笔工具可以绘制出形态各异的矢量色块或创建特殊的绘制效果。下面以线条工具为例说明使用方法。

（1）在开始屏幕的【新建】栏下选择 ActionScript 3.0 创建一个新文档，选择菜单命令【修改】/【文档】或在舞台上单击鼠标右键，在弹出的快捷菜单中选择【文档】命令，打开【文档设置】对话框。

（2）在【文档设置】对话框中，根据需要设置文档的高度和宽度，如果勾选【缩放内容】复选框缩放将会应用到所有帧中的全部内容，这里暂不勾选；可以选择一个锚点，指定宽度和高度，然后将舞台缩放为该尺寸。禁用【缩放内容】后，舞台会根据所选锚点沿相应方向扩展；舞台颜色和帧频保持默认设置，如图 8-12 所示。

（3）单击 确定 按钮关闭对话框，然后在【工具】面板中选择线条工具，接着选择菜单命令【窗口】/【属性】，打开【属性】面板，设置笔触颜色为红色"#FF0000"，笔触高度为"2.0"，笔触样式为"虚线"，如图 8-13 所示。

图 8-12　【文档设置】对话框

图 8-13　线条工具【属性】面板

（4）将鼠标指针移动到舞台上并按下鼠标左键，向任意方向拖动即可绘制出一条直线，按住

Shift 键不放向左或向右拖动可以绘制出水平线条，向上或向下拖动可以绘制出垂直线条，斜向拖动可以绘制出以 45° 为角度增量倍数的直线，如图 8-14 所示，并将文档保存为 "xiantiao.fla"。

在线条工具【属性】面板中，✏ 用于设置笔触颜色，🪣 用于设置填充颜色；【笔触】用于设置线条的笔触大小，拖动滑块或在文本框中输入数值即可；【样式】用于设置线条的虚线、点状线等样式，也可以单击后面的【编辑笔触样式】✏ 按钮打开【笔触样式】对话框自定义笔触样式，如图 8-15 所示；【宽度】用于设置线条的宽度，提供了多种宽度配置文件供选择使用；【缩放】用于设置按方向缩放笔触，勾选【提示】复选框还可将笔触锚记点保持为全像素可防止出现模糊线；【端点】用于设置线条的端点样式，有"无""圆角"和"方型"3 个选项；【接合】用于设置两条线段相接处的拼接方式，有"尖角""圆角"和"斜角"3 个选项；【尖角】用于设置尖角结合的清晰度。

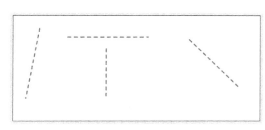

图 8-14　绘制线条

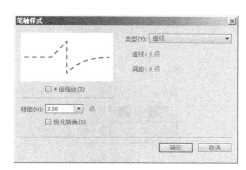

图 8-15　【笔触样式】对话框

在选择铅笔工具 ✏ 后，在所需要位置按下鼠标左键拖动即可，也可按住 Shift 键不放绘制水平或垂直方向的线条。选择该工具后，在【工具】面板中会显示【铅笔模式】按钮 ↳，单击该按钮会弹出一个下拉菜单，包含铅笔工具的 3 种绘图模式：【伸直】、【平滑】或【墨水】。【伸直】表示可以使绘制的线条尽可能地规整为几何图形；【平滑】表示可以使绘制的线条尽可能地消除线条边缘的棱角，使绘制的线条更加光滑；【墨水】表示可以使绘制的线条尽可能地接近手绘的感觉，在舞台上可以任意勾划。铅笔工具的 3 种绘图模式效果如图 8-16 所示，从左至右依次为伸直模式、平滑模式和墨水模式。

选择钢笔工具 ✏ 后，在舞台中单击，确定起始锚点，再选择合适的位置单击，确定第 2 个锚点，系统会在两个锚点间自动连接一条直线，如果继续单击，系统会继续在后两个锚点间自动连接一条直线。如果按下 Shift 键，在单击时会以前一个锚点为起点创建水平线、垂直线或 45° 倍数的斜线。如果在创建起始锚点外的其他锚点时，按下鼠标左键不放并拖动，会改变两个锚点间直线的曲率，使直线变为曲线。要结束非封闭即开放曲线的绘制，需要以击最后一个绘制的锚点，也可以按下 Ctrl 键单击舞台上的任意位置。要结束闭合曲线的绘制，可以将鼠标指针移至起始锚点位置上单击即可闭合曲线并结束绘制操作。钢笔工具绘图效果如图 8-17 所示。

图 8-16　铅笔工具 3 种绘图模式效果

图 8-17　钢笔工具绘图效果

选择画笔工具 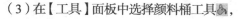 后，在【工具】面板中会显示【对象绘制】、【锁定填充】、【画笔模式】、【画笔大小】和【画笔形状】等选项按钮，如图 8-18 所示。同时，可在【属性】面板中设置画笔的形状、大小和平滑度，如图 8-19 所示。

图 8-18　选择画笔工具

图 8-19　画笔工具【属性】面板

8.2.3　填充工具

可以对绘制的图形进行颜色填充操作，常用的填充工具主要有颜料桶工具、墨水瓶工具、滴管工具、橡皮擦工具和宽度工具等。颜料桶工具主要用来填充图形内部的颜色，可以使用颜色、渐变色以及位图进行填充。使用墨水瓶工具可以更改线条或图形的边框颜色，更改封闭区域的填充颜色以及吸取颜色等。使用滴管工具可以吸取现有图形的线条或填充上的颜色及风格等信息，并可将这些信息应用到其他图形上。使用橡皮擦工具可以快速擦除舞台中的任何矢量对象，包括笔触和填充区域。使用宽度工具可以针对舞台上的绘图加入不同形式和粗细的宽度，通过加入调节宽度可以将简单的笔画变为丰富的图案。下面以颜料桶工具为例说明使用方法。

（1）创建一个 ActionScript 3.0 文档，打开【文档设置】对话框，指定宽度和高度分别为"500"和"200"。

（2）在【工具】面板中选择钢笔工具，在【属性】面板中设置笔触颜色为黑色"#000000"，笔触高度为"1.0"，笔触样式为"实线"，然后在舞台上绘制 4 个封闭图形，组成一个类似房子的图形，如图 8-20 所示。

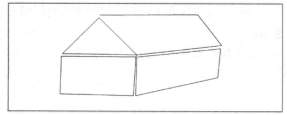

图 8-20　绘制图形

（3）在【工具】面板中选择颜料桶工具，然后在【属性】面板中将填充颜色设置为灰色"#CCCCCC"，并在图中适当区域单击鼠标填充颜色，如图 8-21 所示。

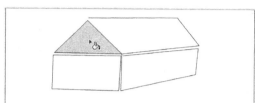

图 8-21　填充颜色

（4）接着在三角形区域下面的类似长方形的区域单击填充颜色，如图 8-22 所示。

（5）在【工具】面板单击选项按钮 ○ ，在弹出的下拉菜单中选择【封闭中等空隙选项】，然后在其他两个空白区域内单击填充颜色，如图 8-23 所示，并将文档保存为 "fangzi.fla"。

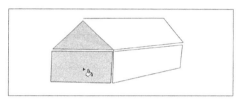

图 8-22　填充长方形的区域

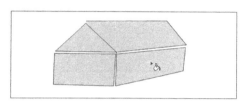

图 8-23　填充其他区域

在选择颜料桶工具 后，在【属性】面板中可以设置填充颜色，在【工具】面板中出现【空隙大小】 ○ 按钮，单击该按钮，弹出的下拉菜单中包含 4 个选项：【不封闭空隙】、【封闭小空隙】、【封闭中等空隙】和【封闭大空隙】。【不封闭空隙】表示如果存在空隙不能填充，只能填充完全闭合的区域；【封闭小空隙】表示可以填充存在较小空隙的区域；【封闭中等空隙】表示可以填充存在中等空隙的区域；【封闭大空隙】表示可以填充存在较大空隙的区域。

选择墨水瓶工具 后，在【属性】面板中可以设置笔触颜色、大小和样式等选项。将鼠标指针移至舞台没有笔触的图形上单击可以给图形添加笔触，将鼠标指针移至舞台已经设置好笔触颜色的图形上单击可以将图形笔触的颜色修改为墨水瓶工具当前使用的笔触颜色，如图 8-24 所示。

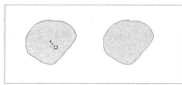

图 8-24　给图形添加笔触和修改图形笔触的颜色

选择滴管工具 后，当将鼠标指针移至舞台图形的线条上时，单击即可拾取该线条的颜色作为填充样式。在拾取线条颜色时，会自动切换墨水瓶工具为当前操作工具，并且工具的填充颜色正是滴管工具所拾取的颜色。当将鼠标指针移至图形的填充区域内时，单击即可拾取该区域的颜色作为填充样式。在拾取区域颜色和样式时，也会自动切换墨水瓶工具为当前操作工具，并打开

【锁定填充】功能，而且工具的颜色和样式正是滴管工具所拾取的填充颜色和样式。

选择橡皮擦工具![]后，【工具】面板中会显示相关选项按钮：橡皮擦模式![]、水龙头![]和橡皮擦形状![]。单击水龙头![]按钮，然后在图形上的笔触或填充区域单击可以快速将其删除。单击橡皮擦形状![]按钮，将会弹出一个包含 10 种橡皮擦形状的菜单供选择。单击橡皮擦模式![]按钮，将会弹出一个包含 5 种橡皮擦模式的菜单供选择：【标准擦除】、【擦除填色】、【擦除线条】、【擦除所选填充】和【内部擦除】。【标准擦除】表示擦除同一图层中鼠标指针经过区域的笔触和填充。【擦除填色】表示只擦除对象的填充，对笔触没有影响。【擦除线条】表示只擦除对象的笔触，对填充没有影响。【擦除所选填色】表示只擦除当前对象中选定的填充部分，对未选的笔触及填充没有影响。【内部擦除】表示只擦除工具开始处的部分，不会对笔触产生影响。另外，橡皮擦工具只对矢量图形起作用，对文字和位图不起作用。如果要擦除文字和位图，需要将文字和位图打散。

使用宽度工具![]可以将一条线段转化为一个图案。如使用铅笔工具![]绘制一条直线，然后选择宽度工具![]，将光标移动到直线上单击并拖动鼠标拉宽直线，然后拖动直线上的其他锚点进行拖动，从而改变图形形状，如图 8-25 所示。

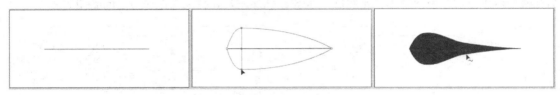

图 8-25　使用宽度工具调整图形

8.2.4　标准绘图工具

标准绘图工具包括矩形工具![]、基本矩形工具![]、椭圆工具![]、基本椭圆工具![]和多角星工具![]等，使用这些工具可以绘制各种比较标准的矢量图形。使用矩形工具![]和基本矩形工具![]可以绘制矩形图形，这些工具不仅能设置矩形的形状、大小和颜色，还能设置边角半径，从而调整矩形形状。使用椭圆工具![]和基本椭圆工具![]可以绘制椭圆图形，使用这些工具还可以设置角度和内径。使用多角星工具![]可以绘制多边形图形和多角星图形。下面以矩形工具![]为例说明使用方法。

（1）创建一个 ActionScript 3.0 文档，打开【文档设置】对话框，指定宽度和高度分别为"600"和"150"。

（2）在【工具】面板中选择矩形工具![]，在【属性】面板中设置笔触颜色为黑色"#000000"，填充颜色为"#CCCCCC"，笔触高度为"1.00"，笔触样式为"实线"，矩形边角半径为"0.00"，并在舞台上绘制第 1 个矩形。

（3）在【属性】面板中将边角半径修改为"10.00"，在舞台上绘制第 2 个矩形。

（4）在【属性】面板中将边角半径修改为"−10.00"，在舞台上绘制第 3 个矩形。

（5）在【属性】面板中单击【矩形选项】区域左下角的![]按钮，将矩形左上角和右下角的边角半径修改为"−10.00"，左下角和右上角的边角半径修改为"10.00"，在舞台上绘制第 4 个矩形。

（6）最后将文档保存为"juxing.fla"，最终效果如图 8-26 所示。

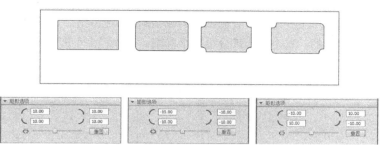

图 8-26　绘制矩形

在矩形【属性】面板中，有些属性参数选项与自由绘图工具是相似的，这里不再单独说明。其中，【矩形选项】主要用来设置矩形 4 个边角半径，正值为正半径，负值为反半径，是"0"时就是典型的矩形。单击【矩形选项】区域左下角的 ⊖ 按钮，可以为矩形的 4 个角分别设置不同的数值，此时 ⊖ 按钮变为 ⊖ 按钮。单击 重置 按钮将数据重置到默认状态，即边角半径全部还原为"0"。

选择基本矩形工具 ▤ 后，可以根据需要在【属性】面板中设置相关属性，如图 8-27 所示，在舞台上拖动可以绘制出基本的矩形，此时在绘制的基本矩形处于选中的状态下，【属性】面板变为如图 8-28 所示形式，增加了【位置和大小】等选项。在【矩形选项】区域，可以在边角半径文本框中输入数据调整边角的形状，也可以在工具栏中选择部分选取工具 ▶，然后用鼠标拖动基本矩形边角的锚点来调整边角的形状。

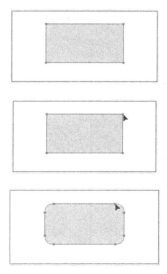

图 8-27　基本矩形工具【属性】面板　　　　图 8-28　绘制基本矩形

选择椭圆工具 ● 后，可以根据需要在【属性】面板中设置相关属性，如图 8-29 所示，在舞台上进行拖动可以绘制出椭圆。按住 Shift 键不放拖动，可以绘制出一个正圆图形。椭圆工具【属性】面板中的参数选项与矩形工具属性参数基本相同，不同的是在【椭圆选项】有角度和内径的设置，当设置【开始角度】、【结束角度】和【内径】，并勾选【闭合路径】复选框后，可以绘制一个比较奇特的图形，如图 8-30 所示。【开始角度】主要用于设置椭圆绘制的起始角度，通常情况下绘制椭圆是从 0° 开始的。【结束角度】主要用于设置椭圆绘制的结束角度，通常情况下绘制椭圆的结束角度为 360°，也可理解为 0°，即又回到绘制的起始点，绘制的是一个封闭的椭圆。【内径】主要用于设置椭圆中内侧椭圆的半径大小，范围通常为 0～99，也可理解为绘制的椭圆是空心的，这个空心部分也是个椭圆，其半径大小即在此设置。

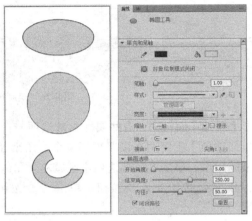

图 8-29　椭圆工具【属性】面板　　　　　　　图 8-30　绘制椭圆

　　选择基本椭圆工具 后，可以根据需要在【属性】面板中设置相关属性，如图 8-31 所示，在舞台上拖动可以绘制出基本的椭圆，此时绘制的基本椭圆处于选中的状态下，【属性】面板变为如图 8-32 所示形式，增加了【位置和大小】等选项。在【椭圆选项】部分，可以设置角度和内径来调整椭圆的形状，也可以在工具栏中选择部分选取工具 ，然后用鼠标拖动基本椭圆上的锚点来调整椭圆的完整性，拖动圆心处的锚点向右侧移动可以将椭圆调整为圆环。

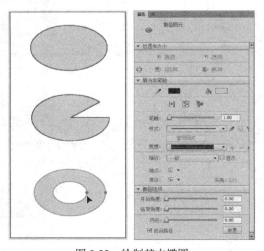

图 8-31　基本椭圆工具【属性】面板　　　　　图 8-32　绘制基本椭圆

　　选择多角星形工具 后，可以根据需要在【属性】面板中设置相关属性，如图 8-33 所示，在舞台上进行拖动可以绘制出多角星，系统默认绘制出的是五边形。多角星形工具【属性】面板中的参数选项与椭圆工具属性参数基本相同，不同的是在【工具设置】部分有一个 选项... 按钮，当单击 选项... 按钮时，将打开【工具设置】对话框，在【样式】下拉列表框中可以选择需要的样式，包括"多边形"和"星形"两种；在【边数】文本框中可以设置绘制图形的边数，范围为 3～32；在【星形顶点大小】文本框中可以设置绘制的图形顶点大小，如图 8-34 所示。

图 8-33　多角星形工具【属性】面板

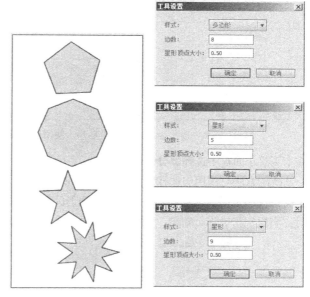

图 8-34　绘制多角星

8.2.5　选择性工具

选择性工具包括选择工具、部分选取工具、套索工具、多边形工具和魔术棒工具等，可以分别使用这些工具来选择、抓取、移动和调整曲线，甚至可以调整和修改路径，自由选定要选择的区域。

在【工具】面板中选中选择工具并在舞台上选中对象后，在面板最下面的选项区会显示选择工具的 3 个选项：贴紧至对象按钮、平滑按钮和伸直按钮，如图 8-35 所示。贴紧至对象按钮表示在进行绘图、移动、旋转和调整操作时将与对象自动对齐。平滑按钮表示对直线和开头进行平滑处理。伸直按钮表示对直线和开头进行平直处理。平滑按钮和伸直按钮只适用于形状对象，对组合、文本、实例和位图不起作用。

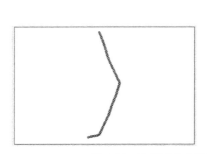

图 8-35　选择工具【属性】面板

使用选择工具 选择对象常用的方式有：单击要选中的对象即可选中；拖动鼠标指针覆盖区域中的单个对象或多个对象，将其全部选中；如果单击某线条时只选中了其中一部分，那么双击就可将其全部选中。使用选择工具还可以调整对象曲线和顶点，如果将光标移至对象轮廓的任意转角上，也可以延长或缩短组成转角的线段并保持伸直状态，如图 8-36 所示。

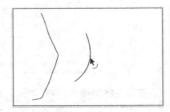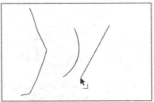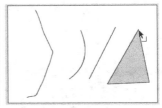

图 8-36　使用选择工具

在【工具】面板中选择部分选取工具 后，就可以进行选择线条、移动线条、编辑节点和节点方向等。其使用方法与作用与选择工具 相似，不同的是使用部分选取工具 选择对象后，在对象的轮廓线上会出现多个锚点，拖动锚点可以改变图形的形状，如图 8-37 所示。使用部分选取工具 选择对象后，当鼠标指针靠近对象，光标右下方出现实心方块时，拖动鼠标可移动对象，如图 8-38 所示。

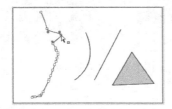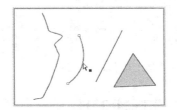

图 8-37　改变图形形状　　　　　　　图 8-38　移动对象

使用套索工具 可以选择图形对象中不规则区域，在图形对象上拖动鼠标指针并在开始位置附近结束拖动，会形成一个封闭的选择区域，或者在任意位置释放鼠标会自动用直线段来闭合选择区域，如图 8-39 所示。

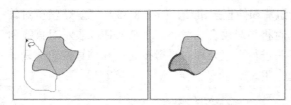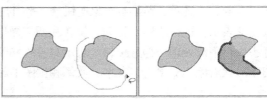

图 8-39　使用套索工具选择对象不规则区域

使用多边形工具 可以选择图形对象中的多边形区域，在图形对象上单击鼠标设置起始点，并依次在其他位置上单击鼠标，最后在结束位置双击鼠标形成选择区域，如图 8-40 所示。

图 8-40　使用多边形工具选择对象不规则区域

使用魔术棒工具  可以选中图形对象中颜色相似的区域，通常是位图分离后的图形。选择魔术棒工具  后，在其【属性】面板中有两个选项：【阈值】主要用来设置魔术棒选取颜色的容差值，容差值越小所选取色彩的精确度越高，选择的范围就越小；【平滑】主要用于设置魔术棒选取颜色的方式，有"像素""精力""一般"和"平滑"4 个选项，分别代表选择区域边缘的平滑度。设置完毕，直接在图形中需要选择的区域单击即可，依次单击不同的区域，会依次选择这些区域，如图 8-41 所示。

图 8-41　使用魔术棒工具选择区域

8.2.6　查看工具

查看工具主要有手形工具 、旋转工具 和缩放工具 ，分别用来平移、旋转设计区中的对象或放大缩小设计区域显示比例。

当视图被放大或舞台幅面较大时，舞台上的内容无法完全在视图窗口中全部展现出来，此时要查看舞台上的某个局部，就要使用手形工具 。在【工具】面板中选择手形工具 后，将鼠标指针移到舞台上进行拖动，可调整舞台在视图窗口中的位置，如图 8-42 所示。

图 8-42　使用手形工具拖动查看未显示内容

在【工具】面板中选择旋转工具 后，将鼠标指针移到舞台上向上或向下拖动，将以左上角为支点在视图窗口中旋转图像，如图 8-43 所示。这只是查看图像的一种方式，并未在实质上改变图像。

缩放工具 主要用于缩放视图的局部或全部以方便查看。在【工具】面板中选择缩放工具 后，在面板最下面会显示放大 和缩小 两个选项按钮。选择放大 按钮后，在舞台上单击可按当前视图比例的 2 倍进行放大，最大可以放大到 20 倍。选择缩小 按钮后，在舞台上单击可按当前视图比例的 1/2 进行缩小，最小可以缩小到原图的 4%，如图 8-44 所示。还可以在舞台中以拖动矩形框的形式来放大或缩小所选定的区域，如图 8-45 所示。在舞台上方编辑栏右侧的 <input value="100%" /> 下拉列表框中可以查看放大或缩小的视图比例。

图 8-43　使用旋转工具旋转视图

图 8-44　缩小视图

图 8-45　使用缩放工具拖动形成矩形框查看局部视图

8.3　图　形　编　辑

可以使用相关工具和命令调整图形在舞台中的比例以及改变图形的形状，如翻转、旋转、缩放、扭曲和封套等，有时也需要将位图等对象进行分离操作以方便编辑。

8.3.1　分离对象

在具体应用中，为了编辑的需要，有时需要将位图等对象分离为单独的可编辑元素，这也可以极大地减小导入图形的文件大小。具体使用方法如下。

（1）创建一个 ActionScript 3.0 文档，然后选择菜单命令【文件】/【导入】/【导入到舞台】，打开【导入】对话框，选择要导入的文件 "shu.jpg"，单击 打开(O) 按钮将图像导入到舞台上，如图 8-46 所示。

（2）在【工具】面板中选中选择工具 ，然后在舞台上将对象移至中间位置，如图 8-47 所示。

（3）选择菜单命令【修改】/【分离】对图像进行分离操作，如图 8-48 所示。

位图图像被分离后，当其处于被选中状态时，位图图像上将被均匀地蒙上了一层细小的白点，这表明该位图图像已完成了分离操作。此时，使用【工具】面板中的图形编辑工具可以进行修改、调整、变形等操作。

图 8-46　导入图像　　　　　　图 8-47　移动对象　　　　　　图 8-48　分离图像

8.3.2　任意变形工具

使用任意变形工具 可以对图形对象进行旋转与倾斜、缩放、扭曲和封套等操作。在【工具】面板中选择任意变形工具 ，在面板底端会显示 5 个选项按钮：贴紧至对象按钮 、旋转与倾斜按钮 、缩放按钮 、扭曲按钮 和封套按钮 ，如图 8-49 所示。在舞台上选中对象，在对象周围会显示 8 个锚点，在中心位置会显示一个中心点，如图 8-50 所示。旋转与倾斜按钮 和缩放按钮 适合舞台中的所有对象，扭曲按钮 和封套按钮 只适用于形状或分离后的图像。另外，选择菜单命令【修改】/【变形】中的【任意变形】、【扭曲】、【封套】、【缩放】、【旋转与倾斜】、【缩放和旋转】【顺时针旋转 90 度】和【逆时针旋转 90 度】等子命令也可以实施对图形的变形操作。选择菜单命令【修改】/【变形】/【取消变形】可以将对对象所做的所有变形操作一次性全部撤销。

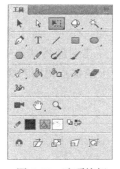
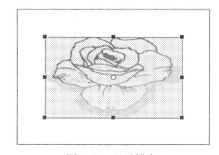

图 8-49　选项按钮　　　　　　　　图 8-50　显示锚点

在【工具】面板中选择任意变形工具 后，单击面板选项区的旋转与倾斜按钮 ，然后在舞台上单击对象将其选中，当光标显示为如图 8-51 上图所示状态时可以拖动鼠标旋转图像，当光标显示为如图 8-52 上图所示状态时可以拖动鼠标在水平方向倾斜图像，当光标显示为如图 8-53 上图所示状态时可以拖动鼠标在垂直方向倾斜图像。

缩放操作既可以在水平或垂直方向上进行，也可以同时在水平和垂直方向上进行。在【工具】面板中选择任意变形工具 后，并单击面板选项区的缩放按钮 ，然后在舞台上单击对象将其选中，拖动对象左右两边上的锚点可将对象在水平方向上缩放，拖动对象上下两边上的锚点可将对象在垂直方向上缩放，拖动对象 4 个角上的锚点可将对象在水平和垂直两个方向上同时缩放，如图 8-54 所示。

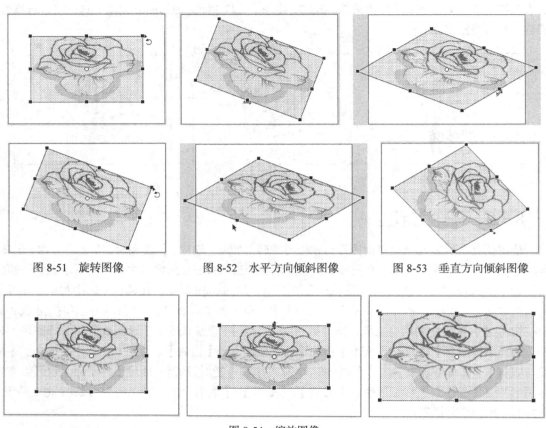

图 8-51　旋转图像　　　　图 8-52　水平方向倾斜图像　　　　图 8-53　垂直方向倾斜图像

图 8-54　缩放图像

扭曲操作既可以简单改变对象形状也可以对其进行锥化处理。在【工具】面板中选择任意变形工具后，并单击面板选项区的扭曲按钮，然后在舞台上单击对象将其选中，拖动对象边或角上的锚点可改变对象形状，按下 Shift 键不放，拖动对象角上的锚点可对对象进行锥化处理，如图 8-55 所示。

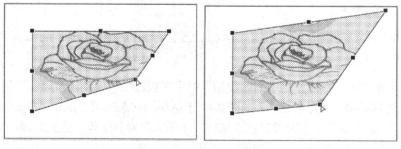

图 8-55　扭曲和锥化图形

封套操作可以对形状对象进行任意形状的修改。在【工具】面板中选择任意变形工具后，并单击面板选项区的封套按钮，然后在舞台上单击对象将其选中，在对象的四周会显示若干锚点和切线手柄，拖动这些锚点和切线手柄即可进行任意形状的改变，如图 8-56 所示。

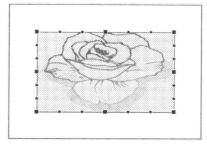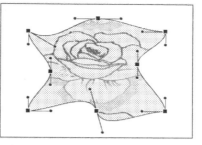

图 8-56　封套图形

8.3.3　图像翻转

选择菜单命令【修改】/【变形】中的【垂直翻转】或【水平翻转】可以将所选定的对象进行垂直翻转或水平翻转，而不改变对象在舞台上的相对位置，如图 8-57 所示。

图 8-57　图像翻转

8.3.4　删除图形

不再需要舞台中的某个对象时，可以将其删除。方法通常有以下两种。

- 使用选择工具 ▸ 选中对象，然后按 Delete 键。
- 使用选择工具 ▸ 选中对象，然后选择菜单命令【编辑】/【清除】。

如果要删除舞台中的所有对象，需要选择菜单命令【编辑】/【全选】，然后再执行删除操作。

8.4　使　用　文　本

文本是动画中重要的元素，可以帮助动画传递信息。下面介绍动画中有关文本的基本知识和操作方法。

8.4.1　文本类型

在 Animate CC 2017 中，文本类型分为 3 种：静态文本、动态文本和输入文本。

- 静态文本：默认状态下创建的文本都是静态文本，它在动画播放的过程中不会产生动态效果，常被用来作为标题或描述性文字。
- 动态文本：该文本对象中的内容可以动态改变，在播放时可通过鼠标上下滚动查看内容，也可以随着动画的播放自动更新，如计时器等方面的文字。

- 输入文本：该文本对象在动画的播放过程中用于用户与动画之间产生互动，如表单文本，需要用户输入文本内容。

文本类型可以在文本工具【属性】面板中进行设置。

8.4.2 创建文本

作为普通用户，使用最多的是静态文本，下面详细介绍创建静态文本的方法。

（1）创建一个 ActionScript 3.0 文档，舞台大小为宽"450"，高"300"，并保存为"jingtai.fla"。

（2）在【工具】面板中选择文本工具 T，然后在【属性】面板中设置文本类型为"静态文本"，字体系列为"黑体"，文本大小为"30"，字符间距为"0"，文本颜色为黑色"#000000"，如图 8-58 所示。

（3）将鼠标指针移至舞台上并单击，创建一个可扩展的静态水平文本框并输入文本，输入区域可随需要自动横向延长，文本框右上角有一个圆形手柄标识，如图 8-59 所示。

图 8-58 文本工具【属性】面板

图 8-59 输入单行文本

（4）在舞台中文本"夏日南亭怀辛大"的下面拖动鼠标指针，创建一个具有固定宽度的静态水平文本框并输入多行文本，输入区域宽度是固定的，文本会自动换行，文本框右上角有一个方形手柄标识，如图 8-60 所示。

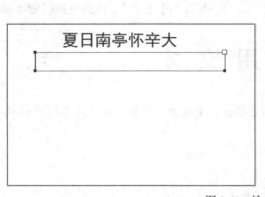

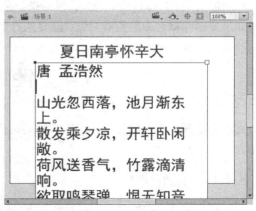

图 8-60 输入多行文本

（5）在【工具】面板中选择选择工具 ，然后在【属性】面板中设置字体系列为"宋体"，文本大小为"25"，如图 8-61 所示。

（6）将鼠标指针移至文本框中，按下鼠标左键将文本框向下适当拖动，如图 8-62 所示。

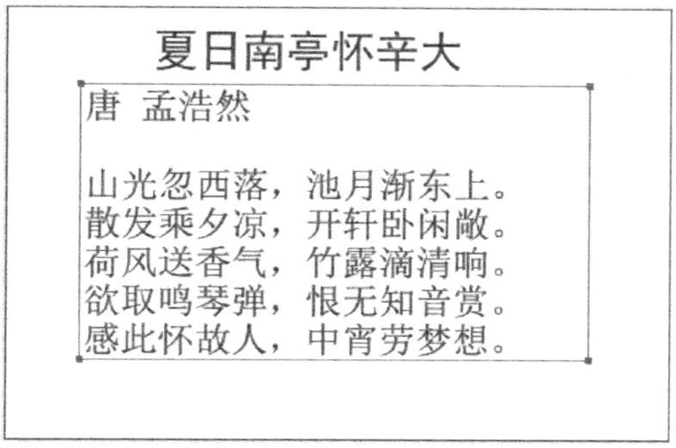

图 8-61　设置文本字体和大小后的效果 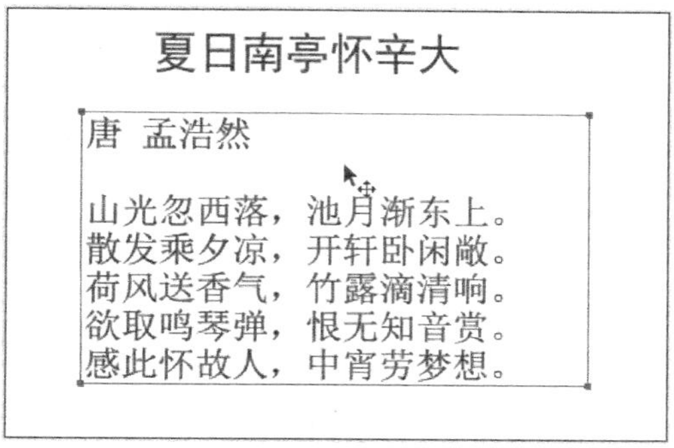　　　　　图 8-62　移动文本框

（7）在【属性】面板中展开【段落】部分，并单击▇按钮使文本在文本框内居中显示，如图 8-63 所示。

图 8-63　在文本框内居中显示

（8）选择菜单命令【窗口】/【对齐】，打开【对齐】面板，单击▣按钮使正文文本框相对于舞台在水平方向上居中显示，然后选中标题文本框，再次单击▣按钮使标题文本框相对于舞台在水平方向上居中显示，如图 8-64 所示。

图 8-64　使文本框相对于舞台在水平方向上居中显示

（9）最后将文档保存为"wenben.fla"。

在设置文本时，如果要使文本垂直显示，可在【属性】面板中单击文本类型列表框后面的▣▾按钮，在弹出的下拉菜单中选择相应的选项来设置文本的排列方向，如图 8-65 所示。下拉菜单中有 3 个选项：【水平】、【垂直】和【垂直，从左向右】。【水平】是默认选项，【垂直】表示文字从右向左垂直排列，【垂直，从左向右】表示文字从左向右垂直排列。

在制作一些特殊文本时，如数学公式，要经常用到上标和下标，可通过【属性】面板【字符】区域中的切换上标按钮 T 和切换下标按钮 T 来进行，如图 8-66 所示。

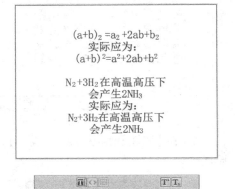

图 8-65 改变文本方向下拉菜单   图 8-66 设置上标和下标

创建动态文本的过程与创建静态文本相似，其中，需要在【属性】面板中设置文本类型为【动态文本】。在舞台上单击时会创建一个具有固定宽度的动态水平文本框，拖动时可以创建一个自定义宽度和动态水平文本框。在文本框中输入文字时，文本框宽度不会改变，但高度会随着文字的增加而增加。用户还可以创建动态可滚动文本，在创建动态可滚动文本后，文本框的宽度和高度均不会随着文字的增加而改变。在输入文本的过程中要在文本框内查看文字时，可通过键盘上的上下箭头翻阅。创建动态可滚动文本的方法是：在创建动态文本并输入文字后，接着使用选择工具 选中动态文本框，然后选择菜单命令【文本】/【可滚动】即可，最后选择菜单命令【控制】/【测试】打开一个单独的动画测试运行窗口，使用鼠标上下滚动可查看未显示的其他文本，如图 8-67 所示。

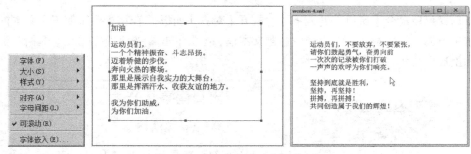

图 8-67 可滚动动态文本

输入文本可以在动画中创建一个允许用户输入的文本区域，主要出现在一些交互性动画中。它通常需要静态文本的配合，如提示部分用静态文本，需要用户回答的部分用输入文本。创建输入文本的过程与创建动态文本相似，其中，需要在【属性】面板中设置文本类型为【输入文本】。在舞台上单击时会创建一个具有固定宽度的水平文本框，拖动时可以创建一个自定义宽度和高度的文本框。最后选择菜单命令【控制】/【测试】打开一个单独的动画测试运行窗口，查看其效果，如图 8-68 所示。

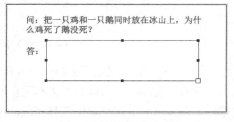

图 8-68 使用输入文本

8.4.3　选择文本

在编辑文本或更改文本属性时，必须先选中要编辑的文本。在【工具】面板中选择文本工具 T 后，可按照下面 4 种方式选中文本。

- 在文本对象上单击鼠标，并按下鼠标左键不放拖动鼠标来选择文本。
- 在文本框中双击可以选择一个英文单词或连续输入的中文文本。
- 在文本框中要选择文本的开始位置单击鼠标，按下 Shift 键不放，再单击要选择文本的结束位置，此时将开始位置和结束位置之间的所有文本全部选中。
- 将光标置于文本框中，然后选择菜单命令【编辑】/【全选】将选择文本框中的所有文本。

上面的操作是选择文本框中的文本，如果要选择文本框，可以在【工具】面板中选取选择工具 ，然后单击文本框将其选中。按下 Shift 键不放，依次单击其他文本框，可同时选择多个文本框。

8.4.4　分离文本

分离文本的原理与分离图形是一样的，选中文本框或将光标置于文本框中，然后选择菜单命令【修改】/【分离】可以对文本进行分离操作。将文本分离一次，可使其中的文字成为单个的字符，在选择文本工具 T 后，可通过【属性】面板对单个字符设置属性，如图 8-69 所示。

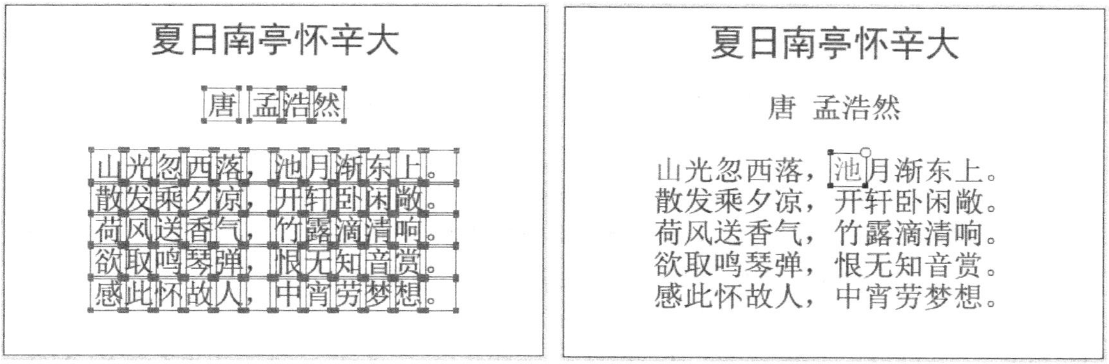

图 8-69　第 1 次分离

如果对文本连续分离两次，此时文本可以成为填充图形。文本一旦被分离为填充图形后，用户就不能再修改其字体等文本属性，但可以对其应用渐变填充或位图填充等。方法是在【工具】面板中选取选择工具 ，然后在舞台上选择要填充的文字图形部分，并在【属性】面板中设置要填充的颜色即可，如图 8-70 所示。

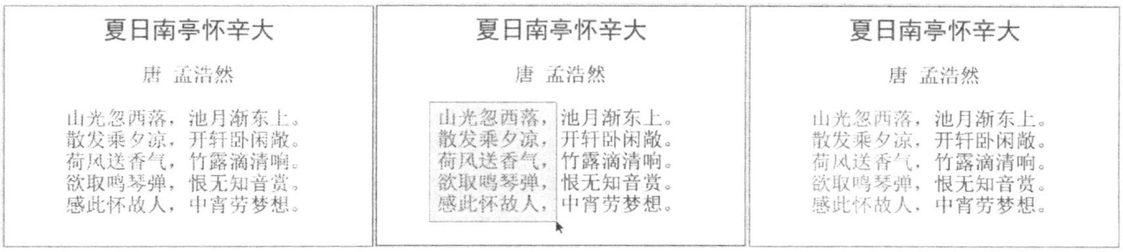

图 8-70　两次分离文本和填充文本图形

8.4.5 变形文本

将文本分离为填充图形后，可以使用选择工具 或部分选取工具 修改其形状，达到变形效果。

在使用选择工具 调整分离文本形状时，在未选中分离文本的情况下，将鼠标指针靠近需要分离的某个文字的边界，当鼠标指针变为 或 形状时进行拖动，可改变分离文本的形状，运用同样的方法依次调整个别分离文本的形状，如图 8-71 所示。

在使用部分选取工具 调整分离文本形状时，可以先使用该工具单击选中要调整形状的分离文本，使其显示出节点，然后选中节点并拖动或编辑其曲线调整柄，如图 8-72 所示。

图 8-71　使用选择工具调整分离文本形状　　　　图 8-72　使用部分选取工具调整分离文本形状

8.5　应用实例——敬爱的老师

下面来通过图形和文字等工具制作一个"敬爱的老师"画面，效果如图 8-73 所示。

（1）新建一个 ActionScript 3.0 文档，然后选择菜单命令【修改】/【文档】打开【文档属性】对话框，将舞台宽度设置为"600 像素"、高度设置为"350 像素"。

（2）在【工具】面板中选择矩形工具 ，在【属性】面板中设置笔触颜色为"#FFCC33"，填充颜色为"#FFFFFF"，笔触高度为"20.00"，笔触样式为"实线"，矩形边角半径为"5.00"，在舞台上绘制一个矩形，如图 8-74 所示。

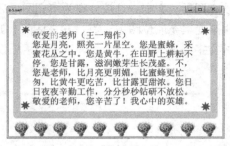

图 8-73　敬爱的老师　　　　　　　　　　　　图 8-74　绘制矩形

（3）选择多角星形工具 ，在【属性】面板中设置笔触颜色为"#FF0000"，填充颜色为"#FF0000"，笔触高度为"1.00"，笔触样式为"实线"，然后单击 [　选项...　] 按钮打开【工具设置】对话框，在【样式】下拉列表框中选择"星形"，在【边数】文本框中设置图形边数为

"8"，在【星形顶点大小】文本框中设置图形顶点大小为"0.50"，最后在舞台每个角上绘制一个星形，如图 8-75 所示。

（4）选择菜单命令【文件】/【导入】/【导入到舞台】，打开【导入】对话框，选择要导入的图像文件"hua.jpg"，然后单击 打开(O) 按钮导入图像，如图 8-76 所示。

图 8-75　绘制星形

图 8-76　导入图像到舞台

（5）在【工具】面板中选择任意变形工具后，对图像的大小进行调整，然后通过选择工具将其移动到舞台左下方，接着通过多次选择菜单命令【编辑】/【直接复制】多次复制图像并将其移动到适当位置，如图 8-77 所示。

（6）在【时间轴】面板中，单击底部的（新建图层）按钮插入一个新图层，然后在【工具】面板中选择文本工具 T，然后在【属性】面板中设置文本类型为"静态文本"，字体系列为"宋体"，文本大小为"25"，字符间距为"0"，文本颜色为黑色"#000000"。

（7）将鼠标指针移到舞台上并拖动，创建一个具有固定宽度的静态水平文本框并输入多行文本，如图 8-78 所示。

图 8-77　导入图像并复制到适当位置

图 8-78　输入多行文本

（8）在【工具】面板中选中选择工具，将光标移至文本框中，按下鼠标可根据实际需要适当移动文本框位置。

（9）将光标置于文本框中，然后选择菜单命令【修改】/【分离】对文本进行分离，然后选择文本"敬"，在【属性】面板中将其颜色设置为红色"#FF0000"，运用同样的方法分别将文本"爱"和"的"的颜色设置为蓝色"#0000FF"和绿色"#00FF00"，如图 8-79 所示。

（10）最后保存文档。

图 8-79　分离文本并设置颜色

小　　结

本章主要介绍了 Animate CC 2017 的工作界面以及图形的概念、常用绘图工具和图形编辑的基本方法，最后介绍文本的类型及使用方法。通过对这些内容的学习，希望读者能够对 Animate CC 2017 有一个最基本的感性认识，并掌握文字工具、图形工具和图形编辑命令的基本使用方法。

习　　题

1. 简述舞台和场景的概念。
2. 简述图形的种类。
3. 简述分离图像的作用。
4. 简述文本的类型。
5. 运用本章所学知识自行设计一个图文并茂的界面。

第9章
动画制作基础

在使用 Animate CC 2017 进行动画制作时，除了使用直接绘制的图形外，还需要导入大量外部素材。在动画制作过程中，元件和实例以及时间轴和图层的使用是必不可少的。本章将介绍导入素材、使用元件和实例以及时间轴和图层的基本方法。

【学习目标】

- 掌握导入外部素材的基本方法。
- 掌握元件和实例的功能和操作方法。
- 掌握库的功能和基本操作方法。
- 掌握时间轴的功能和基本操作方法。
- 掌握图层的功能和基本操作方法。

9.1 导 入 素 材

Animate CC 2017 作为矢量动画处理程序，可以导入外部位图、音频和视频等文件作为特殊的元素应用。

9.1.1 导入图像

Animate CC 2017 可以导入目前大多数主流图像格式，对普通用户来说使用最多的图像格式通常有 BMP、JPEG、PNG 和 GIF 等类型。在 Animate CC 2017 中，既可以将图像导入到舞台，也可以将图像导入到库，无论是导入到舞台还是导入到库，都是在当前文件下操作，也就是说必须新建或打开一个文档。

（1）新建一个 ActionScript 3.0 文档，选择菜单命令【文件】/【导入】/【导入到舞台】，打开【导入】对话框，选择要导入的图像，然后单击 打开(O) 按钮导入图像文件，如图 9-1 所示。

（2）选择菜单命令【文件】/【导入】/【导入到库】，打开【导入到库】对话框，选择要导入的图像，然后单击 打开(O) 按钮导入图像文件，如图 9-2 所示。

（3）选择菜单命令【窗口】/【库】，打开【库】面板，可以发现导入到舞台和导入到库的图像文件都显示在【库】面板中，在需要时可以将其直接拖至舞台中使用，同时在列表框中选择图像文件，在预览区还显示其缩览图，如图 9-3 所示。

在导入图像时，如果需要同时导入多个图像，可以一次选择多个图像文件进行导入，方法是：按住 Ctrl 键不放使用鼠标依次选择图像文件或按住 Shift 键不放使用鼠标分别选择第一个图像文件和最后一个图像文件，也可以直接拖动鼠标来选择多个图像文件。

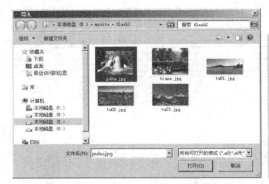

图 9-1　导入图像到舞台

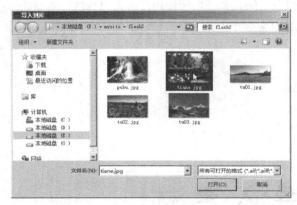

图 9-2　导入图像到库　　　　　　　　　　　图 9-3　【库】面板

在使用菜单命令【文件】/【导入】/【导入到舞台】时，如果导入文件的名称是以数字序号结尾的，并且在该文件夹中还包含其他多个类似文件名时，在单击 打开(O) 按钮时会弹出一个信息提示框，询问是否导入序列中的其他图像，如图 9-4 所示。

上面导入的图像都是位图图像，使用菜单命令【修改】/【分离】可以将位图图像中的像素点分散到离散的区域中，这样可以分别选取这些区域并进行编辑修改。如果需要对导入的位图图像进行更多的编辑修改操作，可以选择菜单命令【修改】/【位图】/【转换位图为矢量图】，将位图图像转换为矢量图形。此时，将打开【转换位图为矢量图】对话框，如图 9-5 所示。

图 9-4　信息提示框

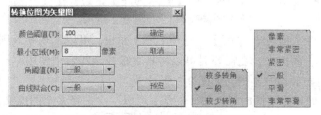

图 9-5　【转换位图为矢量图】对话框

在对话框中，【颜色阈值】选项输入值范围是 1～500，值越大转换的速度就越快，但转换后的颜色信息丢失得就越多；【最小区域】选项用于设置在指定像素颜色时要考虑的周围像素的数量，输入值范围是 1～1000，值越小转换的精度就越高，但相应的转换速度就会越慢；【角阈值】选项用于设置是保留锐边还是进行平滑处理，有"较多转角""一般"和"较少转角" 3 个选项；【曲线拟合】选项主要用于设置绘制轮廓的平滑度，有"像素""非常紧密""紧密""一般""平滑"和"非常平滑" 6 个选项。

9.1.2　导入声音

声音是动画的重要组成元素之一，在动画中添加声音不仅可增强表现力，还可以创建出有声动画，更有吸引力。Animate 中有两种声音类型：事件声音和流声音（音频流）。事件声音必须完全下载后才能开始播放，除非明确停止，否则它将一直连续播放。音频流在前几帧下载了足够的数据后就开始播放，音频流要与时间轴同步以便在网站上播放。能够导入 Animate 又比较常见的声音文件格式有 WAVE、MP3 等。可以通过将声音文件导入库中或直接导入舞台上的方式，将声音置于 Animate 中。

（1）新建一个 ActionScript 3.0 文档，选择菜单命令【文件】/【导入】/【导入到库】，打开【导入到库】对话框，选择要导入的声音文件，然后单击 [打开(O)] 按钮导入声音文件，如图 9-6 所示。

图 9-6　导入声音到库

（2）从【库】面板中拖动声音文件到舞台上，即可将其添加到当前文档中，此时在舞台上并不显现什么，但声音文件已经被添加到文档中。

（3）选择菜单命令【窗口】/【时间轴】，打开【时间轴】面板，可以发现舞台上添加声音文件后，在时间轴的第 1 帧符号的变化，添加前只是一个圆圈，添加后圆圈上面多了一条横线，如图 9-7 所示。

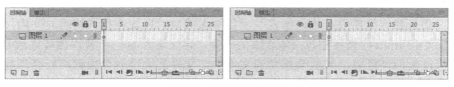

图 9-7　【时间轴】面板

（4）选择菜单命令【控制】/【测试】，会发现在打开的窗口中有声音播放。

（5）在时间轴上选择包含声音文件的第 1 帧，然后选择菜单命令【窗口】/【属性】，打开【属性】面板，如图 9-8 所示。

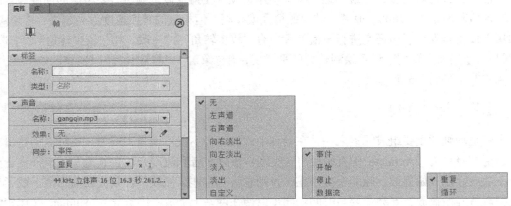

图 9-8　【属性】面板

（6）在【属性】面板中，在【声音】区域的【名称】下拉列表框中显示了所有导入到【库】的声音文件，在此可以重新选择声音文件。

（7）在【效果】下拉列表框中可以选择声音效果，共有 8 个选项，但在 WebGL 和 HTML5 Canvas 文档中不支持这些效果。

- 【无】：不对声音文件应用效果。选中此选项将删除以前应用的效果。
- 【左声道】：只在左声道中播放声音。
- 【右声道】：只在右声道中播放声音。
- 【向右淡出】：将声音从左声道切换到右声道。
- 【向左淡出】：将声音从右声道切换到左声道。
- 【淡入】：随着声音的播放逐渐增加音量。
- 【淡出】：随着声音的播放逐渐减小音量。
- 【自定义】：允许使用"编辑封套"创建自定义的声音淡入和淡出点。

（8）从【同步】下拉列表框中选择同步选项，共有 4 个选项。

- 【事件】：会将声音和一个事件的发生过程同步起来。
- 【开始】：与【事件】选项的功能相近，但是如果声音已经在播放，则新声音实例就不会播放。
- 【停止】：使指定的声音停止播放。
- 【数据流】：同步声音，以便在网站上播放，在 WebGL 和 HTML5 Canvas 文档中不支持数据流设置。

（9）为【重复】选项设置一个值以指定声音应循环的次数，或者选择"循环"以连续重复播放声音。如果要连续播放，建议输入一个足够大的数，以便在扩展持续时间内播放声音。例如，如果要在 1min 内循环播放一段 15s 的声音，建议输入 60。不建议循环播放音频流。如果将音频流设为循环播放，帧就会添加到文件中，文件的大小就会根据声音循环播放的次数而倍增。

（10）最后保存文档。

也可使用菜单命令【文件】/【导入】/【导入到舞台】来导入音频文件。Animate 在库中保存声音，只需声音文件的一个副本就可以在文档中以多种方式使用这个声音。

如果要从时间轴上删除一个声音，可在包含声音的时间轴图层上，选中包含此声音的一个帧，然后在【属性】面板的【声音】区域，从【名称】下拉列表框中选择"无"即可。

如果要将声音与动画同步，可在关键帧处开始播放和停止播放声音。具体方法是：将声音与场景中的事件同步，创建声音的开始关键帧，它要与触发此声音的场景中的事件关键帧对应；在声音层时间轴中要停止播放声音的帧上创建一个关键帧，选择菜单命令【窗口】/【属性】，在【属性】面板的"声音"区域【名称】下拉列表框中选择同一个声音文件，从【同步】下拉列表框中选择"停止"选项。在播放 SWF 文件时，声音会在结束关键帧处停止播放。

9.1.3　导入视频

在 Animate CC 2017 中导入视频之前，必须清楚：Animate 仅可以播放特定视频格式，如 FLV、F4V 和 MPEG 视频；可以使用 Adobe Media Encoder 应用程序将其他视频格式转换为 F4V；将视频添加到 Animate 有多种方法，在不同情形下各有优点；Animate 包含一个视频导入向导，在选择菜单命令【文件】/【导入】/【导入视频】时会打开该向导；使用 FLVPlayback 组件是在 Animate 文件中快速播放视频的最简单方法。在 Animate CC 2017 导入视频的具体操作方法如下。

（1）新建一个 ActionScript 3.0 文档，选择菜单命令【文件】/【导入】/【导入视频】，打开【导入视频-选择视频】对话框，如图 9-9 所示。

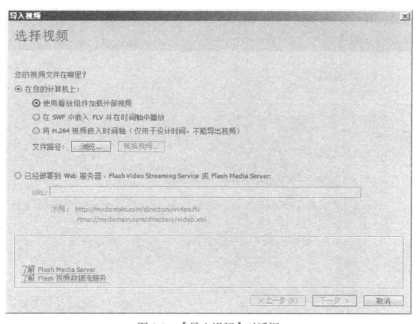

图 9-9　【导入视频】对话框

（2）选择【使用播放组件加载外部视频】选项，然后单击 浏览... 按钮选择要导入的视频文件。

（3）单击 下一步 > 按钮，打开【导入视频-设定外观】对话框，在【外观】下拉列表框中选择外观样式，如图 9-10 所示。

（4）单击 下一步 > 按钮，打开【导入视频-完成视频导入】对话框，其中显示了导入视频的信息说明，如图 9-11 所示。

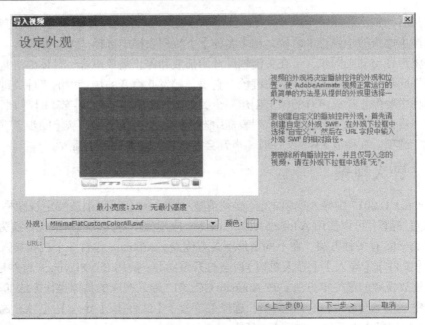

图 9-10　设定外观样式

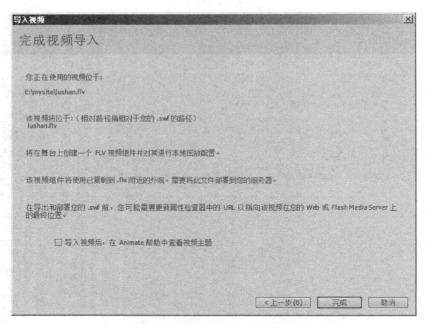

图 9-11　完成视频导入信息说明

（5）单击 完成 按钮，在舞台上创建了一个视频组件，可以用鼠标拖动适当调整其位置，如图 9-12 所示。

（6）保证舞台上的视频组件处于选中状态，然后选择菜单命令【窗口】/【属性】打开【属性】面板，在【组件参数】中取消勾选【autoPlay】，如图 9-13 所示。

（7）保存文档并选择菜单命令【控制】/【测试】，会发现在打开的窗口中当单击播放按钮 时会播放视频。

图 9-12　导入视频　　　　　　　图 9-13　【属性】面板

在【导入视频-选择视频】对话框中提供了以下视频导入选项。

- 【使用播放组件加载外部视频】：导入视频并创建 FLVPlayback 组件的实例以控制视频播放。在准备将 Animate 文档作为 SWF 发布并将其上载到 Web 服务器时，还必须将视频文件上载到 Web 服务器或 Adobe MediaServer，并按照已上载视频文件的位置配置 FLVPlayback 组件。

- 【在 SWF 中嵌入 FLV 并在时间轴中播放】：将 FLV 嵌入 Animate 文档中。这样导入视频时，该视频放置于时间轴中可以看到时间轴帧所表示的各个视频帧的位置。嵌入的 FLV 视频文件会成为 Animate 文档的一部分。但将视频内容直接嵌入到 Animate SWF 文件中会显著增加发布文件的大小，因此仅适合于小的视频文件。此外，在使用 Animate 文档中嵌入的较长视频剪辑时，音频到视频的同步（也称作音频/视频同步）会变得不同步。

- 【在时间轴中嵌入 H.264 视频】：将 H.264 视频嵌入 Animate 文档中。使用此选项导入视频时，视频会被放置在舞台上，以用作设计阶段制作动画的参考。在拖曳或播放时间轴时，视频中的帧将呈现在舞台上。相关帧的音频也将回放。如果想在非引导层或非隐藏层上发布具有 H.264 视频内容的 FLA，系统会显示一条警告消息，说明要发布到的目标平台不支持嵌入的 H.264 视频。

9.2　元件和实例

元件是指创建一次即可以多次重复使用的矢量图形、按钮、影片剪辑、字体和组件等。实例是元件在舞台中的具体表现。库是储存和组织元件的地方。下面介绍有关元件、实例和库的基本知识和操作方法。

9.2.1　创建元件

在 Animate 中，元件是构成动画的基础，使用元件可以简化动画的编辑。在动画编辑过程中，把要多次使用的元素做成元件，如果修改该元件，那么应用于动画中的所有实例也将自动改变，而不必逐一修改，大大节省了制作时间。使用元件可以使重复的信息只被保存一次，而其他引用就只保存引用指针，因此使用元件将使动画的文件尺寸大大减小。元件下载到浏览器端只需要一次，因此可以加快影片的播放速度。

每个元件都具有唯一的时间轴、舞台和图层。元件有不同的类型，不同的类型决定了元件的用途和使用方法。元件的常见类型有 3 种：图形元件、按钮元件和影片剪辑元件。

- 图形元件可以用于静态图像，并可以用于创建与主时间轴同步的可重用的动画片段，这些动画片段不需要对其进行控制。图形元件与主时间轴同步运行，也就是说，图形元件的时间轴与主时间轴重叠。例如，如果图形元件包含 10 帧，那么要在主时间轴中完整播放该元件的实例，主时间轴中需要至少包含 10 帧。在图形元件的动画序列中不能使用交互式对象和声音。

- 按钮元件可以创建响应鼠标弹起、指针经过、按下和单击的交互式按钮。

- 影片剪辑元件用来创建可以重复使用的动画片段，里面包括图形、按钮、声音或是其影片剪辑。例如，影片剪辑元件有 10 帧，在主时间轴中只需要 1 帧即可，因为影片剪辑将播放它自己的时间轴，不需要依赖主时间轴。

创建元件的方法主要有两种：一种是直接创建一个空元件，然后再创建元件内容；另一种是将舞台上的某个对象转换为元件。下面介绍直接创建元件的方法。

（1）新建一个 ActionScript 3.0 文档，然后选择菜单命令【插入】/【新建元件】，打开【创建新元件】对话框，如图 9-14 所示。

（2）在【名称】文本框中输入元件名称，在【类型】下拉列表框中选择元件类型，如"图形"，如图 9-15 所示。

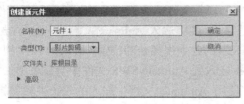

图 9-14　【创建新元件】对话框

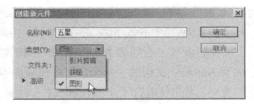

图 9-15　设置选项

（3）单击 确定 按钮关闭对话框，进入元件编辑模式，在该模式下进行元件制作，既可以自行绘制图形，也可以导入图形，这里选择【工具】面板中的多角星形工具，绘制一个红色五角星，如图 9-16 所示。

（4）绘制完毕，可以单击舞台上方的 场景 1 退出元件编辑模式返回场景，也可以单击 按钮返回到上一层模式，创建的元件会自动保存到库中。

（5）选择菜单命令【窗口】/【库】，打开【库】面板，其中显示了已经创建的元件，如图 9-17 所示，最后保存文档。

图 9-16　编辑元件

图 9-17　库中的元件

上面创建的是图形元件，如果在【创建新元件】对话框【类型】下拉列表框中选择的是"按钮"，在单击 确定 按钮后将创建一个按钮元件。按钮元件是一个具有 4 个帧的交互影片剪辑。在按钮元件编辑模式中的【时间轴】面板里有【弹起】、【指针经过】、【按下】和【点击】4 个帧。每一帧都对应了一种按钮状态。【弹起】帧代表指针没有经过按钮时的外观状态；【指针经过】帧代表指针经过按钮时的外观状态；【按下】帧代表单击按钮时按钮的外观状态；【点击】帧用于定义响应单击的区域，该区域中的对象在最终的 SWF 文件中不被显示。要制作一个完整的按钮元件，可以分别定义按钮的 4 种状态，也可以只定义【弹起】和【按下】两种状态，如图 9-18 所示，当然还可以只定义【按下】一种状态，此时创建的只是一个静态的按钮。按钮元件创建完毕，可以从库中将其拖到舞台上，并选择菜单命令【控制】/【测试】，在打开的窗口中当单击按钮时，按钮背景和文字颜色都会改变。

图 9-18　按钮元件【弹起】和【按下】两种状态

如果在【创建新元件】对话框【类型】下拉列表框中选择的是"影片剪辑"，在单击 确定 按钮后将创建一个影片剪辑元件。影片剪辑元件除了图形对象外，还可以是一个动画。它拥有独立的时间轴，并且可以在该元件中创建按钮、图形甚至其他影片剪辑元件。在制作一些大型动画时，很多动画效果也需要反复使用，此时可以将主时间轴中的内容转化为影片剪辑元件，以方便反复调用。但不能直接将动画转化为影片剪辑元件，可以通过复制图层和帧的方法，将动画转换为影片剪辑元件。

9.2.2　转换元件

如果舞台上的对象需要反复使用，可以将其直接转换为元件，保存在库中。方法是，首先选中舞台上的对象，然后选择菜单命令【修改】/【转换为元件】，打开【转换为元件】对话框，设置元件名称和类型，单击 确定 按钮将所选对象转换为元件，此时【库】面板中已经出现了转换为元件的对象，如图 9-19 所示。

图 9-19　转换元件

9.2.3　复制元件

在 Animate CC 2017，复制元件和直接复制元件是两个完全不同的概念。复制元件的目的通常是将其粘贴到舞台上，要通过粘贴到舞台上的元件对象去编辑元件，修改的仍然是库中的原有元件。直接复制元件是以当前元件为基础，创建一个独立的新元件，修改直接复制后的元件，原有元件不会改变。通过直接复制元件，可以使用现有的元件作为新元件的起点，创建具有不同外观的元件。

复制元件的方法是，在【库】中选择一个元件，然后单击鼠标右键，在弹出的快捷菜单中选择【复制】命令或在菜单栏中选择菜单命令【编辑】/【复制】，最后选择菜单命令【编辑】/【粘贴到中心位置】或【编辑】/【粘贴到当前位置】将元件粘贴到舞台上。

直接复制元件的方法是，在【库】中选择一个元件，然后单击鼠标右键，在弹出的快捷菜单中选择【直接复制】命令或在菜单栏中选择菜单命令【编辑】/【直接复制】，打开【直接复制元件】对话框，修改元件的名称和类型即可，如图 9-20 所示，然后就可以进入元件编辑模式修改元件，在舞台上可以直接使用这个元件，与直接复制前的元件没有任何关系。

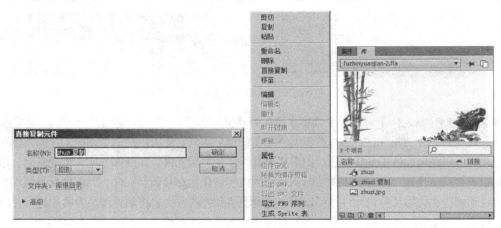

图 9-20　直接复制元件

9.2.4　编辑元件

在【库】面板中创建了元件后，在需要时如何进入编辑状态对其进行编辑呢？实际上，进入元件编辑状态的方法比较多，通常有 3 种：在当前位置编辑元件、在新窗口中编辑元件和在元件编辑模式下编辑元件。

（1）在当前位置编辑元件。如果库中的元件已经被拖到舞台上，在舞台上双击元件实例，或者选中该实例，在鼠标右键快捷菜单中选择【在当前位置编辑】命令（也可选择菜单命令【编辑】/【在当前位置编辑】），进入元件的编辑状态。

（2）在新窗口中编辑元件。如果库中的元件已经被拖到舞台上，选中该实例并在鼠标右键快捷菜单中选择【在新窗口中编辑】命令，打开一个新窗口，并进入元件的编辑状态，如图 9-21 所示。

（3）在元件编辑模式下编辑元件。进入元件编辑模式编辑元件的方式有以下几种。

• 在【库】面板列表框中双击要编辑的元件图标，如果双击元件名称就是要修改元件的名称了，这一点读者需要注意。

- 在【库】面板列表框中选择要编辑的元件，然后单击面板标题栏右端的█按钮，在弹出的菜单中选择【编辑】命令。
- 在【库】面板列表框中用鼠标右键单击要编辑的元件，在弹出的快捷菜单中选择【编辑】命令，如图 9-22 所示。
- 在舞台上选择该元件的一个实例，单击鼠标右键，从弹出的快捷菜单中选择【编辑】命令。
- 在舞台上选择该元件的一个实例，然后选择菜单命令【编辑】/【编辑元件】。

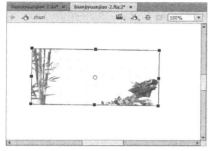

图 9-21　在新窗口中编辑元件

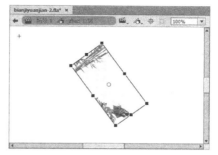

图 9-22　在元件编辑模式下编辑元件

9.2.5　创建实例

一旦完成创建元件后，就可以创建它的实例。创建实例的方法非常简单，在库中将列表框中的元件拖动到舞台上，就创建了此元件在舞台上的实例。可以在多个文档中重复使用同一个元件来创建不同的实例。对创建的实例可以进行任意修改，从而得到依托该元件的其他效果。

实例只可以放在时间轴的关键帧中，并且总是显示在当前图层上。在舞台上创建实例时，如果在未选取关键帧的情况下，实例将被添加到当前图层的第 1 帧。如果需要将实例加在某一帧上，可先在此帧处插入空白关键帧再进行操作。另外，影片剪辑实例的创建与包含动画的图形实例的创建是不同的，影片剪辑只需要 1 帧就可以播放动画，且在编辑环境中不能演示动画效果，如果要看影片剪辑的动画效果和交互功能，只有选择【控制】/【测试影片】命令，或按 Ctrl+Enter 组合键进行影片效果测试。而包含动画的图形实例，则必须在与其元件同样长的帧中放置才能显示完整的动画。

9.2.6　修改实例属性和类型

不同元件类型的实例有不同的属性，通过各自的【属性】面板进行设置即可。如在舞台上选择一个图形元件实例，其【属性】面板如图 9-23 所示。在图形实例【属性】面板中，可以设置图形的位置和大小、色彩效果和循环的有关参数。其中，【色彩效果】中的【样式】下拉列表框中的选项可以设置实例的亮度、色调和 Alpha 等，【循环】中的【选项】下拉列表框中的选项可以设置实例的循环方式和起始帧。

如在舞台上选择一个按钮元件实例，其【属性】面板如图 9-24 所示。在按钮实例【属性】面板中，【位置和大小】、【色彩效果】两部分与图形实例【属性】面板是相同的，除此之外还增加了【显示】、【字符调整】、【辅助功能】和【滤镜】4 个部分。【显示】部分主要用于设置按钮实例的显示效果，【滤镜】部分主要用于设置按钮实例的滤镜效果。

如在舞台上选择一个影片剪辑元件实例，其【属性】面板如图 9-25 所示。在影片剪辑实例【属性】面板中，【位置和大小】、【色彩效果】、【显示】、【辅助功能】和【滤镜】5 部分与按钮实例【属性】面板是相同的，【字符调整】部分是按钮实例【属性】面板特有的，而【3D 定位和视图】是影片剪辑实例【属性】面板特有的，主要用于设置影片剪辑实例 X、Y、Z 轴坐标位置和宽度与高度，同时还可以通过 和  两个选项来设置影片剪辑实例在三维空间中的透视角度和消失点。Z 轴坐标位置是在三维空间中的一个坐标轴。

图 9-23　图形实例【属性】面板

图 9-24　按钮实例【属性】面板

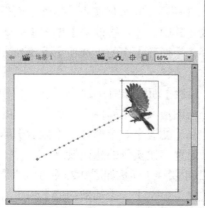

图 9-25　影片剪辑实例【属性】面板

实例的类型也是可以相互转换的，每个实例最初的类型都继承了相应元件的类型，可以通过【属性】面板改变实例的类型。在【属性】面板的 图形 下拉列表框中提供了 3 种类型，分别是【影片剪辑】、【按钮】和【图形】，根据需要选择即可。当改变实例类型后，【属性】面板也会相应地变化，通过【属性】面板可以修改其他相关属性设置。

9.2.7 交换实例

交换实例就是为实例指定另外一个元件替换当前的元件，此时舞台上会出现一个完全不同的实例，原来的实例属性不会改变，如颜色效果、实例变形等。实例属性是和实例保存在一起的，任何已修改过的实例属性依然作用于实例本身。

交换实例的方法是，在舞台上选取实例，然后单击【属性】面板上的 交换... 按钮，打开【交换元件】对话框，从元件列表框中选择要交换的元件。单击 确定 按钮，舞台上的实例"鸟"变成了"鸭"，而且对"鸟"应用的补间动画效果又应用到了"鸭"上，如图 9-26 所示。

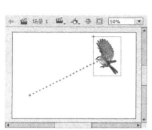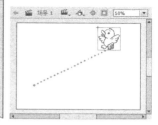

图 9-26　交换实例

9.2.8 分离实例

实例不能像图形或文字那样改变填色，但将实例分离后就会切断与元件的联系，将其变为形状（填充和线条），就可以彻底地修改实例，并且不影响原有元件和原有元件的其他实例。分离实例的方法是，首先选取实例，如图形实例，然后选择菜单命令【修改】/【分离】，这样就会把实例分离成图形，可以根据需要修改填充颜色等属性（见图 9-27）。如果实例中还包含组对象，可以再次选择菜单命令【修改】/【分离】进行二次分离。

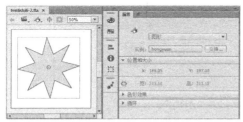

图 9-27　分离实例后可以修改填充颜色等属性

9.2.9 使用库

在前面的操作中，已经在频繁地使用【库】面板。选择菜单命令【窗口】/【库】可打开【库】面板。【库】面板是集成项目内容的工具面板，图形、音频、视频和元件等元素是库中的主要内容，习惯称为库项目。使用【库】面板可以组织文件夹中的库项目，查看库项目在文档中的使用频率，并可按照类型对库项目进行排序。

在【库】面板中，库项目名称前面的图标表示该项目的文件类型，单击【名称】栏后面的三角符号可以以名称为准对库项目进行排序，单击【库】面板底部的 按钮将打开【创建新元件】对话框来创建新元件，单击 按钮可以创建文件夹用来分类保存库项目，单击 按钮将打开与各类库项目相对应的属性对话框以便根据需要查看和修改有关属性设置，如图 9-28 所示，单击 按钮将删除在列表框中选择的库项目。

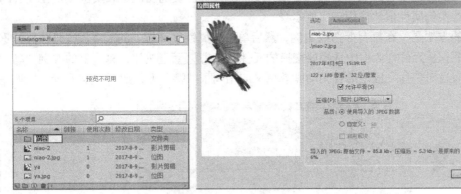

图 9-28　通过【库】面板创建文件夹和查看库项目属性

在【库】面板中，双击库项目的名称或在鼠标右键快捷菜单中选择【重命名】命令可以给库项目重新命名，在鼠标右键快捷菜单中选择【移至】命令将打开【移至文件夹】对话框，根据实际需要选择将库项目要移至的具体位置，可以是【库根目录】、【新建文件夹】或【现有文件夹】，选择【新建文件夹】选项需要输入新的文件夹名称，选择【现有文件夹】选项需要在列表框中选择要移至的目标文件夹，如图 9-29 所示。

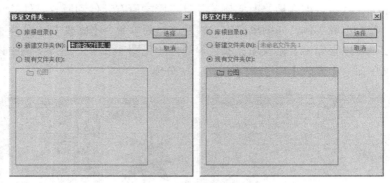

图 9-29　【移至文件夹】对话框

9.3　时间轴和图层

在 Animate CC 2017 中，制作动画离不开时间轴、帧和图层的使用。下面介绍有关时间轴、帧和图层的基本知识和操作方法。

9.3.1　时间轴和帧

时间轴是放置和控制帧的地方，用于组织和控制文档内容在一定时间内播放的层数和帧数，帧在时间轴上的排列顺序决定动画的播放顺序。【时间轴】面板的主要组件是图层、帧和播放头，还包括一些信息指示器，如图 9-30 所示。在播放动画时，播放头沿着时间轴向后滑动，而图层和帧中的内容随着时间的变化而变化。

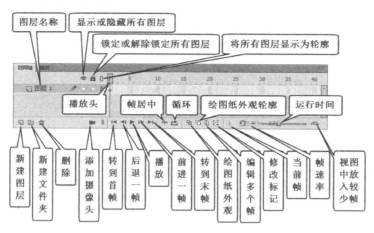

图 9-30　【时间轴】面板

帧是动画的最基本的组成部分，是动画创作的基本时间单元。动画中包括的帧通常有关键帧、空白关键帧和普通帧 3 种类型，各种帧的作用及显示方式也不相同。

关键帧是指内容改变的帧，它的作用是定义动画中的对象变化，是最重要的帧类型。包含对象的单个关键帧在时间轴上用一个黑色实心圆点表示。关键帧中也可以不包含任何对象即为空白关键帧，新建的动画文档中都有一个空白关键帧，显示为一个空心圆。通常在时间轴中插入关键帧后，左侧相邻帧的内容会自动复制到该关键帧。如果不打算让新关键帧继承相邻左侧帧的内容，可以插入一个空白关键帧，此时可以在空白关键帧中创建其他内容。用户可以在关键帧中定义对动画对象的属性所做的更改，也可以包含 ActionScript 代码以控制文档的某些属性。Animate 能创建补间动画，即自动填充关键帧之间的帧，以便生成流畅的动画。使用关键帧时不需画出每个帧就可以生成动画，使动画的创建更为方便。普通帧是指内容没有变化的帧，通常用来延长动画的播放时间，以使动画更为平滑生动。空白关键帧后面的普通帧显示为白色，关键帧后面的普通帧显示为浅灰色，普通帧的最后一帧中显示为一个中空矩形。关键帧、空白关键帧和普通帧在【时间轴】中的状态如图 9-31 所示。

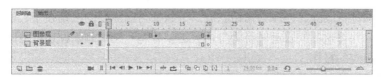

图 9-31　关键帧、空白关键帧和普通帧

9.3.2　帧的基本操作

帧的基本操作包括插入、移动、删除、复制、剪切、粘贴、清除帧或关键帧等。执行这些操

作比较常用的途径有如下两种。

* 在菜单栏中选择【编辑】/【时间轴】下的相应子菜单命令，如图 9-32 所示。

* 在【时间轴】面板中，使用鼠标右键单击帧或关键帧，在弹出的快捷菜单中选择相应命令，如图 9-33 所示。

如果单纯插入帧、关键帧或空白关键帧，还可以在菜单栏中选择【插入】/【时间轴】下的相应子菜单命令来完成，如图 9-34 所示

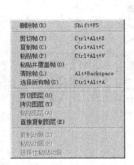

图 9-32　【编辑】/【时间轴】下的命令　　图 9-33　鼠标右键快捷菜单　图 9-34　【插入】/【时间轴】下的命令

在插入帧、关键帧或空白关键帧时，在时间轴上首先要选中插入的具体位置，然后再按照插入方法进行操作。除了使用【插入】/【时间轴】下的相应子菜单命令或鼠标右键快捷菜单中的相应子菜单命令来插入帧、关键帧或空白关键帧外，还可以使用快捷键，按下 F5 键可以插入帧，按下 F6 键可以插入关键帧，按下 F7 键可以插入空白关键帧。按下 F6 键插入关键帧的前提是，插入关键帧所在位置左侧的帧中已经有了对象，如果没有此时将插入空白关键帧。

选择帧的方法通常有以下几种。

* 要选择一个帧，单击该帧即可。

* 要选择连续的帧，先单起始帧，然后按住 Shift 键单击结束帧即可。

* 要选择不连续的帧，按住 Ctrl 键依次单击相应的帧即可。

* 要选择所有帧，选择【编辑】/【时间轴】/【选择所有帧】命令或在右键快捷菜单中选择【选择所有帧】命令即可。

在时间轴中，如果有不需要的帧可以将其删除或清除。删除帧操作不仅可以删除帧中的内容，还可以将选中的帧进行删除，还原为初始状态。清除帧与删除帧的区别在于，清除帧仅把选中的帧上的内容清除，并将这些帧自动转换为空白关键帧状态。选择删除帧还是清除帧，用户可以根据实际需要选择相应的操作。

要将某些帧复制到时间轴的其他位置，首先需要先选中这些帧，然后再使用菜单命令【复制帧】和【粘贴帧】，如果要将文档中的某些帧移到到文档中的其他位置，可以先【剪切帧】再【粘贴帧】，也可以用鼠标单击选中要移动的帧（包括关键帧和空白关键帧），然后将其拖动到目标位置，释放鼠标即可。

翻转帧功能可以使选定的一组帧按照顺序翻转过来，使原来的最后一帧变为第 1 帧，原来的

第 1 帧变为最后一帧。方法是：先选中需要翻转的所有帧（应包含关键帧或空白关键帧），然后选择菜单命令【修改】/【时间轴】/【翻转帧】，如图 9-35 所示；或在鼠标右键快捷菜单中选择【翻转帧】命令，效果如图 9-36 所示。

图 9-35　菜单命令

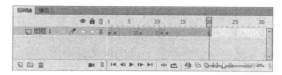

图 9-36　翻转帧

在时间轴中，要延长关键帧动画的持续时间，按住 Alt 键拖动关键帧到适当的位置即可。要通过拖动来复制关键帧或帧序列，按住 Alt 键单击并拖动关键帧到新位置即可。要更改补间序列的长度，将开始关键帧或结束关键帧向左或向右拖动即可。要将项目从库中添加到当前关键帧中，将该项目从【库】面板拖动到舞台中即可。

9.3.3　图层类型和模式

图层就像透明的投影片一样，一层一层地向上叠加。如果一个图层上有一部分没有内容，就可以透过这部分看到下面图层上的内容。通过图层可以组织文档中的各类对象，而且在某一图层上绘制和编辑对象，不会影响其他图层上的对象。当创建新文档后，它通常包含一个图层。可以根据需要添加更多的图层，以便在文档中组织插图、动画和其他元素。

如果要对图层或文件夹进行绘制、涂色或者修改，需要在时间轴中选择该图层以将其激活。时间轴中图层或文件夹名称旁边的 图标指示该图层或文件夹处于活动状态。一次只能有一个图层处于活动状态（尽管一次可以选择多个图层）。

如果要组织和管理图层，可以创建图层文件夹，然后将其他相关图层放入其中。可以在时间轴中展开或折叠图层文件夹，而不会影响在舞台中看到的内容。对声音文件、ActionScript、帧标签和帧注释分别使用不同的图层或文件夹，有助于快速找到这些项目以进行编辑。

为了帮助用户创建复杂效果，在动画制作中可使用特殊的引导层，这样更容易进行绘画和编辑以及创建遮罩层。通常，图层按功能可以分为普通图层、遮罩层和被遮罩层、引导层和被引导层、补间动画图层、骨架图层等类型，如图 9-37 所示。

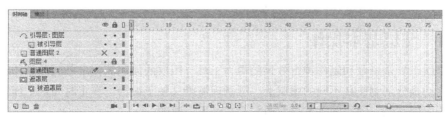

图 9-37　图层类型和模式

- 普通图层：主要用于组织动画的内容，一般放置的对象是最基本的动画元素，如矢量图形、位图和元件等。

- 遮罩层和被遮罩层：遮罩层是指放置遮罩物的图层，用作遮罩的对象，这些对象用于隐藏其下方的选定图层部分，其名称前会有 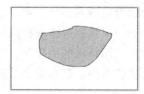 标识；被遮罩层是位于遮罩层下方并与之关联的图层，被遮罩层中只有未被遮罩层覆盖的部分才是可见的，其名称前会有 标识，它是与遮罩层相对应的。没有遮罩层就没有被遮罩层，被遮罩层中通常放一些需要被遮罩的对象。

- 引导层和被引导层：引导层通常包含一些笔触即运动路径，可用于引导其他图层上的对象排列或其他图层上的传统补间动画按照运动路径进行运动。被引导图层与引导图层是相对应的，当设置了引导层后，引导层的名称前面会有 标识，其下面的图层会自动变为被引导图层，并且图层名称会自动缩排。如果引导层下面没有被引导图层，此时引导层的名称前面会有 标识。

- 补间动画图层：包含使用补间动画进行动画处理的对象。

- 骨架图层：包含附加了反向运动骨骼的对象。

普通层、遮罩层和被遮罩层、引导层和被引导层可以包含补间动画或反向运动骨骼。当某个图层中存在这些项目时，可向该图层添加的内容类型将受到限制。图层还有很多模式，如当前层模式、隐藏模式、锁定模式和轮廓模式等。

- 当前层模式：主要是指当前正在操作的图层，新创建的所有对象或导入的场景都将位于这一层上，当前图层会有 标识。

- 隐藏模式：在某一图层 图标对应处单击鼠标，当其处出现 标识时，表示该图层处于隐藏模式，再次单击将解除隐藏。要集中处理舞台中的某一部分时内容时，可以将临时不需要的图层隐藏起来。

- 锁定模式：在某一图层 图标对应处单击鼠标，当其处出现 标识时，表示该图层处于锁定模式，再次单击将解除锁定。如果要集中处理舞台中的某一部分内容时，可以将需要显示且不希望被修改的图层锁定起来。

- 轮廓模式：在某一图层 图标对应处单击鼠标，当其处出现空心彩色方框类似 标识时，表示该图层处于轮廓模式，再次单击将解除轮廓状态。在轮廓模式下，舞台上将以彩色方框的颜色显示该图层中对象的轮廓。在图 9-37 所示的【普通图层 1】中，在其显示为轮廓模式标识变为 后，舞台上原本边框为黑色、填充色为灰色的图形将会显示为无填充色的浅黄色轮廓，如图 9-38 所示。

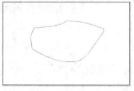

图 9-38　轮廓模式前后对比

9.3.4　图层基本操作

图层是组织复杂场景和制作神奇效果的得力工具。图层的使用简化了动画的制作程序，将不同的图形和动画分别制作在不同的图层上，既条理清晰又便于编辑。在【时间轴】面板中，图层控制区位于面板左侧，图层的基本操作通常是在这里完成的。

1．新建图层

通常新建一个文档后默认会有一个图层，其名称默认为"图层 1"。当继续创建一个新的图层后，该图层会出现在当前图层的上方，新建图层成为当前图层。新建图层的途径主要有以下 3 种。

- 在【时间轴】面板中，单击底部的 ▢（新建图层）按钮即可在所选中图层上方插入一个新图层，此时新建的图层将变为当前图层，新图层按照顺序生成默认名称，可以通过双击图层名称重新命名，如图 9-39 所示。

图 9-39　新建图层

- 选择菜单命令【插入】/【时间轴】/【图层】，也可在所选图层上方插入一个新图层，如图 9-40 所示。
- 在【时间轴】面板已有图层上单击鼠标右键，在弹出的快捷菜单中选择【插入图层】命令，即可在该图层上方插入一个新图层，如图 9-41 所示。

图 9-40　菜单命令　　　　图 9-41　右键快捷菜单

2. 新建文件夹

文件夹可以用来摆放和管理图层。当图层数量过多时，可将这些图层分门别类放入相应的文件夹以便于管理。在【时间轴】面板图层控制区可以展开或折叠图层文件夹，帮助用户组织和管理动画中过多的图层。新建文件夹的途径主要有以下 3 种。

- 单击【时间轴】底部的 ▢（新建文件夹）按钮，可新建一个图层文件夹，双击图层文件夹名称可为新建图层文件夹指定一个新的名称，如图 9-42 所示。
- 选择菜单命令【插入】/【时间轴】/【图层文件夹】，也可在所选图层上方新建一个文件夹。
- 在【时间轴】面板已有图层上单击鼠标右键，在弹出的快捷菜单中选择【插入文件夹】命令，也可新建一个文件夹。

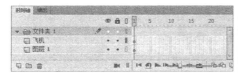

图 9-42　新建文件夹

3. 重命名图层或文件夹

默认情况下，新图层或文件夹是按照创建顺序命名的，如"图层 1""图层 2"，以次类推。文件夹的默认名称也是如此，如"文件夹 1""文件夹 2"。为了便于管理，同时更好地反映图层、文件夹的内容，可以对图层或文件夹进行重命名。

重命名图层或文件夹最简单的方法是，在【时间轴】面板中双击图层或文件夹的名称，然后输入新名称，并按 Enter 键或用鼠标单击其他任意处加以确认即可。当然，也可在【图层属性】对话框中重新设置图层或文件夹的名称，关于【图层属性】对话框将在本节后续部分进行介绍，这里不再详述。

4. 选择图层或文件夹

选择图层或文件夹是最基本的操作，主要方法如下。

- 在【时间轴】面板中，单击要选择的图层或文件夹。
- 在【时间轴】面板中，单击要选择的图层中的任意一帧，如图 9-43 所示。
- 在舞台上用鼠标单击要选择的图层上的一个对象，如图 9-44 所示。

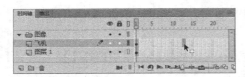

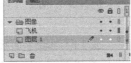

图 9-43　单击任意一帧　　　　　　　　　　图 9-44　单击相应图层中的对象

- 要选择连续的几个图层或文件夹，在按住 Shift 键的同时单击【时间轴】面板中相应的图层或文件夹。
- 如果要选择多个不连续的图层或文件夹，在按住 Ctrl 键的同时单击【时间轴】面板中相应的图层或文件夹。

5. 复制图层

使用复制图层的方法比较快捷，只需要执行一次命令就可以将需要复制的图层或文件夹在所选图层的上方按照原样复制一份，其名称会在原名称的后面加上"复制"两个字，可以根据需要修改其名称。选择要复制的图层或文件夹，然后按照以下两种方法中的任意一种进行操作即可完成复制图层或文件夹的任务。

- 选择菜单命令【编辑】/【时间轴】/【直接复制图层】，如图 9-45 所示。
- 在【时间轴】面板中，使用鼠标右键单击要复制的图层，在弹出的快捷菜单中选择【复制图层】命令，如图 9-46 所示。

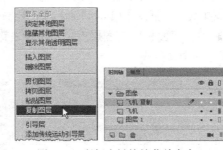

图 9-45　菜单命令　　　　　　　　　　图 9-46　鼠标右键快捷菜单命令

6. 拷贝和粘贴图层

【拷贝图层】和【粘贴图层】两个命令是配合使用的。既可以在同一文档内执行这一对命令，也可以在两个文档内执行这一对命令。执行【拷贝图层】和【粘贴图层】后，图层或文件夹的名称不会改变，需要根据实际需要进行修改。选择要拷贝的图层或文件夹，然后按照以下两种方法中的任意一种进行操作即可完成拷贝和粘贴图层或文件夹的任务。

- 选择菜单命令【编辑】/【时间轴】/【拷贝图层】，然后在目标位置执行【粘贴图层】命令。
- 在【时间轴】面板中，使用鼠标右键单击要复制的图层，在弹出的快捷菜单中选择【拷贝图层】命令，然后在目标位置执行【粘贴图层】命令。

7. 移动图层

移动图层或文件夹可通过【剪切图层】和【粘贴图层】两个命令来完成。方法同【拷贝图层】和【粘贴图层】是一样的，这里不再详述。

8. 调整图层或文件夹顺序

要调整图层或文件夹在【图层】面板图层控制区中的顺序，直接拖动要改变顺序的图层或文件夹到适当的位置释放鼠标即可。在拖动过程中会出现一条左端带圆圈的黑色实线，表示图层当前已被拖动到的位置，如图 9-47 所示。

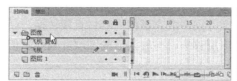

图 9-47　调整图层顺序

9. 删除图层或文件夹

删除图层或文件夹的方法比较简单，选择要删除的图层或文件夹，然后执行下列操作之一即可。在删除图层文件夹时，其中包含的所有图层和内容也将被删除。

- 在【时间轴】面板中单击 🗑（删除图层）按钮。
- 将图层或文件夹拖到 🗑（删除图层）按钮。
- 在【时间轴】面板中，在要删除的图层或文件夹上单击鼠标右键，在弹出的快捷菜单中选择【删除图层】命令。

10. 设置图层属性

如果要全面设置图层或文件夹的属性，如图层的名称、可见性、类型和轮廓颜色等，可通过以下方法打开【图层属性】对话框进行设置，如图 9-48 所示。

- 在【时间轴】面板中，用鼠标右键单击图层或文件夹的名称，在弹出的快捷菜单中选择【属性】命令。
- 在【时间轴】面板中选择图层或文件夹，然后选择菜单命令【修改】/【时间轴】/【图层属性】。

在【图层属性】对话框中，在【名称】文本框中可以重新输入图层或文件夹的名称，勾选【锁定】复选框可以锁定图层或文件夹，在【可见性】选项中可设置图层或文件夹是否可见以及透明度，在【类型】选项中可设置图层的类型，在【轮廓颜色】选项中可设置图层或文件夹以轮廓线方式显示时轮廓的颜色，勾选【将图层视为轮廓】复选框可以将图层中的对象以轮廓线方式显示，在【图层高度】下拉列表框中可以选择相应的选项来设置图层高度比例，共有"100%""200%"和"300%"3 个选项。

通过【图层属性】对话框可以将选择的图层转换为文件夹，在对话框的【类型】选项中选择【文件夹】单选按钮即可。如果图层中没有任何对象将直接转换，如果图层中有对象，在单击 确定 按钮后将弹出图 9-49 所示信息提示框，提示用户将删除图层中的内容，是否转换最终由用户决定。

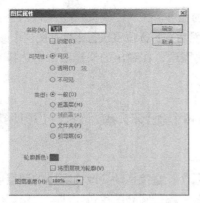

图 9-48 【图层属性】对话框　　　　　　　　　　　图 9-49 信息提示框

通过【图层属性】对话框也可将选择的文件夹转换为图层，在对话框的【类型】选项中，选择【一般】单选按钮表示转换为普通图层。如果文件夹中没有任何内容将直接转换，如果文件夹中有内容，如包含一些图层，在转换后会将这些图层移出，与转换后的图层并列显示但位于其下方，如图 9-50 所示。

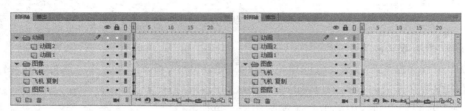

图 9-50　将文件夹转换为图层

11. 组织图层和文件夹

在制作动画文档时，在【时间轴】面板中可根据需要排列图层和文件夹。通过文件夹，可将图层放在一个树形结构中，这样有助于组织工作流程。要查看文件夹包含的图层而不影响在舞台中可见的图层，可展开或折叠该文件夹。文件夹中可以包含图层，也可以包含其他文件夹，使用户可以像在计算机中组织文件一样来组织图层。

在【时间轴】面板中，对文件夹使用控制命令后将影响文件夹中的所有图层，如锁定或隐藏一个文件夹将锁定或隐藏该文件夹中的所有图层。要将图层或文件夹移动到其他文件夹中，将该图层或图层文件夹拖动到目标文件夹中即可。要展开或折叠文件夹，单击文件夹名称左侧的标识即可，单击▶标识可展开文件夹，单击▼标识可折叠文件夹。也可在鼠标右键快捷菜单中选择【展开文件夹】或【折叠文件夹】命令进行相应的操作。要展开或折叠所有文件夹，在鼠标右键快捷菜单中选择【展开所有文件夹】或【折叠所有文件夹】命令即可。

9.4　应用实例——制作逐帧动画"奔跑的马"

逐帧动画就是在不同的帧中放入不同的图像，然后一帧连着一帧播放，这种动画类型对于对象的运动和变形过程可以进行精确的控制。要创建逐帧动画，需要将每个帧都定义为关键帧，然后给每个关键帧创建相应的图像。制作逐帧动画的基本思想是把一系列相差甚微的图像或文字放置在一系列的关键帧中，动画的播放看起来就像是一系列连续变化的动画。其最大的不足就是制作过程较为复杂，效率较为低下。

创建逐帧动画的常用方法主要有：从外部导入素材生成逐帧动画，如导入静态的图像、序列图像和 GIF 动态图像等；使用数字或者文字制作逐帧动画，如实现文字跳跃或旋转等特效动画；利用各种制作工具在场景中绘制矢量逐帧动画。

下面来制作一个逐帧动画，动画的效果是一个人骑着马在奔跑，效果如图 9-51 所示。

（1）首先创建一个 ActionScript 3.0 文档并保存为"9-4.fla"。

（2）选择菜单命令【修改】/【文档】，打开【文档属性】对话框，在【单位】下拉列表框中选择"像素"，在【舞台大小】选项中设置【宽】为"450"、【高】为"300"，在【锚记】选项中选择正中间选项，【舞台颜色】设置为白色"#FFFFFF"，如图 9-52 所示。

图 9-51　奔跑的马

图 9-52　【文档属性】对话框

（3）单击 ﹝确定﹞ 按钮关闭【文档属性】对话框，然后在【时间轴】面板中双击"图层 1"，将其名称修改为"马"。

（4）单击图层第 1 帧，然后选择菜单命令【文件】/【导入】/【导入到舞台】，打开【导入】对话框，选择文件"horse-1.gif"（只需选中序列图像的第 1 幅图像即可），如图 9-53 所示。

（5）单击 ﹝打开(O)﹞ 按钮，将弹出一个信息提示框，如图 9-54 所示。

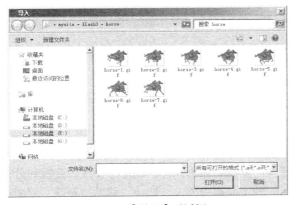

图 9-53　【导入】对话框

图 9-54　信息提示框

（6）单击 ﹝是﹞ 按钮，将所有图像导入到连续的帧中，如图 9-55 所示，此时的动画是马在原地奔跑。

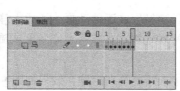

图 9-55　导入图像到连续的帧中

（7）在【工具】面板中选取选择工具 ，然后用鼠标单击图层第 3 帧并在舞台上将对象稍微向左移动，然后单击图层第 2 帧并在舞台上将对象向左移动到第 3 帧图像左侧，继续单击图层第 1 帧并在舞台上将对象向左移动到第 2 帧图像左侧，如图 9-56 所示。

图 9-56　从左至右依次为图层第 1 帧、第 2 帧和第 3 帧对应的图像

（8）用鼠标单击图层第 5 帧并在舞台上将对象稍微向右移动，然后单击图层第 6 帧并在舞台上将对象向右移动到第 5 帧图像右侧，继续单击图层第 7 帧并在舞台上将对象向右移动到第 6 帧图像右侧，如图 9-57 所示。

图 9-57　从左至右依次为图层第 5 帧、第 6 帧和第 7 帧对应的图像

（9）保存文档并选择【控制】/【播放】命令观看其效果。

小　　结

本章主要介绍了在 Animate CC 2017 中导入素材、使用元件、实例、时间轴和图层的基本方法，具体包括导入图像、声音和视频，创建、转换、复制和编辑元件，创建、修改、交换和分离实例，添加、排序、设置和删除库项目，在【时间轴】面板中插入、选择、移动、删除、复制、清除帧或关键帧以及新建、重命名、选择、复制、拷贝、剪切、粘贴、删除图层或文件夹，调整图层或文件夹顺序和设置图层属性等。通过对这些内容的学习，希望读者能够掌握 Animate CC 2017 的基本功能和基本使用方法，并具备制作简单动画的能力。

习　　题

1. 简述导入素材的基本方法。
2. 简述元件与实例的区别与联系。
3. 简述帧的类型及各自的主要作用。
4. 简述图层的主要类型和模式。
5. 练习制作逐帧动画"奔跑的马"实例。

第10章
动画制作和影片后期处理

使用 Animate CC 2017 可以制作多种类型的动画，在动画制作的过程中还可以使用组件和 ActionScript 语言，动画制作完毕还需要进行发布或导出。本章将介绍组件的使用方法、ActionScript 代码的添加方法以及发布和导出影片的基本方法。

【学习目标】
- 掌握组件的基本类型和使用方法。
- 掌握添加 ActionScript 代码的基本方法。
- 掌握发布和导出影片的基本方法。

10.1　使　用　组　件

下面介绍组件的基础知识以及组件的使用方法。

10.1.1　组件类型

组件是预先构建的影片剪辑，可帮助用户快速构建应用程序。组件可以是一个简单的用户界面控件（如复选框），也可以是一个复杂的控件（如滚动窗格）。可以自定义组件的功能和外观，也可下载其他人员创建的组件。大多数组件要求用户自行编写一些 ActionScript 代码来触发或控制组件。

在 Animate CC 2017 中，组件都显示在【组件】面板中。通过【组件】面板可以查看和调用系统提供的组件。组件有两种类型：User Interface 组件和 Video 组件。User Interface 组件简称 UI 组件，主要用来构建用户界面，实现大部分简单的用户交互操作，是比较常用的组件类型。Video 组件主要用来控制导入到 Animate CC 2017 中的视频，它主要包括一系列用于视频控制的按键组件。

选择菜单命令【窗口】/【组件】，打开【组件】面板，单击每个类别前的 ▶ 图标可以展开其包含的组件，单击 ▼ 图标将收缩隐藏其包含的组件，如图 10-1 所示。

UI 组件具体包含 Button、CheckBox、ColorPicker、ComboBox、DataGrid、Label、List、NumericStepper、ProgressBar、RadioButton、ScrollPane、Slider、TextArea、TextInput、TileList、UILoader 和 UIScrollBar 等 17 个组件。

Video 组件具体包含 FLVplayback、FLVplayback 2.5、FLVplaybackCaptioning、BackButton、BufferingBar、CaptionButton、ForwardButton、FullScreenButton、MuteButton、PauseButton、

PlayButton、PlayPauseButton、SeekBar、StopButton 和 VolumeBar 等 15 个组件。

图 10-1　【组件】面板

10.1.2　使用组件

如果要在舞台上使用组件，可以在【组件】面板中双击要添加的组件或将其选中直接拖动到舞台上，如图 10-2 所示。如果组件需要在文档中反复使用，即创建同一个组件的多个实例，可以将组件拖动到【库】面板中形成库项目以方便使用，如图 10-3 所示。

图 10-2　在舞台上添加组件

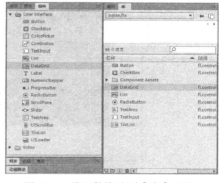

图 10-3　将组件拖动到【库】面板

在 UI 组件中，Button（按钮）组件是一个可使用自定义图标来设置其大小的按钮，这个组件可以执行鼠标与键盘的交互事件，也可以将按钮的行为从按下改为切换。CheckBox（复选框）组件是一个可以选中或取消选中的方框，是表单中常用的控件之一。RadioButton（单选按钮）组件允许在互相排斥的选项中进行选择，可以创建多个选项供选择。TextInput（文本框）组件主要用于创建单行文本字段，接收用户输入的文字。TextInput（文本区域）组件主要用于创建多行文本字段，接收用户输入的多行文本，也可用于创建静态注释文本。

组件添加到舞台上就是实例，对实例的操作方法都适用于组件，在【库】面板中的管理也是一样。组件添加到舞台上后，可以在【属性】面板中设置其相关属性，图 10-4 所示为按钮组件实例的【属性】面板。其中，按钮组件在舞台上的标签文字可以在组件属性参数的【label】文本框中进行设置，其他参数可以根据需要进行设置。还可以使用任意变形等工具对组件实例进行变形操作，如图 10-5 所示。当然，对于规范的组件，如文本框、复选框和单选按钮等，没有必要对其进行变形，规范使用为好。

图 10-4　按钮组件实例【属性】面板

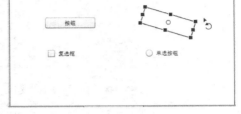

图 10-5　对组件实例进行变形

在 Video 组件中，FLVplayback（视频播放器）组件主要用于将视频播放器包含在动画中，以便播放通过 HTTP 渐进式下载的 FLV 视频文件。将 FLVplayback 组件拖动到舞台上，然后在视频组件实例【属性】面板中根据需要设置属性参数，如图 10-6 所示。

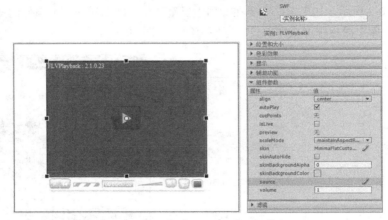

图 10-6　使用 FLVplayback 组件

其中，FLVplayback 组件要播放的视频源文件可以在组件属性参数【source】选项进行设置，方法是单击【source】选项后面的 ✎ 按钮，打开图 10-7 所示【内容路径】对话框，单击 📁 按钮选择视频文件，可以勾选【匹配源尺寸】使视频窗口大小与源视频大小一致，最后单击 确定 按钮关闭对话框即可，如图 10-8 所示。

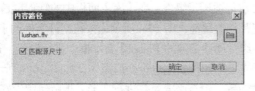

图 10-7　【内容路径】对话框

图 10-8　设置视频源后的视频组件

10.2　使用 ActionScript 语言

下面介绍 ActionScript 基础知识以及添加 ActionScript 代码的基本方法。

10.2.1　认识 ActionScript 语言

ActionScript 是运用在 Animate 上的脚本语言，使用 ActionScript 可以实现与后台数据库的交流，目前最新的版本是 ActionScript 3.0。ActionScript 的老版本（ActionScript 1.0 和 ActionScript 2.0）提供了创建效果丰富的 Web 应用程序所需的功能和灵活性。ActionScript 3.0 为基于 Web 的应用程序提供了更多的可能性。它进一步增强了这种语言，提供了出色的性能，简化了开发的过程，因此更适合高度复杂的 Web 应用程序和大数据集。ActionScript 3.0 可以为以 Flash Player 为目标的内容和应用程序提供高性能和开发效率。

ActionScript 动作脚本通常包含动作、运算符和对象等元素，可以将这些元素组织到动作脚本中，然后指定要执行的动作。使用 ActionScript 语言，能够更好地控制动画元件，从而提高动画的交互性。

在开始编写 ActionScript 代码之前，要清楚动画的目的是什么，为了实现这些目的应该设计哪些动作。在设计脚本时要始终把握好动作脚本的时机和位置。脚本程序的时机就是指脚本程序在什么时候执行，通常有 3 种情况：一是关键帧或空白关键帧上的时机，即当动画播放到该关键帧的时候执行该帧的脚本程序；二是对象上的时机，如按钮对象在按下去的时候执行相应的脚本程序；三是自定义时机，如自定义某个时刻执行某个程序等。

脚本程序的位置是指脚本程序代码放在何处，通常也有 3 种情况：一是图层中的某个关键帧上，二是场景中的某个对象上，三是外部文件。关键帧或对象的脚本程序放在对应的【动作】面板中。脚本程序也可以作为外部文件存储，文件扩展名为 “.as”，这样可以提高脚本代码重复利用率。如果需要外部的代码文件，直接将 AS 文件导入到文件中即可。

10.2.2　添加 ActionScript 代码

在 Animate CC 2017 中，要进行动作脚本设置，首先要定位好添加动作脚本的位置，如关键帧，然后选择菜单命令【窗口】/【动作】，打开【动作】面板，在右侧的脚本语言编辑窗口中输入与当前所选帧相关联的 ActionScript 代码，如图 10-9 所示。当前对象上所有调用或输入的 ActionScript 语言都会在脚本语言编辑窗口显示，它是编辑脚本的主要区域。在面板的左侧为脚本导航窗口，其中列出了 Animate 文档中的所有脚本，可以快速查看这些脚本，在脚本导航窗口中单击一个项目，就可以在脚本语言编辑窗口中显示相应的脚本。

脚本语言编辑窗口上方为工具栏，包括 6 个功能按钮，主要功能说明如下。

- 【固定脚本】按钮 ：将脚本固定到脚本语言编辑窗口中各个脚本的固定标签，然后相应移动它们。此功能在还没有将 FLA 文件中的代码组织到一个集中的位置或者在使用多个脚本时非常有用。可以将脚本固定以保留代码在【动作】面板中的打开位置，然后在各个打开着的不同脚本中切换，在调试时特别有用。

- 【插入实例路径和名称】按钮 ：帮助用户设置脚本中某个动作的绝对或相对目标路径。

- 【查找】按钮 ：查找并替换脚本中的文本。

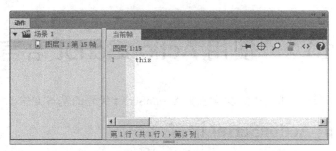

图 10-9　【动作】面板

- 【设置代码格式】按钮▤：帮助设置代码格式。
- 【代码片段】按钮<>：打开【代码片段】面板，其中显示代码片段示例。
- 【帮助】按钮❷：显示脚本语言编辑窗口中所选 ActionScript 元素的参考信息。例如，如果单击 import 语句，再单击"帮助"，【帮助】面板中将显示 import 的参考信息。

10.2.3　应用实例——制作旋转的风扇

下面以制作"旋转的风扇"动画为例说明添加动作脚本的方法，效果如图 10-10 所示。

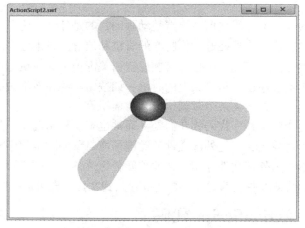

图 10-10　旋转的风扇

（1）新建一个 ActionScript 3.0 文档，然后在【工具】面板中选择椭圆形工具●，设置笔触不可用，填充色为浅灰色"#CCCCCC"。

（2）在舞台上绘制一个椭圆形，选中它并使用任意变形工具▦将椭圆形状进行简单调整，包括扭曲、旋转与倾斜和缩放等，形状调整成类似风扇的叶片，同时将中心点移到右下方，如图 10-11 所示。

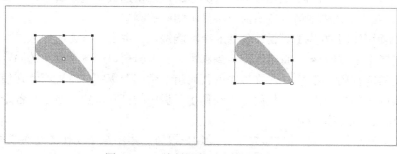

图 10-11　绘制风扇页片并调整中心点

（3）选择风扇叶片图形，选择菜单命令【编辑】/【复制】，然后选择菜单命令【编辑】/【粘贴到当前位置】，将风扇叶片图形粘贴到当前位置，即与原图形重合位置，选择菜单命令【修改】/【变形】/【缩放和旋转】，设置旋转角度为120°，单击 确定 按钮，效果如图 10-12 所示。

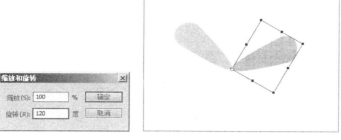

图 10-12　复制旋转图形

（4）继续选择菜单命令【编辑】/【粘贴到当前位置】和【修改】/【变形】/【缩放和旋转】，旋转角度修改为240°，单击 确定 按钮，全选 3 个图形并使用选择工具 ▶ 将其移至适当位置，效果如图 10-13 所示。

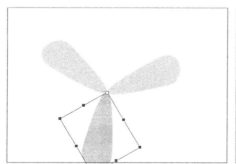 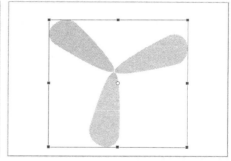

图 10-13　复制旋转并移动图形

（5）在【时间轴】面板【叶片】图层上继续添加一个图层，在【工具】面板中选择椭圆形工具 ●，设置笔触不可用，填充色为中间白色周围灰色的径向渐变填充，然后在舞台上绘制一个圆，并使用选择工具 ▶ 将其移至适当位置，如图 10-14 所示。

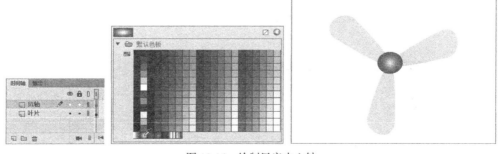

图 10-14　绘制风扇中心轴

（6）选择【叶片】图层第 1 帧，然后选择菜单命令【修改】/【转换为元件】，打开【转换为元件】对话框，设置元件【名称】和【类型】，单击 确定 按钮将 3 个叶片图形转换为影片剪辑，如图 10-15 所示。

图 10-15　将图形转换为影片剪辑

（7）确保叶片影片剪辑被选中，选择菜单命令【窗口】/【动作】，打开【动作】面板，单击右侧脚本语言编辑窗口上方的【代码片段】<> 按钮，打开【代码片段】面板，选择【ActionScript】/【动画】/【不断旋转】，如图 10-16 所示。

图 10-16　【代码片段】面板

（8）双击【不断旋转】选项，在弹出的信息提示框中直接单击 确定 按钮确认即可，如图 10-17 所示。

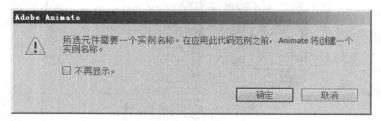

图 10-17　信息提示框

（9）此时在【时间轴】面板其他图层上面自动建立了 Actions 层，并在【动作】面板脚本语言编辑窗口中自动添加了相应控制代码,如图 10-18 所示。

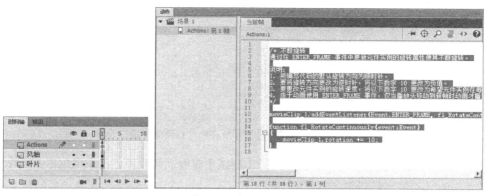

图 10-18 【时间轴】面板和【动作】面板

(10)选择菜单命令【控制】/【测试】观看动画效果,发现叶片并没有围绕风扇中心轴进行旋转,而是以左上角为轴进行旋转,如图 10-19 所示。

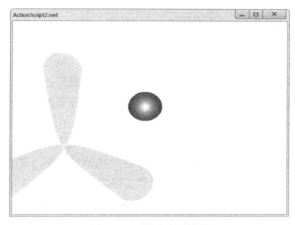

图 10-19 测试动画效果

(11)在【库】面板中双击元件【风叶】前面的图标打开叶片所在影片剪辑,可以发现左上角有一个"+"符号,这是影片剪辑的注册点,也是在创建影片剪辑时默认的注册点位置,需要进行修正,直接将 3 个叶片的中心移动到注册点"+"符号上,如图 10-20 所示。

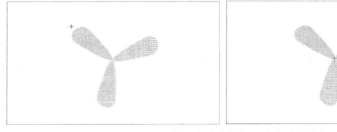

图 10-20 将三个叶片的中心移动到注册点

(12)返回到场景中,此时风扇叶片偏离了原来正确位置,在【时间轴】面板中选择叶片所在的图层,然后用鼠标将叶片图形所在的影片剪辑重新移动到风扇中心轴圆形图案下位置即可,如

图 10-21 所示。

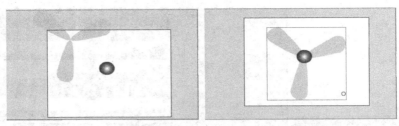

图 10-21　移动叶片图形所在影片剪辑的位置

（13）保存文档并选择菜单命令【控制】/【测试】观看动画效果，一个风扇不断旋转。

10.3　应用实例——制作 Animate 动画

下面介绍 Animate 动画的基础知识以及不同类型动画的制作方法。

10.3.1　动画基础知识

在 Animate CC 2017 中可以创建出丰富多彩的动画效果，例如，可以使一个对象在画面中移动，改变其大小、形状和颜色，使其旋转或产生淡入淡出的效果；可以使实例、图形、图像、文本和组合产生动作动画效果，还可以借助于引导层使对象沿任意路径运动，即创建引导动作动画等。各种变化可独立进行，也可以合成到一个复杂的动画中。Animate 动画的类型具体可分为逐帧动画、补间形状动画、传统补间动画、补间动画、引导层动画和遮罩层动画等。

在动画中，帧频是指动画播放的速度，以每秒播放的帧数（fps）为度量单位。帧频太慢会使动画看起来一顿一顿的，帧频太快会使动画的细节变得模糊。24fps 的帧速率是新 Animate 文档的默认设置，通常在 Web 上提供最佳效果。标准的动画速率也是 24fps。

Animate 文档中的每一个场景都可以包含任意数量的时间轴图层。使用图层和图层文件夹可组织动画序列的内容和分隔动画对象。在图层和文件夹中组织对象可防止它们在重叠时相互擦除、连接或分段。如果要创建一次包含多个元件或文本字段的补间移动的动画，可将每个对象放置在不同的图层中。可将一个图层用作背景图层来包含静态插图，并使用其他图层包含单独的动画对象。

在创建补间动画时，Animate 会将图层（包含选择进行补间的对象）转换为补间图层。补间图层有一个补间图标，位于时间轴中的图层名称旁。如果其他对象与补间对象在相同的图层中，Animate 将根据需要在原始图层上方或下方添加新图层。位于原始图层中的补间对象下方的任何对象将移至原始图层下方的新图层。位于原始图层中的补间对象上方的任何对象将移至原始图层上方的新图层。Animate 将在时间轴中任何预先存在的图层之间插入这些新图层。这样，Animate 可保留舞台上所有图形对象的原始堆叠顺序。

补间图层只能包含补间范围（包含补间的连续的帧组）、静态帧、空白关键帧或空帧。每个补间范围只能包含一个目标对象及其可选运动路径。由于无法在补间图层中进行绘制，所以应在其他图层中创建其他补间或静态帧，然后将它们拖到补间图层。如果要将帧脚本放置到补间图层上，可在另一个图层上创建它们，然后将它们拖到补间图层。帧脚本只能驻留在补间动画范围本身外部的帧中。通常，最好将所有帧脚本保留在仅包含 ActionScript 的单独图层上。

10.3.2　制作补间形状动画

在补间形状动画中，用户在时间轴中的一个关键帧上绘制一个矢量形状，在另一个关键帧上绘制另一个形状，然后由 Animate 为这两个关键帧之间的所有过渡帧插入中间形状，从而创建出从一个形状变成另一个形状的动画效果，当然也可以对补间形状内的形状的位置和颜色进行补间。如果要对组、元件实例或位图图像应用形状补间，需要分离这些元素。如果要对文本应用形状补间，需要将文本分离两次，从而将文本转换为对象。

下面以制作"红色矩形在运动过程中变为绿色椭圆"动画为例说明创建补间形状动画的方法，效果如图 10-22 所示。

图 10-22　补间形状动画

（1）新建一个 ActionScript 3.0 文档，然后在【工具】面板中选择矩形工具 ，设置笔触不可用，填充色为红色"#FF0000"，然后在图层第 1 帧对应的舞台上左下方绘制一个矩形，如图 10-23 所示。

（2）选择同一图层的第 50 帧并单击鼠标右键，在鼠标右键快捷菜单中选择【插入空白关键帧】命令添加一个空白关键帧。

（3）在【工具】面板中选择椭圆形工具 ，设置笔触不可用，填充色为绿色"#00FF00"然后在图层第 50 帧对应的舞台上右上方绘制一个椭圆形，如图 10-24 所示。

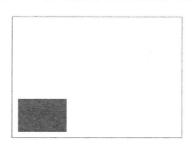

图 10-23　绘制红色矩形

图 10-24　绘制绿色椭圆形

（4）在时间轴上用鼠标单击两个形状所在图层两个关键帧之间的任意一帧，然后选择菜单命令【插入】/【补间形状】或在鼠标右键快捷菜单中选择【创建补间形状】命令，此时 Animate 将形状内插到这两个关键帧之间的所有帧中，完成了补间形状动画的创建，如图 10-25 所示。

图 10-25　创建补间形状

（5）保存文档并选择菜单命令【控制】/【测试】观看动画效果。

在创建补间形状动画的过程中，如果要对形状进行运动补间，需要在舞台上将第 2 个关键帧中的形状移动到与该形状在第 1 个关键帧中所处位置不同的地方。如果要对形状的颜色进行补间，需要确保第 1 个关键帧中的形状与第 2 个关键帧中的形状具有不同的颜色。如果要向补间添加缓动，可选择两个关键帧之间的某一个帧，然后在【属性】面板中的【缓动】字段中输入一个值，如图 10-26 所示。如果输入一个负值，则在补间开始处缓动；如果输入一个正值，则在补间结束处缓动。数值范围在"–1"～"–100"，动画运动的速度由慢到快，向运动结束的方向加速补间。数值范围在"1"～"100"，动画运动的速度由快到慢，向运动结束的方向减速补间。默认情况下，补间帧之间的变化速率不变。在【混合】下拉列表框中有【分布式】和【角形】两个选项，当选择【分布式】选项时，创建的动画中间形状比较平滑和不规则，当选择【角形】选项时，创建的动画中间形状会保留有明显的角和直线，适合于具有锐化转角和直线的混合形状。

图 10-26　【属性】面板

10.3.3　制作传统补间动画

传统补间动画允许一些特定的动画效果，如在动画中展示移动位置、改变大小、旋转和改变色彩等效果。只要建立起起始和结束的画面，中间部分由系统自动生成相应的效果。在传统补间动画中，要改变组或文字的颜色，必须将其转换为元件。要使文本块中的每个字符分别动起来，则必须将其分离为单个字符。

图 10-27　传统补间动画

下面以制作"天空飞行的飞机"动画为例说明创建传统补间动画的方法，效果如图 10-27 所示。

（1）新建一个 ActionScript 3.0 文档，然后选择菜单命令【修改】/【文档】，打开【文档属性】对话框，将舞台宽度设置为"450 像素"、高度设置为"350 像素"。

（2）选择菜单命令【文件】/【导入】/【导入到库】，将天空和飞机两个图像文件"sky.jpg""plane.png"导入到【库】面板中，如图 10-28 所示。

（3）将天空图像文件"sky.jpg"从【库】面板拖动到舞台上，然后选择菜单命令【窗口】/【对齐】，打开【对齐】面板，保证勾选【与舞台对齐】复选框，并依次单击 按钮和 按钮使图像居中显示，如图 10-29 所示。

图 10-28　导入图像

图 10-29　让图像居中对齐

（4）单击【时间轴】面板底部的 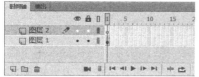（新建图层）按钮新建一个图层，然后将飞机图像文件"plane.png"从【库】面板拖动到舞台上左侧适当位置，如图 10-30 所示。

图 10-30　将飞机图像拖动到舞台上

（5）保证飞机图像处于选中状态，然后选择菜单命令【修改】/【转换为元件】，打开【转换为元件】对话框，将图像转换为影片剪辑元件，如图 10-31 所示。

（6）选中【图层 1】的第 40 帧，然后选择菜单命令【插入】/【时间轴】/【关键帧】，插入一个关键帧，使背景天空图像一直延伸到该帧，如图 10-32 所示。

图 10-31　【转换为元件】对话框

图 10-32　【时间轴】面板

（7）选中【图层 2】的第 20 帧，然后选择菜单命令【插入】/【时间轴】/【关键帧】，插入一个关键帧，并使用选择工具 将该帧处的图形向右拖动至舞台中间位置，如图 10-33 所示。

图 10-33　插入关键帧并移动图像

（8）选中【图层 2】的第 40 帧，然后选择菜单命令【插入】/【时间轴】/【关键帧】，插入一个关键帧，并使用选择工具 将该帧处的图形向舞台右下方位置拖动，使用任意变形工具 将图像旋转和缩小，如图 10-34 所示。

图 10-34　插入关键帧并移动、旋转和缩小图像

（9）用鼠标右键单击【图层 2】第 1～20 帧间的任意一帧，从弹出的快捷菜单中选择【创建传统补间】命令，在第 1～20 帧间创建传统补间动画，运用同样的方法在第 20～40 帧间创建传统补间动画，如图 10-35 所示。

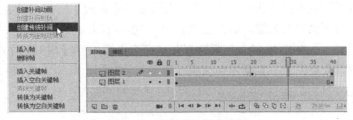

图 10-35　创建传统补间动画

（10）保存文档并选择菜单命令【控制】/【测试】观看动画效果。

在设置了传统补间动画之后，可以通过【属性】面板对传统补间动画进行深入加工和编辑。方法是，选中传统补间动画中的任意一帧，打开【属性】面板，如图 10-36 所示。其中，【旋转】下拉列表主要用于设置对象在运动时产生的旋转效果，还可以设置【贴紧】、【调整到路径】、【沿着路径着色】、【沿着路径缩放】、【同步】和【缩放】等参数。

图 10-36　【属性】面板

10.3.4　制作补间动画

补间动画可以通过拖动舞台上的对象来创建，可设置对象的属性，如一个帧中以及另一个帧中的同一对象的位置和 Alpha 透明度等，两帧之间的属性值由 Animate 自动生成。补间动画主要

以元件对象为核心，一切的补间动作都是基于元件的。创建补间动画的操作方法更为简单，将元件置于时间轴的起始关键帧中，然后用鼠标右键单击第 1 帧，在弹出的快捷菜单中选择【创建补间动画】命令即可。此时，将创建补间范围，如图 10-37 所示，然后在补间范围内创建动画。可以将这些补间范围作为单个对象来选择，在每个补间范围中只能对一个目标对象进行动画处理。

下面以制作"沿公路行驶的小汽车"动画为例说明创建传统补间动画的方法，效果如图 10-38 所示。

图 10-37　创建补间范围　　　　　　　　　　图 10-38　沿公路行驶的小汽车

（1）新建一个 ActionScript 3.0 文档，然后选择菜单命令【修改】/【文档】，打开【文档属性】对话框，将舞台宽度设置为"450 像素"、高度设置为"250 像素"。

（2）选择菜单命令【文件】/【导入】/【导入到库】，将公路和小汽车两个图像文件"road.jpg"和"car.png"导入到【库】面板中，如图 10-39 所示。

（3）将公路图像文件"road.jpg"从【库】面板拖动到舞台上，然后选择菜单命令【窗口】/【对齐】，打开【对齐】面板，保证勾选【与舞台对齐】复选框，并依次单击 按钮和 按钮使图像居中显示，如图 10-40 所示。

图 10-39　导入图像　　　　　　　　　　　图 10-40　让图像居中显示

（4）在【时间轴】面板中单击底部的 （新建图层）按钮新建一个图层，然后将小汽车图像文件"car.png"从【库】面板拖动到舞台上左上方适当位置，如图 10-41 所示。

（5）保证小汽车图像处于选中状态，然后选择菜单命令【修改】/【转换为元件】，打开【转换为元件】对话框，将图像转换为影片剪辑元件，如图 10-42 所示。

（6）使用任意变形工具 对小汽车图像进行简单调整，包括旋转与倾斜、缩放等，如图 10-43 所示。

（7）用鼠标右键单击【图层 2】的第 1 帧，在弹出的快捷菜单中选择【创建补间动画】命令，创建补间范围，如图 10-44 所示。

图 10-41　将飞机图像拖动到舞台上

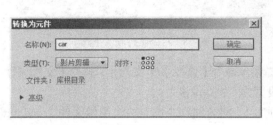

图 10-42　【转换为元件】对话框

图 10-43　调整图像

（8）选中【图层 2】的第 24 帧，然后单击鼠标右键，在弹出的快捷菜单中选择【插入关键帧】/【全部】命令，在第 24 帧处插入一个属性关键帧，如图 10-45 所示。

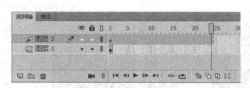

图 10-44　创建补间范围

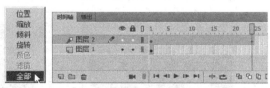

图 10-45　插入属性关键帧

（9）选中【图层 1】的第 24 帧，然后选择菜单命令【插入】/【时间轴】/【关键帧】，插入一个关键帧，使背景公路图像一直延伸到该帧，如图 10-46 所示。

（10）选中【图层 2】的第 24 帧，并使用选择工具 ▶ 将该帧处的图形向右下方拖动至适当位置，此时舞台上会显示小汽车的运动路径，如图 10-47 所示。

图 10-46　【时间轴】面板

图 10-47　拖动小汽车到适当位置

（11）用鼠标拖动运动路径上的小圆点适当调整路径的形状，如图 10-48 所示。

（12）使用任意变形工具 对小汽车图像进行简单调整，包括旋转与倾斜、缩放等，如图 10-49 所示。

图 10-48　调整路径的形状

图 10-49　调整小汽车形状

（13）在【属性】面板中将其亮度调整为"−15%"，如图 10-50 所示。

（14）保存文档并选择菜单命令【控制】/【测试】观看动画效果。

在补间动画的补间范围内，用户可以为动画定义一个或多个属性关键帧，并可以为每个属性关键帧设置不同的属性。属性关键帧共有 7 种，包括【位置】【缩放】【倾斜】【旋转】【颜色】【滤镜】和【全部】。其中，前 6 种针对 6 种补间动作类型，而第 7 种【全部】则可以支持所有补间类型。在关键帧上可以通过【属性】面板设置不同的属性值。补间动画上的运动路径，可以根据实际需要利用选择工具 、部分选取工具 和任意变形工具 等工具选择运动路径，然后进行设置调整。

图 10-50　调整亮度

另外，可以将【动画预设】面板中预先配置的补间动画应用到舞台的对象上，这是添加一些基础动画的快捷方法。方法是，在舞台上先选中元件实例或文本字段，然后选择菜单命令【窗口】/【动画预设】，打开【动画预设】面板，单击【默认预设】文件夹名称前面的 图标展开文件夹，如图 10-51 所示，选中需要的动画预设，单击 应用 按钮即可。

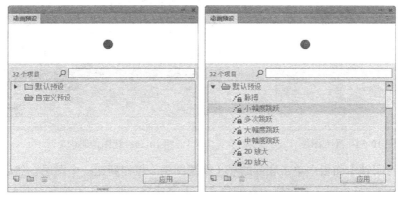

图 10-51　【动画预设】面板

10.3.5　制作引导层动画

引导层是一种特殊的图层，按照引导层发挥的功能的不同，可以将其分为传统运动引导层和普通引导层两种类型。传统运动引导层主要用于绘制对象的运动路径，可将图层链接到运动引导层中，使图层中的对象沿引导层中的路径运动。此时，该图层位于传统运动引导层下方成为被引导层。只有将传统运动引导层与其他动画相结合，如传统补间动画，才能制作成为传统运动引导层动画。普通引导层主要用于辅助静态对象定位，可以没有被引导层而单独使用。

下面以制作"小蜜蜂去采蜜"动画为例说明创建传统运动引导层动画的方法，效果如图 10-52 所示。

图 10-52　小蜜蜂去采蜜

（1）新建一个 ActionScript 3.0 文档，然后选择菜单命令【修改】/【文档】，打开【文档属性】对话框，将舞台宽度设置为"550 像素"、高度设置为"300 像素"。

（2）选择菜单命令【文件】/【导入】/【导入到库】，将桃花和小蜜蜂两个图像文件"taohuayuan.jpg""mifeng.png"导入到【库】面板中，如图 10-53 所示。

（3）将桃花图像文件"taohuayuan.jpg"从【库】面板拖动到舞台上，然后选择菜单命令【窗口】/【对齐】，打开【对齐】面板，保证勾选【与舞台对齐】复选框，并依次单击 按钮和 按钮使图像居中显示，如图 10-54 所示。

图 10-53　导入图像

图 10-54　让图像居中显示

（4）在【时间轴】面板中单击底部的 （新建图层）按钮新建一个图层，然后将小蜜蜂图像文件"mifeng.png"从【库】面板拖动到舞台上左下方位置，并将其转换为图形元件，如图 10-55 所示。

图 10-55　将小蜜蜂图像拖动到舞台上

（5）用鼠标右键单击【图层 2】，在弹出的快捷菜单中选择【添加传统运动引导层】命令，在该图层上面添加一个引导层，如图 10-56 所示。

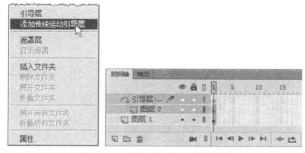

图 10-56　添加传统运动引导层

（6）在【时间轴】面板中选择传统运动引导层，然后在【工具】面板中选择铅笔工具 ，并将其设置为【平滑】模式，在舞台上绘制运动轨迹曲线，如图 10-57 所示。

图 10-57　绘制运动轨迹曲线

（7）分别选中【引导层】和【图层 1】，在第 40 帧处单击鼠标右键，在弹出的快捷菜单中选择【插入帧】命令，将帧添加到第 40 帧处。

（8）选中【图层 2】，在第 40 帧处单击鼠标右键，在弹出的快捷菜单中选择【插入关键帧】命令插入一个关键帧，然后在 1～39 帧间单击鼠标右键，在弹出的快捷菜单中选择【创建传统补间】命令创建传统补间动画，如图 10-58 所示。

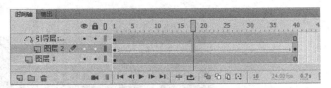

图 10-58　创建传统补间动画

（9）锁定【引导层】图层，然后在【图层2】第1帧处拖动小蜜蜂对象到曲线的起始端，使其紧贴在引导线上，在【图层2】第40帧处拖动小蜜蜂对象到曲线的结束端，使其紧贴在引导线上，如图10-59所示。

（10）在【图层2】第1～39帧间任意一帧单击鼠标，然后选择菜单命令【窗口】/【属性】，打开【属性】面板，勾选【调整到路径】复选框，如图10-60所示。

图 10-59　使对象紧贴曲线

图 10-60　勾选【调整到路径】复选框

（11）保存文档并选择菜单命令【控制】/【测试】观看动画效果。

10.3.6　制作遮罩层动画

使用遮罩层可以制作更加复杂的动画。遮罩层内的图形就像一个透明的区域，通过这个透明的区域可以看到下面被遮罩层中的内容。与遮罩层没有关联的图层，即不是被遮罩层的图层，其中的内容通过遮罩层内的图形是看不到的。遮罩层中的实心对象可以是填充的形状、文字对象、图形元件的实例或影片剪辑等，但线条不能作为遮罩层中的实心对象。可以创建遮罩层动态效果，对于用作遮罩的填充形状可以使用补间形状动画，对于对象、图形实例或影片剪辑可以使用补间动画。在使用影片剪辑实例作为遮罩时，可以使遮罩沿着路径运动。

下面以制作"移动看太空"动画为例说明创建遮罩层动画的方法，效果如图10-61所示。

图 10-61　移动看太空

（1）新建一个 ActionScript 3.0 文档，然后选择菜单命令【修改】/【文档】，打开【文档属性】对话框，将舞台宽度设置为"600像素"、高度设置为"350像素"。

（2）选择菜单命令【文件】/【导入】/【导入到舞台】，将太空图像文件"taikong.jpg"导入到舞台上，然后选择菜单命令【窗口】/【对齐】，打开【对齐】面板，保证勾选【与舞台对齐】复选框，并依次单击 按钮和 按钮使图像居中显示，如图 10-62 所示。

图 10-62　导入图像并使其居中显示

（3）在太空图像文件"taikong.jpg"所在【图层 1】的第 40 帧处插入一个关键帧，使图像延伸到该帧处，然后锁定该图层，在【时间轴】面板中单击底部的 （新建图层）按钮新建一个图层，如图 10-63 所示。

图 10-63　新建图层

（4）选择椭圆工具 ，将笔触颜色设置为无，填充颜色设置为绿色"#00FF00"，然后在第 1 帧处对应的舞台上绘制一个椭圆，如图 10-64 所示。

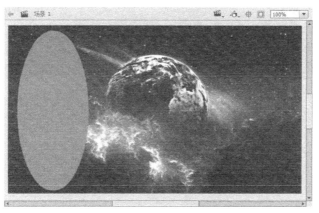

图 10-64　绘制椭圆

（5）在【图层 2】的第 40 帧处插入一个关键帧，然后使用选择工具 将椭圆平移到舞台右侧，如图 10-65 所示。

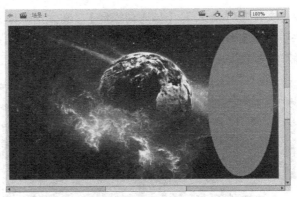

图 10-65　将椭圆平移到舞台右侧

（6）在【图层 2】的 1～40 帧间任意一帧处单击鼠标右键，在弹出的快捷菜单中选择【创建传统补间】命令创建传统补间动画，如图 10-66 所示。

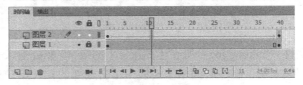

图 10-66　创建传统补间动画

（7）用鼠标右键单击【图层 2】，在弹出的快捷菜单中选择【遮罩层】命令，使椭圆所在的【图层 2】转换为太空图形所在的【图层 1】的遮罩层，如图 10-67 所示。

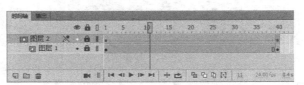

图 10-67　转换遮罩层

（8）最后保存文档，效果如图 10-68 所示，同时可选择菜单命令【控制】/【测试】观看动画效果。

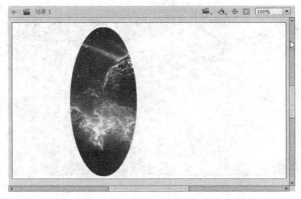

图 10-68　使用遮罩层后的效果

在创建遮罩层后，遮罩层通常下方的一个图层会自动成为被遮罩层。如果要创建遮罩层与其他普通图层的关联，使遮罩层同时遮罩多个图层，其方法主要有以下几种。

- 在【时间轴】的图层面板中，将现有的图层直接拖动到遮罩层下面。
- 在遮罩层的下方创建新的图层。
- 选择【修改】/【时间轴】/【图层属性】命令，打开【图层属性】对话框，在【类型】选项中选择【被遮罩】单选按钮。

10.4　影片发布和导出

动画影片制作完成通常可以根据需要进行发布或导出。下面简要介绍发布和导出影片的基本方法。

10.4.1　发布文件

使用 Animate CC 2017 及其早期版本制作的动画文件格式为 FLA 格式。默认情况下，选择菜单命令【文件】/【发布】，可将 FLA 格式文件发布为 SWF 文件，SWF 格式是最主要的也是最常用的文件格式，Animate CC 2017 还提供了其他发布格式，可以根据需要在发布前设置。

首先打开要发布的 FLA 文件，然后选择菜单命令【文件】/【发布设置】，打开【发布设置】对话框，如图 10-69 所示。在【发布设置】对话框中，左侧列表提供了多种发布格式，可勾选【Flash（.swf）】复选框，如果需要命名新的名称，可以在【输出名称】文本框中输入新的名称，还可以通过单击 📁 按钮调整保存位置，然后单击　确定　按钮关闭对话框。以后在发布文件时，可直接选择菜单命令【文件】/【发布】，按照设置的格式进行发布。也可以在【发布设置】对话框中单击　发布(P)　按钮进行影片发布。

还可以根据需要将 FLA 文件发布为放映文件。放映文件是同时包括发布的 SWF 和 Flash Player 的 Animate 文件。放映文件可以像普通的应用程序那样来播放，无需 Web 浏览器、Flash Player 插件、Adobe AIR 或任何其他平台。在 Windows 系统下导出时，放映文件会生成扩展名为 ".exe" 的文件。在 Animate CC 2017 中导出放映文件的方法是：选择菜单命令【命令】/【作为放映文件导出】或【文件】/【发布设置】，打开【发布设置】对话框，在对话框左侧列表中勾选【Win 放映文件】复选框，如果需要可在【输出名称】文本框中输入放映文件的名称，默认与源文件同名，还可单击 📁 按钮设置导出文件的位置，如图 10-70 所示，设置完毕，单击　发布(P)　按钮将导出放映文件。

图 10-69　【发布设置】对话框

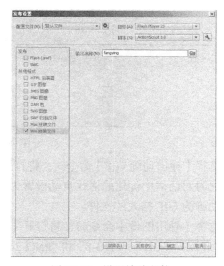

图 10-70　设置放映文件

10.4.2 导出文件

可以将制作的影片通过导出命令创建能够在其他程序中使用的内容。选择【文件】/【导出】中的相应命令可将文件导出为图像、影片、视频和动画 GIF 等，如图 10-71 所示。当选择【导出影片】命令时，无须对背景音乐、图形格式以及颜色等进行单独设置，将直接打开【导出影片】对话框，可以根据需要选择导出文件格式，如图 10-72 所示。

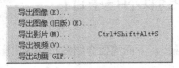

图 10-71　【文件】/【导出】中的命令　　　　　图 10-72　导出影片的文件类型

在导出文件类型中，如果选择"SWF 影片"将把影片导出为一个 SWF 动画文件，如果选择"JPEG 序列"将把影片导出为多个连续的 JPEG 文件，如果选择"GIF 序列"将把影片导出为多个连续的 GIF 文件，如果选择"PNG 序列"将把影片导出为多个连续的 PNG 文件，图 10-73 所示为导出的 JPEG 序列文件，通常动画一帧对应一个图像文件。

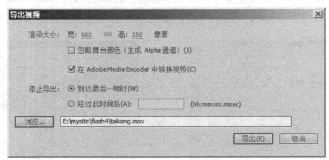

图 10-73　JPEG 序列文件

当选择【导出视频】命令时，将打开【导出视频】对话框，如图 10-74 所示。根据需要进行设置导出即可，也可保持默认设置，导出的视频为 MOV 格式的文件。

图 10-74　导出视频

当选择【导出动画 GIF】命令时，将打开【导出图像】对话框，如图 10-75 所示。由于是 GIF 动画，此时对话框中优化的格式自动设置为"GIF"，其他可保持默认设置，单击 保存 按钮，导出的动画为 GIF 格式的文件。

当选择【导出图像】命令时，将打开【导出图像】对话框，如图 10-76 所示。优化的文件格式可从"JPEG""GIF""PNG-8"和"PNG-24"4 个选项中选择，其他可保持默认设置，单击 保存 按钮，将把当前帧对应的整个舞台内容导出为所选择格式的文件。

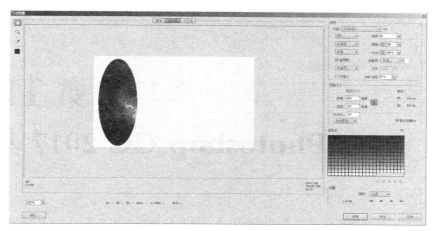

图 10-75　导出 GIF 动画

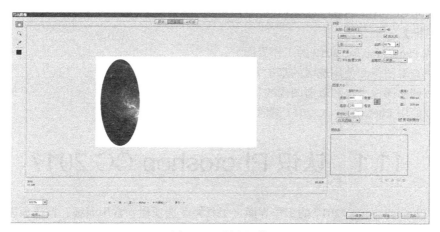

图 10-76　导出图像

小　结

本章主要介绍了组件、ActionScript、动画制作、影片发布和导出的有关内容，通过对这些内容的学习，读者对使用 Animate CC 2017 制作常规类型的动画会有一个基本的了解，同时也希望读者学会综合运用这些知识，能够制作稍微复杂一些的动画。

习　题

1. 简述组件的类型。
2. 简述脚本程序的保存位置。
3. 练习本章不同类型的动画制作。
4. 练习影片的发布和导出。

第11章
Photoshop CC 2017 基础

图像与文本一样是网页传递信息的重要手段，也是修饰网页使其更加美观的重要手段，如网页背景和边框等。学习网页制作，无疑要了解图像处理工具，并能够掌握基本操作技能。本章将介绍 Photoshop CC 2017 的基础知识和编辑图像的基本功能。

【学习目标】

- 了解 Photoshop CC 2017 的工作界面。
- 掌握查看图像和使用选区的基本方法。
- 掌握调整图像大小和裁剪图像的基本方法。
- 掌握使用 Photoshop CC 2017 图像编辑基本方法。

11.1　认识 Photoshop CC 2017

下面对 Photoshop CC 2017 的工作界面、工具栏、选项栏、常用面板、首选项以及新建文件和存储文件等内容进行简要介绍。

11.1.1　工作界面

当启动 Photoshop CC 2017（2017.0.0 版）后，工作窗口通常会显示开始工作区，如图 11-1 所示。开始工作区主要用于创建新文档或打开已有文档等。

图 11-1　开始工作区

开始工作区右侧的图像预览区主要显示最近打开的图像，有【列表】视图和【缩略图】视图两种显示模式，可分别通过单击 ≣ 按钮和 ▦ 按钮进行切换。图 11-1 所示为【缩略图】视图模式。要退出开始工作区，可按 Esc 键。

在窗口中打开一幅图像，其工作界面如图 11-2 所示。Photoshop CC 2017 工作窗口显示模式共有 3 种：标准屏幕模式、带有菜单栏的全屏模式和全屏模式。图 11-2 所示为标准屏幕模式。可通过选择菜单命令【视图】/【屏幕模式】，在【标准屏幕模式】、【带有菜单栏的全屏模式】或【全屏模式】来切换；也可在工具栏中通过更改屏幕模式工具 ▢ 来进行切换。

图 11-2　工作界面

窗口最顶部是菜单栏，往下是选项栏。选项栏显示当前所选工具的属性设置。工具栏默认位于窗口左侧，包含用于创建和编辑图像、图稿、页面元素等的工具。工具可按类别进行分组，如图 11-3 所示。文档窗口显示正在处理的文件，可以将文档窗口设置为选项卡式窗口，并且在某些

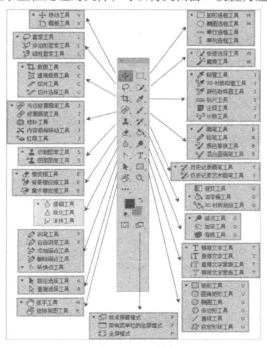

图 11-3　工具栏

情况下可以进行分组和停放。控制面板可以帮助用户监视和修改相关工作，用户可以对面板进行编组、堆叠或停放。要隐藏或显示所有面板（包括工具栏和控制面板）可按 Tab 键，要隐藏或显示所有面板（除工具栏和控制面板之外），可同时按 Shift+Tab 组合键。状态栏通常位于文档窗口底部，显示当前图像的显示比例和文档大小等。

11.1.2 首选项

Photoshop CC 2017 有关设置可通过选择【编辑】/【首选项】中的相应菜单命令进行，具体如下。

（1）选择菜单命令【编辑】/【首选项】/【文件处理】，在打开对话框的【近期文件列表包含（R）】后面的文本框中输入数值（范围为 0～100），如图 11-4 所示，可以自定义在开始工作区中显示最近打开的文件个数。

（2）选择菜单命令【编辑】/【首选项】/【常规】，在打开对话框的【选项】栏中取消勾选【没有打开的文档时显示"开始"工作区】选项，如图 11-5 所示，可设置 Photoshop CC 2017 在启动时或没有打开的文档时不显示开始工作区，

图 11-4　自定义显示最近打开的文件个数　　　　图 11-5　禁止显示开始工作区

（3）选择菜单命令【编辑】/【首选项】/【工作区】，在打开的对话框中勾选【自动显示隐藏面板】选项，如图 11-6 所示，可以让隐藏的面板暂时显示，方法是将指针移动到应用程序窗口边缘（Windows 系统）。

（4）选择菜单命令【编辑】/【首选项】/【界面】，在打开对话框的【颜色方案】选项中选取所需的颜色方案，如图 11-7 所示，可自定义工作界面亮度级别或颜色方案。颜色块从左至右依次表示黑色、深灰、中灰和浅灰。

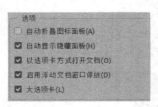

图 11-6　勾选【自动显示隐藏面板】选项　　　　图 11-7　颜色方案

上面介绍的是关于【首选项】中常用的部分内容，希望能够起到抛砖引玉的作用，有兴趣的读者可查阅有关资料自行学习。

11.1.3　新建文件

现在在 Photoshop CC 2017 中创建文档不必从空白画布开始，可以从各种模板中进行选择。这些模板包含资源和插图，可以以此为基础进行重新构建，从而完成项目。在 Photoshop CC 2017 中打开一个模板时，可以像处理其他任意 Photoshop 文档（.PSD）那样处理该模板。除了模板之外，还可以通过从大量可用的预设中选择或者创建自定义大小来创建文档；也可以存储自己的预设，以便重复使用。模板可为文档提供灵感以及可重复使用的元素。空白文档预设是指具有预定义尺寸和设置的空白文档。预设可以让设计特定设备外形规格或使用案例的过程变得更加轻松。在 Photoshop CC 2017 中，新建文档的方法如下。

（1）使用以下方式打开【新建文档】对话框，如图 11-8 所示。

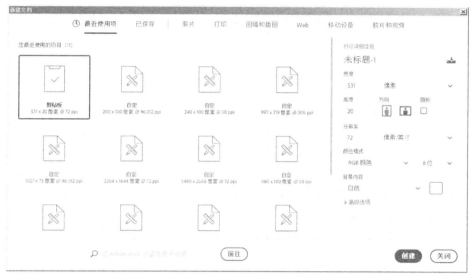

图 11-8　【新建文档】对话框

- 在 Windows 系统中按 Ctrl+N 组合键。
- 选择菜单命令【文件】/【新建】。
- 单击开始工作区中的 新建… Ctrl+N 按钮。
- 用鼠标右键单击某个已打开文档左上方显示有图像名称的选项卡，然后从弹出的快捷菜单中选择【新建文档】命令。

（2）可以根据实际需要，在【新建文档】对话框中使用选择的模板创建多种类别的文档，如【照片】、【打印】、【图稿和插图】、【Web】、【移动设备】以及【胶片和视频】。如在选择【Web】类别后，可以选择一个预设，也可以更改右侧【预设详细信息】窗格中所选定预设的参数值以便创建相应尺寸的文档，如图 11-9 所示，最后单击 创建 按钮创建文档。

（3）也可以从【最近使用项】选项卡根据最近访问的文件、模板和项目快速创建相应的文档。

（4）也可以从【已保存】选项卡根据已存储的自定预设快速创建文档。

（5）也可以在对话框底部 🔍 图标后面的文本框中输入文本，单击 前往 按钮到 Adobe Stock 中查找更多模板，并使用这些模板创建文档。

图 11-9　选择照片类别

11.1.4　存储文件

在 Photoshop CC 2017 中，文件的存储主要通过选择菜单命令【文件】/【存储】和【文件】/【存储为】进行。当新建的图像文件第一次存储时，这两个菜单命令功能相同，都是将当前图像文件命名后存储，并且都会弹出如图 11-10 所示的【另存为】对话框。在对话框中，可以设置文件名称、保存类型和存储选项。如果勾选【作为副本】复选框，可另存一个文件副本，副本文件与原有文件保存在同一位置。选中【注释】、【Alpha 通道】、【专色】和【图层】复选框，可以存储注释、Alpha 通道、专色和图层。

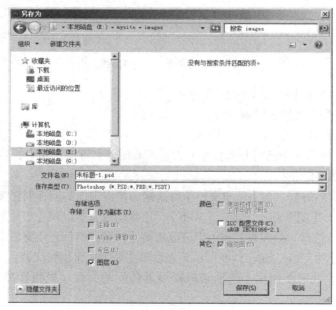

图 11-10　【另存为】对话框

将打开的图像文件编辑后再存储时，就应该正确区分这两个命令的不同。【存储】命令是在覆盖原文件的基础上直接进行存储，不弹出【另存为】对话框；而【存储为】命令仍会弹出【存储为】对话框，它是在原文件不变的基础上将编辑后的文件重新命名后存储。

11.2　查 看 图 像

在绘制图形或处理图像时，经常需要将图像放大和缩小、移动画面的显示区域等，以便更好地观察和处理图像。下面进行简要介绍。

11.2.1　导航器

【导航器】面板不仅可以方便地对图像文件在窗口中的显示比例进行调整，而且还可以对图像文件的显示区域进行移动选择，使用方法如下。

（1）首先打开一个图像文件，然后选择菜单命令【文件】/【导航器】，打开【导航器】面板，如图 11-11 所示。

（2）要更改放大率，可在【缩放】文本框中输入一个值，也可单击▲（缩小）按钮或 ▲（放大）按钮，还可拖移缩放滑块△。

（3）要移动图像的视图，可拖移图片缩览图中的代理预览区域，也可以单击图片缩览图来指定可查看区域。

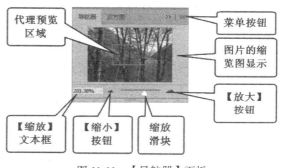

图 11-11　【导航器】面板

11.2.2　缩放工具

使用缩放工具可放大或缩小图像。使用缩放工具时，每单击一次都会将图像放大或缩小到下一个预设百分比。当图像到达最大放大级别 3200%或最小尺寸 1 像素时，放大镜看起来是空的。缩放工具栏如图 11-12 所示，其使用方法如下。

图 11-12　【缩放】工具选项栏

（1）在工具栏中选择缩放工具 🔍，接着在选项栏中单击 🔍 按钮，此时在图像窗口中单击图像，图像将放大显示一级。

（2）在选项栏中单击 🔍 按钮，此时在图像窗口中单击图像，图像将缩小显示一级。

（3）勾选【调整窗口大小以满屏显示】复选框，在缩放窗口的同时自动调整窗口的大小。

（4）勾选【缩放所有窗口】复选框，可以同时缩放所有打开的文档窗口中的图像。

（5）勾选【细微缩放】复选框，按住鼠标左键左右拖动可缩放图像。

（6）单击 100% 按钮或双击工具箱中的缩放工具 🔍，将以 100%显示图像。100%的缩放设置提供最准确的视图，因为每个图像像素都以一个显示器像素来显示。

（7）单击 适合屏幕 按钮可以在窗口中最大化显示完整的图像。

（8）单击 填充屏幕 按钮可以使图像充满文档窗口显示。

图像的缩放也可通过【视图】菜单中的相应命令或在图像上单击鼠标右键，在弹出的快捷菜单中选择相应的命令进行，如图 11-13 所示。

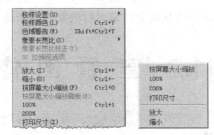

图 11-13　【视图】菜单命令和鼠标右键快捷菜单命令

11.2.3　抓手工具

图像放大显示后，如果图像无法在窗口中完全显示出来时，可以在工具栏中选择抓手工具，然后在图像中按下鼠标左键拖曳，在不影响图像在图层中相对位置的前提下平移图像在窗口中的显示位置，以观察图像窗口中无法显示的图像，如图 11-14 所示。

图 11-14　平移显示图像

11.2.4　旋转视图工具

如果仅仅是旋转图像方便查看而不存在对图像本身的修改，可在工具栏中选择旋转视图工具，然后在图像中按下鼠标左键顺时针或逆时针旋转或在旋转视图工具选项栏的【旋转角度】文本框中输入旋转的度数（顺时针为正数，逆时针为负数），在不影响图像的前提下旋转图像在窗口中的显示位置，如图 11-15 所示。如果要恢复原视图，可在选项栏中单击 复位视图 按钮。

图 11-15　旋转视图

11.2.5　图像的排列方式

当打开多幅图像文件时，通常只有当前文件显示在工作区中，选择【窗口】/【排列】中的相应命令可根据需要更改图像的排列方式。

（1）选择菜单命令【文件】/【打开】，在打开的【打开】对话框中，按住 Ctrl 键不放，用鼠标左键依次选中 4 个图像文件，然后单击 打开(O) 按钮打开图像文件，如图 11-16 所示。此时所有打开的图像文件都以选项卡的形式显示，要想显示图像必须单击其选项卡，使其成为当前图像。

图 11-16　打开图像文件

（2）选择菜单命令【窗口】/【排列】/【使所有内容在窗口中浮动】，图像以浮动状态显示，如图 11-17 所示。

图 11-17　使所有内容在窗口中浮动

（3）选择菜单命令【窗口】/【排列】/【四联】，4 幅图像依次在工作区中显示，如图 11-18所示。

（4）在工具栏中选择抓手工具 ，并在选项栏中勾选【滚动所有窗口】复选框，然后在任意一幅图像显示区域中单击鼠标并拖动，即可改变所有打开图像的显示区域内容，如图 11-19 所示。

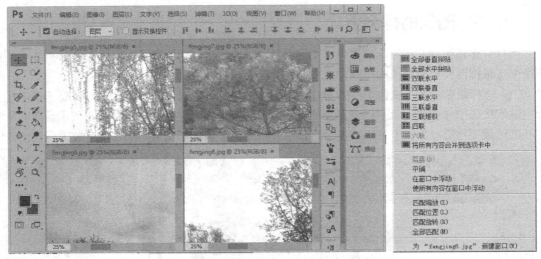

图 11-18　四联排列图像

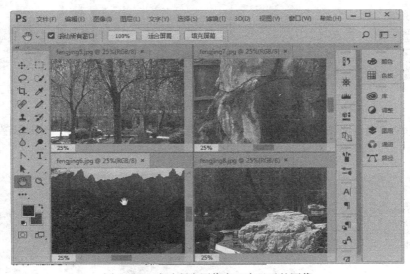

图 11-19　滚动所有图像窗口中显示的图像

（5）选择菜单命令【窗口】/【排列】/【将所有内容合并到选项卡中】，此时所有打开的图像文件都以选项卡的形式显示，效果参见图 11-16 所示。

11.3　使用选区

选区将图像分成一个或多个部分，通过选择特定区域，可以编辑图像并将效果和滤镜应用于局部图像，同时还可保持未选定区域不会被改动。所有的操作只能对选区内的图像起作用，选区外的图像不受任何影响。选区的形态是一些封闭的具有动感的虚线，使用不同的选区工具可以创建出不同形态的选区。设置选区是图像编辑软件操作的基础，无论是绘图创作还是图像合成，都与选区操作息息相关。下面介绍有关选区的一些基本操作。

11.3.1　创建规则形状选区

Photoshop CC 2017 提供了多种途径创建选区，在处理图像时可以根据不同的需要来选择相应的方法。对于图像中的规则形状选区，如矩形、椭圆形等可使用选框工具来创建。具体操作方法如下。

（1）打开一幅图像，然后在工具栏中用鼠标右键单击选框工具图标，在弹出的快捷菜单中选择需要的工具，如图 11-20 所示。

（2）选择矩形选框工具 □ 或椭圆形选框工具 ○ 时，直接将光标移到当前图像中合适的位置，按住鼠标不放拖动到目标位置后，释放鼠标即可创建一个矩形或椭圆形选区，如图 11-21 所示。拖动鼠标时按住 Shift 键可以将创建正方形或圆形选区。

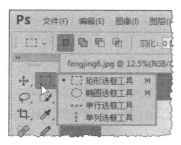

图 11-20　选框工具

图 11-21　矩形选区

（3）选择单行选框工具 ⚏ 或单列选框工具 ⚎ 时，在图像中单击鼠标可创建宽度为 1 像素的行或列选区，如图 11-22 所示。

图 11-22　单行选区

（4）在选择选框工具后，可在选项栏中根据需要设置相关参数，参数设置不同，效果就不一样。如选择椭圆形选框工具，在选项栏中单击 ⬚（添加到选区）按钮，【羽化】设置为"10 像素"，如图 11-23 所示。

图 11-23　选项栏

在选择工具选项栏中，选区选项有 4 个：⬚ 表示创建新选区，⬚ 表示添加到选区，⬚ 表示从选区中减去，⬚ 表示与选区交叉，图标自身的图形就是创建选区效果的体现。【羽化】就是软化选区的边缘，对被羽化的选区填充颜色或图案后，选区内外的颜色柔和过渡，数值越大效果越明显。【消除锯齿】表示平滑边缘转换。【样式】有"正常""固定比例"和"固定大小"3 个选项，在创建不同大小或比例的选区时非常有用。

（5）在图像窗口中连续制 3 个椭圆形，而且有区域重叠，如图 11-24 所示。

（6）选择菜单命令【编辑】/【拷贝】，然后再打开另一个图像文件，如"fengjing8.jpg"，接着选择菜单命令【编辑】/【粘贴】，效果如图 11-25 所示。

（7）最后将图像重命名保存。

图 11-24　连续制 3 个椭圆形

图 11-25　粘贴图像

这时羽化效果会体现出来，粘贴的图像边缘得到羽化。

11.3.2　创建不规则形状选区

在图像处理过程中，有时需要创建不规则形状的选区，如选中图像中具有不规则形状的局部等。经常用到的工具有套索工具、多边形套索工具、磁性套索工具、快速选择工具和魔棒工具等。套索工具适合于绘制选区边框的手绘线段，多边形套索工具适合于绘制选区边框的直线线段。磁性套索工具通过画面中颜色的对比自动识别对象的边缘，绘制出由连接点形成的连接线段，最终闭合线段区域后创建出选区范围，特别适用于快速选择与背景对比强烈且边缘复杂的对象。使用磁性套索工具时，边界会对齐图像中定义区域的边缘，磁性套索工具不可用于 32 位/通道的图像。使用快速选择工具时可利用可调整的圆形画笔笔尖快速绘制选区，拖动时选区会向外扩展并自动查找和跟踪图像中定义的边缘。魔棒工具可以选择颜色一致的区域（如一朵红花）而不必跟踪其轮廓，可指定相对于单击的原始颜色的选定色彩范围或容差，不能在位图模式的图像或 32 位/通道的图像上使用。具体操作方法如下。

（1）打开一幅图像并选择套索工具 ，然后在选项栏中选择创建新选区图标 ，并设置【羽化】选项，勾选【消除锯齿】选项，然后拖动鼠标绘制选区，如图 11-26 所示。

（2）选择菜单命令【编辑】/【拷贝】，然后再打开另一个图像文件，接着选择菜单命令【编辑】/【粘贴】，并在工具栏中选择移动工具 把它移到适当位置，如图 11-27 所示。

图 11-26　使用套索工具创建选区

图 11-27　粘贴图像

（3）为了方便后续操作，暂时把粘贴图像后的文件保存为"fengjing4-hua.psd"。

（4）打开一幅图像并选择多边形套索工具，然后在选项栏中选择创建新选区图标，并设置【羽化】选项为"10 像素"，勾选【消除锯齿】选项，然后围绕着目标对象不断单击鼠标，最后双击鼠标创建选区，如图 11-28 所示。

（5）选择菜单命令【编辑】/【拷贝】，然后切换到"fengjing4-hua.psd"图像窗口，接着选择菜单命令【编辑】/【粘贴】，并在工具栏中选择移动工具把粘贴的图像移到适当位置，如图 11-29 所示。

图 11-28　使用多边形套索工具创建选区

图 11-29　粘贴图像

在使用多边形套索工具时，在图像中单击设置起点，如果要绘制直线段，可将鼠标指针置于直线段结束的位置单击即可，如果继续单击可以设置后续线段的端点；如果要绘制一条角度为 45° 倍数的直线，可在移动鼠标时按住 Shift 键单击即可。在绘制线段时，将多边形套索工具的指针放在起点上单击可形成闭合的选区，如果指针不在起点上可双击鼠标或者按住 Ctrl 键（Windows 系统）并单击鼠标形成闭合的选区。

（6）打开一幅图像并选择磁性套索工具，然后在选项栏中选择创建新选区图标，并设置【羽化】选项为"0"，勾选【消除锯齿】选项，如图 11-30 所示。

图 11-30　磁性套索工具选项栏

（7）在目标对象边缘单击鼠标，并围绕着目标对象移动鼠标指针，最后再单击一次鼠标创建闭合选区，如图 11-31 所示。

（8）选择菜单命令【编辑】/【拷贝】，然后切换到"fengjing4-hua.psd"图像窗口，接着选择菜单命令【编辑】/【粘贴】，并在工具栏中选择移动工具把粘贴的图像移到适当位置，如图 11-32 所示。

在使用磁性套索工具时，如果要指定检测宽度，可在选项栏的【宽度】文本框中输入像素值，磁性套索工具只检测从指针开始指定距离以内的边缘。如果要指定套索对图像边缘的灵敏度，可在【对比度】文本框中输入一个 1%～100% 的值。较高的数值将只检测与其周边对比鲜明的边缘，较低的数值将检测低对比度边缘。如果要指定套索以什么频度设置紧固点，可在【频率】文本框中输入 0～100 的数值。较高的数值会更快地固定选区边框。在边缘精确定义的图像上，可以试用更大的宽度和更高的边对比度大致地跟踪边缘。在边缘较柔和的图像上，可尝试使用较小的宽度和较低的边对比度更精确地跟踪边框。如果正在使用光笔绘图板，可选择或取消选择（光笔压力）选项。选中了该选项时，增大光笔压力将导致边缘宽度减小。在使用磁性套索工具的过程中，如果要用磁性线段闭合边框形成选区，可双击鼠标或按 Enter 键。如果要手动关闭边界形成选区，可将鼠标指针拖动回起点并单击鼠标。如果要用直线段闭合边界形成选区，可按住 Alt 键（Windows 系统）并双击。

图 11-31　使用磁性套索工具创建选区

图 11-32　粘贴图像

（9）打开一幅图像并选择快速选择工具，然后在选项栏中选择创建新选区图标，单击图标设置好画笔选项，如图 11-33 所示。

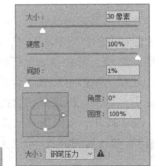

图 11-33　快速选择工具选项栏

（10）在目标对象上按住鼠标不断拖曳增大选区范围，如果最终范围超出了欲想的要求，可在选项栏中选择从选区减去图标，然后在超出范围部分拖曳鼠标进行删除，期间反复拖曳鼠标添加或删除选区直到理想状态即可，如图 11-34 所示。

（11）选择菜单命令【编辑】/【拷贝】，然后切换到 "fengjing4-hua.psd" 图像窗口，接着选择菜单命令【编辑】/【粘贴】，并在工具栏中选择移动工具把粘贴的图像移到适当位置，如图 11-35 所示。

在快速选择工具选项栏中，选区选项有 3 个：新选区、添加到选区和从选区减去。新选区是在未创建任何选区的情况下的默认选项，在创建初始选区后，新选区将自动更改为添加到选区。更改画笔笔尖大小，可单击选项栏中的（画笔）图标，在弹出的面板中输入像素大小或拖动滑块，其中设置【大小】选项，可使画笔笔尖大小随钢笔压力或光笔轮而变化。勾选【对所有图层取样】复选框，将基于所有图层（而不是仅基于当前选定图层）创建一个选区。勾选【自动增强】复选框，可减少选区边界的粗糙度和块效应。在要选择的图像部分按住鼠标拖曳，选区将随着鼠标拖曳范围的增大而增大。如果更新速度较慢，应继续拖动以留出时间来完成选区上的工作。在形状边缘的附近拖曳时，选区会扩展以跟随形状边缘的等高线。如果停止拖动，然后在附近区域内单击或拖动，选区将增大以包含新区域。要从选区中减去，可选择选项栏中的从选区减去 ，然后拖过现有选区。

图 11-34　使用快速选择工具创建选区

图 11-35　粘贴图像

（12）打开一幅图像并选择魔棒工具 ，然后在选项栏中选择创建新选区图标 ，并勾选【消除锯齿】和【连续】两个复选框，如图 11-36 所示。

图 11-36　魔棒工具选项栏

（13）在图像白色背景区域单击鼠标左键，在背景中连续的白色区域范围内创建选区，如图 11-37 所示，然后选择菜单命令【选择】/【反选】将图像中已选区域外的部分选中，如图 11-38 所示，此时背景中的白色连续区域已不再处于选区内。

图 11-37　使用魔棒工具创建选区

图 11-38　反选

在【选择】菜单命令中，最上面包括了 4 个常用的菜单命令。其中，【选择】/【全部】菜单命令表示选择当前图像文档中的全部内容；【选择】/【反选】菜单命令表示选择图像中未选择的部分；【选择】/【取消选择】菜单命令表示取消创建的选区；【选择】/【重新选择】菜单命令表示恢复前一个选区范围。

（14）选择菜单命令【编辑】/【拷贝】，然后切换到 "fengjing4-hua.psd" 图像窗口，接着选择菜单命令【编辑】/【粘贴】，并在工具栏中选择移动工具 ⊕ 把粘贴的图像移到适当位置，如图 11-39 所示。

（15）最后保存文档。

在魔棒工具选项栏中，【容差】选项用于确定所选像素的色彩范围，以像素为单位输入一个范围 0～255 的值，如果值较低则会选择与所单击像素非常相似的少数几种颜色，如果值较高则会选择范围更广的颜色；勾选【消除锯齿】选项表示创建较平滑边缘选区；勾选【连续】选项表示只选择使用相同颜色的相邻区域，否则将会选择整个图像中使用相同颜色的所有像素；勾选【对所有图层取样】选项表示使用所有可见图层中的数据选择颜色，否则魔棒工具将只从现用图层中选择颜色。

图 11-39　粘贴图像

11.3.3　选区编辑操作

在图像中创建选区后，为了使选区更符合实际需要，可以对选区进行编辑和修改，如移动选区、平滑选区、缩放选区、羽化选区和变换选区等。具体使用方法如下。

（1）打开一幅图像并选择椭圆形选框工具 ◯，然后在图像中按住鼠标不放并拖动创建一个椭圆形选区，如图 11-40 所示。

（2）移动图像选区。在选项栏中保证新选区 ▣ 处于选中状态，然后将鼠标指针置于选区中，当指针变成白色箭头 ▹ 时按住鼠标并拖曳，直到适合的位置释放鼠标即可，如图 11-41 所示，在拖曳的过程中指针白色箭头变成黑色箭头 ▸。

图 11-40　创建选区

图 11-41　拖曳选区

（3）平滑选区。选择菜单命令【选择】/【修改】/【平滑】，打开【平滑选区】对话框，在【取样半径】文本框中设置选区的平滑范围，如图 11-42 所示，然后单击 确定 按钮关闭对话框。

（4）扩展选区。选择菜单命令【选择】/【修改】/【扩展】，打开【扩展选区】对话框，在【扩展量】文本框中设置扩展选区的范围，数值越大选区向外扩展的范围就越广，如图 11-43 所示，然后单击 确定 按钮关闭对话框。

图 11-42　【平滑选区】对话框　　　　　图 11-43　【扩展选区】对话框

（5）收缩选区。选择菜单命令【选择】/【修改】/【收缩】，打开【收缩选区】对话框，在【收缩量】文本框中设置收缩选区的范围，数值越大选区向内收缩的范围就越大，如图 11-44 所示，然后单击 确定 按钮关闭对话框。

（6）羽化选区。选择菜单命令【选择】/【修改】/【羽化】，打开【羽化选区】对话框，在【羽化半径】文本框中设置扩展选区轮廓周围像素区域的大小，如图 11-45 所示，然后单击 确定 按钮关闭对话框。当对选区应用填充、裁剪、复制、粘贴等操作时会显示出羽化效果。

图 11-44　【收缩选区】对话框　　　　　图 11-45　【羽化选区】对话框

（7）变换选区。选择菜单命令【选择】/【变换选区】，如图 11-46 所示，然后在选项栏中单击 （在自由变换和变形模式之间切换）按钮出现控制框，如图 11-47 所示。

图 11-46　变换选区　　　　　　　　　图 11-47　控制框

（8）拖动控制点调整选区，如图 11-48 所示，选区调整完成后在选项栏中单击 ✔ 按钮或按 Enter 键确认应用变换，如图 11-49 所示，在确认之前如果要取消变换可单击 ⊘ 按钮或按 Esc 键。

图 11-48　调整选区　　　　　　　　　图 11-49　确认变换

（9）选择菜单命令【编辑】/【拷贝】，然后打开另一幅图像，并使用套索工具创建图 11-50 所示的选区，接着选择菜单命令【编辑】/【选择性粘贴】/【贴入】，将复制的图像粘贴到新的选区内，超出选区范围的不显示，最后保存文档为"fengjing2-girl.psd"，效果如图 11-51 所示。

图 11-50　创建选区

图 11-51　贴入图像

11.4　绘　图　基　础

下面介绍有关绘图的基本知识。

11.4.1　设置前景色和背景色

在 Photoshop CC 2017 中使用各种绘图工具时，通常要提前设定颜色，包括前景色和背景色。前景色决定了使用绘图工具绘制图形以及使用文字工具创建文字时的颜色。背景色决定了使用橡皮擦工具擦除图像时，擦除区域呈现的颜色以及增加画布大小时新增画布的颜色。

（1）在工具栏中，单击底部的颜色设置组件中的 ⇄ 图标，可以切换前景色和背景色，单击 ▇ 图标可以恢复默认的前景色和背景色，如图 11-52 所示。

（2）单击颜色设置组件中的前景色或背景色图标，打开【拾色器】对话框，可设置前景色或背景色。

（3）在【拾色器】对话框左侧的主颜色框中单击鼠标可选取颜色，该颜色会显示在右侧上方颜色方框内，同时右侧文本框内的数字会随之改变，如图 11-53 所示。

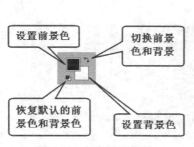

图 11-52　颜色设置组件

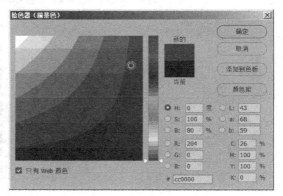

图 11-53　【拾色器】对话框

（4）用户也可以在右侧的颜色文本框内输入数值，或拖动主颜色框右侧颜色滑竿的滑块来改变主颜色框中的主色调。

也可以通过【颜色】面板、【色板】面板等来设置前景色和背景色，请读者自行学习。

11.4.2　填充与描边

填充是指在图像或选区内填充颜色，描边则是指为选区描绘可见的边缘，填充时可使用工具栏中的油漆桶工具  和菜单命令【编辑】/【填充】，描边可使用菜单命令【编辑】/【描边】。具体使用方法如下。

（1）打开一幅图像，然在工具栏中将前景色设置为"#669966"，如图 11-54 所示。

（2）在工具栏中选择矩形选框工具，然后创建一个矩形选区，如图 11-55 所示。

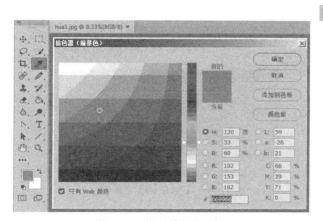

图 11-54　设置前紧急通知

图 11-55　创建一个矩形选区

（3）在工具栏中选择油漆桶工具，在选项栏中设置使用前景色填充选区，模式为"正常"，不透明度为"50%"，容差为"150"，如图 11-56 所示。

图 11-56　选项栏

（4）将鼠标指针移至创建的选区内并单击，此时将使用设置的前景色填充指定容差内的所有指定像素，如图 11-57 所示。

图 11-57　填充选区

（5）选择菜单命令【选择】/【取消选择】，可以取消选择框。

油漆桶工具填充颜色值与单击像素相似的相邻像素，但不能用于位图模式的图像。容差用于定义一个颜色相似度（相对于您所单击的像素），一个像素必须达到此颜色相似度才会被填充。值的范围可以从0～255。低容差会填充颜色值范围内与所单击像素非常相似的像素。高容差则填充更大范围内的像素。【消除锯齿】主要用于平滑填充选区的边缘。如果仅填充与所单击像素邻近的像素可选择【连续】选项，否则仅填充图像中的所有相似像素。如果基于所有可见图层中的合并颜色数据填充像素，需要选择【所有图层】选项。

（6）在工具栏中将前景色设置为"#003399"，然后在工具栏中选择矩形选框工具 ，在图像中再创建一个矩形选区，如图11-58所示。

（7）选择菜单命令【编辑】/【填充】，打开【填充】对话框，参数设置如图11-59所示。

图11-58　创建选区

图11-59　【填充】对话框

（8）单击 确定 按钮应用填充效果，如图11-60所示。

（9）接着选择菜单命令【编辑】/【描边】，打开【描边】对话框，设置描边宽度为"5像素"，颜色为"#ffffff"，位置为"居外"，如图11-61所示。

（10）单击 确定 按钮并选择菜单命令【选择】/【取消选择】，取消选择框。

（11）将图像重命名保存，效果如图11-62所示。

图11-60　填充效果

图11-61　【描边】对话框

图11-62　描边效果

可以使用【描边】命令在选区、路径或图层周围绘制彩色边框。要创建像叠加一样的效果可打开或关闭的形状或图层边框，并对它们消除锯齿以创建具有柔化边缘的角和边缘，应使用【描边】图层效果而不是【描边】命令。

11.4.3　渐变工具

渐变工具可以创建多种颜色间逐渐过渡混合的效果。用户可以从预设渐变填充中选取或创建自己的渐变，但无法在位图或索引颜色图像中使用渐变工具。在网页制作中，在制作页眉部分内容时，渐变工具和蒙版相结合可以制作出两幅图逐渐柔和过渡的效果，方法如下。

（1）分别打开两幅图像文件，如"bg.jpg"和"bgleft.jpg"。

（2）在图像"bgleft.jpg"中，选择菜单命令【选择】/【全部】，然后选择菜单命令【编辑】/【拷贝】。

（3）切换到图像窗口"bg.jpg"，然后选择菜单命令【编辑】/【粘贴】，将图像粘贴到窗口中，如图 11-63 所示。

图 11-63　粘贴图像

（4）在工具栏中选择移动工具 ⊕，把它移到最左端，如图 11-64 所示。

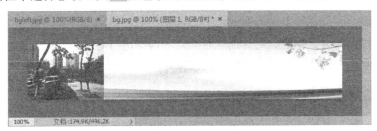

图 11-64　移动图像

（5）选择菜单命令【窗口】/【图层】，打开【图层】面板，在【图层 1】处于选中的状态下，单击面板底部的 ▢ 按钮添加图层蒙版，如图 11-65 所示。

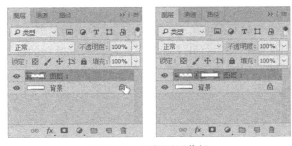

图 11-65　添加图层蒙板

（6）在工具栏中选择渐变工具 ▣，选项栏参数设置如图 11-66 所示。

图 11-66　选项栏

（7）将鼠标指针定位在图像最左端并向右拖曳到适当位置，如图 11-67 所示。

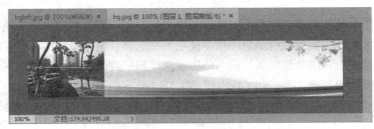

图 11-67　拖曳鼠标

（8）释放鼠标，效果如图 11-68 所示，最后将文件命名保存为"bg.psd"。

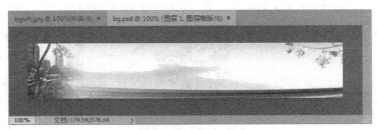

图 11-68　渐变效果

在使用渐变工具时，可以设置 5 种渐变类型：线性渐变、径向渐变、角渐变、对称渐变和菱形渐变。线性渐变以直线从起点渐变到终点，径向渐变以圆形图案从起点渐变到终点，角渐变围绕起点以逆时针扫过的方式渐变，对称渐变在起点的两侧进行对称的线性渐变，菱形渐变以菱形图案从中心向外侧渐变到角。如果要将线条角度限定为 45°的倍数，在拖动时需要按住 Shift 键。

11.4.4　绘图工具

画笔工具和铅笔工具可在图像上绘制当前的前景色。画笔工具创建颜色的柔描边，铅笔工具创建硬边直线。画笔工具 ✐ 和铅笔工具 ✐ 与传统绘图工具的相似之处在于：它们都使用画笔描边来应用颜色。颜色替换工具 ✐ 可以简化图像中特定颜色的替换，并使用校正颜色在目标颜色上绘画，但该工具不适用于位图、索引或多通道颜色模式的图像。使用画笔工具、铅笔工具和颜色替换工具的方法如下。

（1）首先设置前景色为"#336600"，然后在工具栏中选择画笔工具 ✐。

（2）单击切换画笔面板 图 按钮，打开【画笔】面板，选取适合的画笔笔尖形状，同时设置好模式、不透明度等工具选项，如图 11-69 所示。

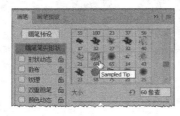

图 11-69　画笔工具选项栏

在选项栏中，【模式】选项用于设置将绘画的颜色与下面的现有像素混合的方法，可用模式将根据当前选定工具的不同而变化。【不透明度】选项用于设置应用的颜色的透明度，如果不透明度为 100%则表示不透明。【流量】选项用于设置当将指针移动到某个区域上方时应用颜色的速率，在某个区域上进行绘图时，如果一直按住鼠标按钮，颜色量将根据流动速率增大，直至达到不透明度设置。

（3）在图像中小桥上单击并拖动鼠标指针进行绘图，把小桥桥面绘成绿色，如图 11-70 所示，要绘制直线可在图像中单击起点，然后按住 Shift 键并单击终点。

（4）在工具栏中选择铅笔工具 ✐，并设置好选项栏相关参数，然后在图像中水边的石头上单击并拖动鼠标指针进行绘图，把石头绘成绿色，如图 11-71 所示。

图 11-70　使用画笔绘图

图 11-71　使用铅笔工具绘图

铅笔工具选项栏中的【自动抹除】选项表示在包含前景色的区域上方绘制背景色。

（5）在工具栏中选择椭圆形工具，然后在图像中创建选区，如图 11-72 所示。

（6）选择颜色替换工具 ✐，在选项栏中设置相关参数，然后在图像中单击并拖曳鼠标指针替换荷叶颜色。

（7）将文件命名保存为"xiaoxi4-color.psd"，效果如图 11-73 所示。

图 11-72　创建选区

图 11-73　颜色替换

在【取样】选项中，![连续图标]（连续）表示在拖动时连续对颜色取样，![一次图标]（一次）表示只替换包含第一次单击颜色区域中的目标颜色，![背景色板图标]（背景色板）表示只替换包含当前背景色的区域。在【限制】菜单中，【不连续】表示替换出现在指针下任何位置的取样颜色，【连续】表示替换与紧挨在指针下的颜色邻近的颜色，【查找边缘】表示替换包含取样颜色的连接区域，同时更好地保留形状边缘的锐化程度。在【容差】选项中，如果选择较低的百分比，则替换与所单击像素非常相似的颜色；如果选择较高的百分比，则替换范围更广的颜色。要为所校正的区域生成平滑的边缘，需选择【消除锯齿】选项。

11.5　图　像　编　辑

下面介绍调整图像和画布大小、图像旋转等方面的基本知识。

11.5.1　图像和画布大小

图像大小与图像的像素大小成正比。图像中包含的像素越多，在给定的尺寸上显示的细节也就越丰富。因此，在图像品质（保留所需要的所有数据）和文件大小难以两全的情况下，图像分辨率成为了它们之间的折中办法。画布大小是图像的完全可编辑区域。【画布大小】命令可让用户增大或减小图像的画布大小，增大画布的大小会在现有图像周围添加空间，可以利用这一特点给图像增加边框效果。调整图像和画布大小的方法如下。

（1）打开一幅图像，如图 11-74 所示。

（2）选择菜单命令【图像】/【图像大小】，打开【图像大小】对话框，如图 11-75 所示。根据实际需要调整图像的宽度和高度，在保持宽高度量比的情况下，将宽度修改为"500 像素"，高度自动变化为"667 像素"，单击 确定 按钮关闭对话框。

图 11-74　打开图像

图 11-75　【图像大小】对话框

在【图像大小】对话框左侧的预览区内拖动图像可查看图像未显示的其他区域。要更改预览显示比例，可按住 Ctrl 键（Windows 系统）并单击预览图像以增大显示比例，按住 Alt 键（Windows）并单击以减小显示比例。单击之后，显示比例的百分比将简短地显示在预览图像的底部附近。要更改像素尺寸的度量单位，可单击【尺寸】后面的 按钮并从弹出的菜单中选取。要保持最初的宽高度量比，确保启用约束比例选项 。如果要分别缩放宽度和高度，需单击 图标以取消宽高的链接。

（3）选择菜单命令【图像】/【画布大小】，打开【画布大小】对话框，根据实际需要调整画布的宽度和高度。例如，可将宽度和高度分别增加"2 厘米"，如果勾选【相对】选项，可以直接输入要从图像的当前画布大小添加或减去的数量，如图 11-76 所示，单击 确定 按钮关闭对话框，并命名保存文档。

图 11-76　【画布大小】对话框

在【画布大小】对话框中，勾选【相对】选项，输入一个正数将为画布添加一部分，输入一个负数将从画布中减去一部分。对于【定位】，单击某个方块以指示现有图像在新画布上的位置。在【画布扩展颜色】选项中，可从下拉列表框中选取相关选项，也可单击下拉列表框右侧的白色方框来打开拾色器进行设置。如果图像不包含背景图层，则【画布扩展颜色】下拉列表框不可用。

11.5.2　图像旋转

使用【图像】/【图像旋转】中的相应菜单命令可以旋转或翻转整个图像，这些命令不适用于单个图层或图层的一部分、路径以及选区边界。如果要旋转选区或图层，可使用【变换】或【自由变换】命令。

【180 度】表示将图像旋转半圈，【顺时针 90 度】表示将图像顺时针旋转四分之一圈，【逆时针 90 度】表示将图像逆时针旋转四分之一圈，效果如图 11-77 所示。

图 11-77　菜单命令和图像旋转效果

【任意角度】表示按指定的角度旋转图像，可在【角度】文本框中输入一个 "−359.99" ～ "359.99" 度的角度，水平或垂直翻转画布表示沿着相应的轴翻转图像，效果如图 11-78 所示。

图 11-78　【旋转画面】对话框和图像旋转效果

11.5.3　变换操作

使用【编辑】/【变换】中的相应菜单命令可以对图像进行缩放、旋转、斜切、扭曲或变形等处理。可以向选区、整个图层、多个图层或图层蒙版应用变换，还可以向路径、矢量形状、矢量蒙版、选区边界或 Alpha 通道应用变换。但变换操作不能针对背景图层进行，具体操作方法如下。

（1）打开图像文件"xiaoyuan.psd"，然后选择菜单命令【编辑】/【变换】/【缩放】，如图 11-79 所示。

（2）拖动手柄对目标对象进行缩放，如图 11-80 左图所示。

（3）接着选择菜单命令【编辑】/【变换】/【扭曲】，并拖动手柄对目标对象进行扭曲，如图 11-80 右图所示。

（4）最后按 Enter 键以应用这两种变换，并将文档保存为"xiaoyuan2.psd"。

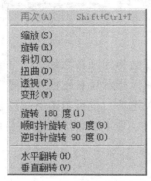

图 11-79　【变换】菜单命令

图 11-80　使用【缩放】和【扭曲】命令

变换子菜单命令主要功能说明如下。

- 【再次】：重复变换对象。
- 【缩放】：相对于对象的参考点（围绕其执行变换的固定点）增大或缩小对象，可以水平、垂直或同时沿两个方向缩放。
- 【旋转】：围绕参考点转动对象，默认情况下此点位于对象的中心；但是，可以根据需要将它移动到另一个位置。
- 【斜切】：垂直或水平倾斜对象。
- 【扭曲】：将对象向各个方向伸展。
- 【透视】：对对象应用单点透视。
- 【变形】：变换对象的形状。
- 【旋转 180 度】、【顺时针旋转 90 度】、【逆时针旋转 90 度】：通过指定度数，沿顺时针或逆时针方向旋转对象。
- 【水平翻转】、【垂直翻转】：水平或垂直翻转对象。

11.5.4　自由变换

使用菜单命令【编辑】/【自由变换】可以一次性完成【变换】子菜单中的所有操作，而不用多次选择不同的命令。具体操作如下。

（1）打开图像文件"xiaoxi3.psd"，然后选择菜单命令【编辑】/【自由变换】，选项栏如

图 11-81 所示。

图 11-81　选项栏

（2）拖动定界框上任何一个手柄可以进行缩放，如图 11-82 所示，按住 Shift 键可按比例缩放，在选项栏的 W 和 H 文本框中输入数值可以进行精确缩放，W 和 H 之间的 ∞ 表示锁定比例，在 X 和 Y 文本框中输入数值可以水平和垂直移动图像。

（3）将鼠标指针移到定界框外，当指针显示为类似 ↻ 形状时，按下鼠标并拖动即可进行自由旋转，如图 11-83 所示。旋转的过程中，图像的旋转会以定界框的中心点位置为旋转中心。拖动时按住 Shift 键可以 15°递增。在选项栏的文本框中输入数字可以按指定角度精确旋转。

图 11-82　自由缩放　　　　　　　　　图 11-83　自由旋转

（4）按住 Alt 键时拖动手柄可对图像进行扭曲操作，按住 Ctrl 键时可以随意更改控制点位置，对定界框进行自由扭曲变形，如图 11-84 所示。

（5）按住 Ctrl+Shift 组合键拖动手柄可对图像进行斜切操作，也可以在选项栏中最右边的 H 和 V 文本框中输入数值，设定水平和垂直斜切的角度，如图 11-85 所示。

图 11-84　自由扭曲变形　　　　　　　　图 11-85　斜切

（6）操作完成后，在选项栏单击 ✓ 按钮确认操作。

11.5.5　图像裁剪

在使用图像时，经常需要对图像进行裁剪，以保留适合的部分，删除不需要的内容。对图像进行裁剪可以使用裁剪工具和相关命令进行。

（1）使用裁剪工具 ⛶ 可以将图像多余的部分裁剪掉，并重新定义画布的大小。打开图像，在工具栏中选择裁剪工具 ⛶ 后，在窗口中会出现一个裁剪框，根据实际需要调整裁剪框大小和位置，然后按 Enter 键或在选项栏单击 ✓ 按钮确认裁剪操作，如图 11-86 所示。

图 11-86　裁剪图像

（2）使用透视裁剪工具■可以在图像上制作出带有透视感的裁剪框，裁剪后可以使图像带有明显的透视感。打开图像，在工具栏中选择视裁剪工具■后，在图像上拖动鼠标创建裁剪区域，用鼠标拖动裁剪框的控制点可调整大小和位置，将鼠标指针置于裁剪框控制点外适当位置还可以旋转裁剪框，调整完毕，按 Enter 键或在选项栏单击 ✓ 按钮确认裁剪操作，如图 11-87 所示。

图 11-87　透视裁剪图像

（3）【裁剪】菜单命令的使用相对简单，打开图像，使用相应的选择工具将需要保留的部分选中，然后选择菜单命令【图像】/【裁剪】即可，如图 11-88 所示。

图 11-88　选择菜单命令【图像】/【裁剪】裁剪图像

（4）使用【裁切】菜单命令可以基于像素的颜色来裁剪图像。选择菜单命令【图像】/【裁切】，将打开【裁切】对话框，如图 11-89 所示。其中，【透明像素】表示可以裁剪掉图像边缘的透明区域，只有图像中存在透明区域时此项才可用；【左上角像素颜色】和【右下角像素颜色】表示从图像中删除左上角或右下角像素颜色的区域；【顶】、【底】、【左】和【右】表示裁切图像区域的方式。

图 11-89　【裁切】对话框

11.5.6　擦除工具

擦除工具通常有橡皮擦工具 、背景橡皮擦工具 和魔术橡皮擦工具 3 种。

（1）使用橡皮擦工具 在图像中涂抹可擦除图像。在工具栏中选择橡皮擦工具 后，可根据需要在属性选项栏中设置相关参数，包括橡皮擦大小、模式和不透明度等，然后按住鼠标直接在图像中擦除不需要的部分即可，如图 11-90 所示。如果存在多个图层，擦除当前图层中的图像后，将会显示擦除区域下一图层的内容。

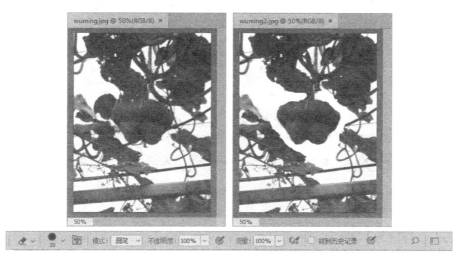

图 11-90　橡皮擦工具

（2）背景橡皮擦工具 是一种智能橡皮擦，具有自动识别图像边缘的功能，可采集画面中心的色样，并删除在画笔内出现的颜色，使擦除区域成为透明区域。在工具栏中选择背景橡皮擦工具 后，可根据需要在属性选项栏中设置相关参数，包括橡皮擦大小、取样、是否连续和容差等，然后直接在图像中按住鼠标擦除不需要的部分即可，如图 11-91 所示。

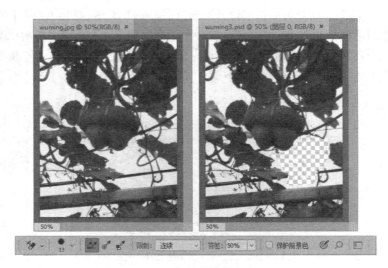

图 11-91　背景橡皮擦工具

（3）魔术橡皮擦工具 具有自动分析图像边缘的功能，用于擦除图层中具有相似颜色范围的区域，并以透明色代替被擦除区域。在工具栏中选择魔术橡皮擦工具 后，可根据需要在属性选项栏中设置相关参数，包括容差、消除锯齿和连续等，然后直接在图像中在擦除的部分单击鼠标，不连续的区域需要依次单击鼠标，如图 11-92 所示。

图 11-92　魔术橡皮擦工具

11.5.7　图章工具

图章工具有仿制图章工具 和图案图章工具 两种。

（1）仿制图章工具 可以将取样仿制的图像应用到图像的其他区域或其他图像，起到复制对象或修复图像不足的作用。在工具栏中选择仿制图章工具 后，可根据需要在属性选项栏中设置相关参数，包括画笔大小、模式和不透明度等，然后按住 Alt 键在图像中单击创建参考点，放开 Alt 键后，按住鼠标在图像中需要的区域反复拖动涂抹即可仿制图像，如图 11-93 所示。

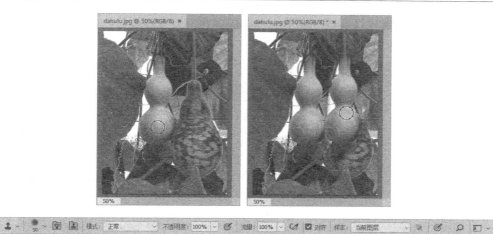

图 11-93　仿制图章工具

（2）图案图章工具 可以使用预置或者自己定义的图案在图像上进行喷绘。在工具栏中选择图案图章工具 后，可根据需要在属性选项栏中设置相关参数，包括画笔大小、模式、不透明度和喷绘图案等，按住鼠标在图像中需要的区域反复拖动涂抹即可喷绘图像，如图 11-94 所示。

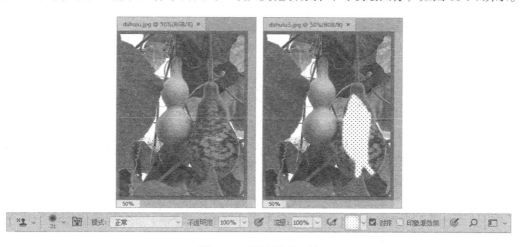

图 11-94　图案图章工具

11.6　应用实例——制作公益广告

掌握 Photoshop CC 2017 的基本功能是非常重要的。下面介绍使用 Photoshop CC 2017 制作公益广告的基本方法，效果如图 11-95 所示。

（1）打开图像文档"tianyuan.jpg"，另存为"jiayuan.psd"。

（2）打开图像文件"ye.jpg"，并在工具栏中选择椭圆形选框工具 ，然后在属性选项栏中设置【羽化】为"10 像素"，在窗口中创建一个椭圆形选区，最后选择菜单命令【编辑】/【拷贝】拷贝图像，如图 11-96 所示。

（3）切换到图像窗口"tianyuan.psd"，选择菜单命令【编辑】/【粘贴】将图像粘贴到文档中，然后选择菜单命令【编辑】/【自由变换】，对图像大小等进行调整，并将其拖至图像窗口左上角，如图 11-97 所示。

图 11-95　公益广告

图 11-96　拷贝图像

图 11-97　粘贴调整图像

（4）打开图像文件"jia.jpg"，并在工具栏中选择魔术橡皮擦工具 ，在图像窗口图像白色背景处单击鼠标，擦除白色背景，如图 11-98 所示。

（5）在工具栏中选择磁性套索工具 ，在属性选项栏中选择创建新选区图标 ，设置【羽化】选项为"0"，勾选【消除锯齿】选项，然后在图像边缘单击鼠标，并围绕着图像移动鼠标指针，最后在选区起始处再单击一次鼠标创建闭合选区，如图 11-99 所示。

图 11-98　擦除白色背景

图 11-99　创建闭合选区

（6）选择菜单命令【编辑】/【拷贝】拷贝图像，然后切换到"tianyuan.psd"图像窗口并选择菜单命令【编辑】/【粘贴】，将图像粘贴到文档中，接着选择菜单命令【编辑】/【自由变换】对图像大小等进行调整，并将其拖至图像窗口右下角，如图 11-100 所示。

图 11-100　粘贴调整图像

（7）打开图像文件"shou.jpg"，并在工具栏中选择魔术橡皮擦工具 ，在图像窗口图像白色背景处单击鼠标，擦除白色背景，如图 11-101 所示。

（8）选择菜单命令【选择】/【全部】全选图像，然后选择菜单命令【编辑】/【拷贝】，拷贝图像，切换到"tianyuan.psd"图像窗口，选择菜单命令【编辑】/【粘贴】，将图像粘贴到文档中，并利用移动工具 将其拖至图像窗口右侧，如图 11-102 所示。

图 11-101　擦除白色背景　　　　　　　　　　图 11-102　粘贴移动图像

（9）打开图像文件"diqiu.jpg"，并在工具栏中选择魔术橡皮擦工具 ，在图像窗口图像白色背景处单击鼠标，擦除白色背景，如图 11-103 所示。

（10）选择菜单命令【选择】/【全部】，全选图像，然后选择菜单命令【编辑】/【拷贝】，拷贝图像，切换到"tianyuan.psd"图像窗口，选择菜单命令【编辑】/【粘贴】，将图像粘贴到文档中，并利用移动工具 将其拖至图像窗口右侧，如图 11-104 所示。

（11）在工具栏中选择矩形选框工具 ，在属性选项栏中将【羽化】设置为"5 像素"，然后在图像窗口中绘制一个选区，如图 11-105 所示。

（12）在工具栏中将前景色设置为白色"#FFFFFF"，然后在工具栏中选择油漆桶工具 ，并在选区内单击鼠标，接着选择菜单命令【窗口】/【图层】，打开【图层】面板，将【不透明度】设置为"50%"，如图 11-106 所示。

图 11-103 擦除白色背景

图 11-104 粘贴移动图像

图 11-105 绘制选区

图 11-106 填充选区

（13）选择菜单命令【选择】/【取消选择】，取消选区，然后在工具栏中选择横排文字工具 T，并在刚才创建的选区位置单击设置文字插入点，在选项栏中设置字体为"黑体"，文字大小为"48 点"，颜色为"#006600"，输入文本完毕，在工具栏中选择移动工具 + 将其移至适当位置，如图 11-107 所示。

图 11-107 输入文本

（14）最后保存文档。

小　　结

本章主要介绍了 Photoshop CC 2017 工作界面、新建和存储文件、查看图像、创建和编辑选区、绘图和图像编辑等内容。这些都是图像处理常用的基础知识，希望读者能够多加练习并牢固掌握，以便为后续内容的学习打下基础。

习　　题

1. 简述查看图像的常用工具并练习其使用方法。
2. 简述创建规则形状选区常用的工具并练习其使用方法。
3. 简述创建不规则形状选区常用的工具并练习其使用方法。
4. 结合本章所介绍的知识自行创意并绘图。
5. 自行搜集素材并练习图像编辑相关操作。

第12章
图像调整与合成

调整图像色彩、合理使用文字、利用图层和蒙版处理图像，是平面设计和网页美化的常用手段。本章将介绍在 Photoshop CC 2017 中进行图像色彩调整、使用文字、创建图层和使用图层样式的基本方法。

【学习目标】

- 掌握图像色彩调整的基本方法。
- 掌握使用文字的基本方法。
- 掌握使用图层的基本方法。
- 掌握创建图层样式的基本方法。

12.1 图像色调色彩

Photoshop CC 2017 提供了强大的图像色彩调整功能，可以使图像文件更加符合用户的需要。下面对常用命令进行简要介绍。

12.1.1 快速调整图像

使用快速调整图像命令无须设置任何参数，即可在图像上显示效果，非常方便快捷。可以快速调整图像的命令有【自动色调】、【自动对比度】、【自动颜色】、【去色】和【反相】等。

（1）打开图像文件"sky.jpg"，并按 Ctrl+J 组合键复制背景图层，如图 12-1 所示。

（2）依次选择菜单命令【图像】/【自动色调】和【图像】/【自动颜色】，调整图像颜色效果，并将图像保存为"sky-1.psd"，如图 12-2 所示。

图 12-1　打开图像　　　　　　　　图 12-2　自动调整色调和颜色

（3）选择菜单命令【图像】/【调整】/【去色】，将彩色图像变为灰阶图，并将图像保存为"sky-2.psd"，如图 12-3 所示。

（4）打开图像文件"sky-1.psd"，然后选择菜单命令【图像】/【调整】/【反相】，创建反相效果，并将图像保存为"sky-3.psd"，如图 12-4 所示。

图 12-3　图像去色

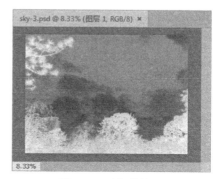

图 12-4　反相效果

【自动色调】命令可以自动调整图像中的黑场和白场，将每个颜色通道中最亮和最暗的像素映射到纯白和纯黑，中间像素值按比例重新分布，从而增强像素的对比度。【自动对比度】命令可以自动调整一幅图像亮度和暗部的对比度，它将图像中最暗的像素转换成黑色，最亮的像素转换为白色，从而增大图像的对比度。【自动颜色】命令通过搜索图像来标识阴影、中间调和亮光，并将阴影和高光像素默认剪切 0.5%。使用【去色】命令可以将图像中所有颜色的饱和度设置为"0"，也就是将所有颜色转化为灰阶值。【反相】命令用于产生原图像的负片，当使用此命令后，白色就变成了黑色，其他的像素点也转换为对应值。

12.1.2　调整图像曝光

不同的图像获取方式会产生不同的曝光问题，可以使用相应的命令加以解决，常用的命令有【亮度/对比度】、【色阶】、【曲线】、【曝光度】和【阴影/高光】等。

1.【亮度/对比度】命令

亮度即图像的明暗，对比度表示的是图像中明暗区域最亮的白色和最暗的黑色之间不同亮度层级的范围，范围越大对比越大。使用【亮度/对比度】命令可以增亮或变暗图像中的色调。

（1）打开图像文件"hu.jpg"，并按 Ctrl+J 组合键复制背景图层，如图 12-5 所示。

（2）选择菜单命令【图像】/【调整】/【亮度/对比度】，打开【亮度/对比度】对话框，将亮度调整为"−50"，对比度调整为"70"，如图 12-6 所示。

（3）单击 确定 按钮关闭对话框并将图像保存为"hu-1.psd"，效果如图 12-7 所示。

图 12-5　打开图像

图 12-6　【亮度/对比度】对话框

图 12-7　调整亮度/对比度

在【亮度/对比度】对话框中，将【亮度】滑块向右移动会增加色调值并扩展图像高光，向左移动会减少色调值并扩展阴影，【对比度】滑块可扩展或收缩图像中色调值的总体范围。

2．【色阶】命令

使用【色阶】命令可以通过调整图像的阴影、中间调和高光的强度级别，从而校正图像的色调范围和色彩平衡。

（1）打开图像文件 "hu1.jpg"，并按 Ctrl+J 组合键复制背景图层，如图 12-8 所示。

（2）选择菜单命令【图像】/【调整】/【色阶】，打开【色阶】对话框，将输入色阶设置为 "50" "0.90" 和 "255"，如图 12-9 所示。

图 12-8　打开图像

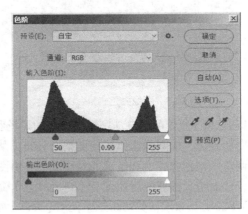

图 12-9　【色阶】对话框

（3）在【色阶】对话框的【通道】下拉列表框中选择 "蓝"，将输入色阶设置为 "0" "1.05" 和 "225"，如图 12-10 所示。

（4）单击 确定 按钮关闭对话框并将图像保存为 "hu-2.psd"，效果如图 12-11 所示。

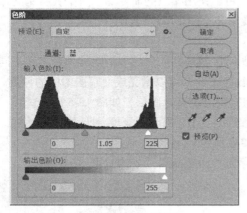

图 12-10　【色阶】对话框

图 12-11　应用色阶效果

【色阶】直方图可用作调整图像基本色调的直观参考。在【色阶】对话框中，【预设】下拉列表中有 8 个选项，选择任意选项可将当前图像调整为预设效果；【通道】下拉列表包含当前打开的图像文件所包含的颜色通道，选择任意选项表示当前调整的通道颜色；【输入色阶】用于调节图像的色调对比度，它由暗调、中间调及高光 3 个滑块组成，滑块越往右移动图像越暗，反之越亮；【输出色阶】用于调节图像的明度，使图像整体变亮或变暗，左边的黑色滑块用于调节深色系的色调，右边的白色滑块用于调节浅色系的色调；吸管工具组中图标从左至右依次为【在图像中取样以设置黑场】、【在图像中取样以设置灰场】和【在图像中取样以设置白场】。

3. 【曲线】命令

【曲线】命令与【色阶】命令相似，都是用来调整图像的色彩范围。不同的是，【色阶】命令只能调整图像的亮部、暗部和中间灰度，而【曲线】命令可以对图像颜色通道中 0～255 范围内的任意点进行调节，从而创造出更多种色调和色彩效果。

（1）打开图像文件"hua.jpg"，并按 Ctrl+J 组合键复制背景图层，如图 12-12 所示。

（2）选择菜单命令【图像】/【调整】/【曲线】，打开【曲线】对话框，调整 RGB 通道曲线的形状，如图 12-13 所示。

图 12-12　打开图像

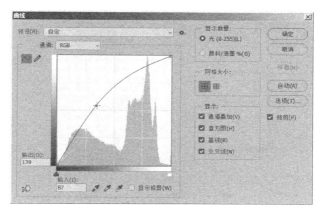

图 12-13　【曲线】对话框

（3）在【通道】下拉列表框中选择"红"，并调整曲线的形状，如图 12-14 所示。

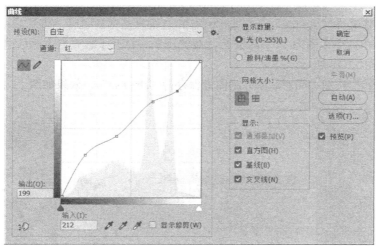

图 12-14　调整红通道曲线

（4）在【通道】下拉列表框中选择"蓝"，并调整曲线的形状，如图 12-15 所示。

（5）单击 确定 按钮关闭对话框并将图像保存为"hua.psd"，效果如图 12-16 所示。

在【曲线】对话框中，横轴即输入色阶轴，用来表示图像原来的亮度值；纵轴即输出色阶轴，用来表示图像新的亮度值；对角线用来显示当前输入和输出数值之间的关系，通过单击、拖动等操作可以控制白场、灰场和黑场的曲线设置；纵轴左侧上方的 $\sim$ 表示通过编辑点来修改曲线，$\nearrow$ 表示通过绘制来修改曲线；横轴下方的吸管工具组中图标从左至右依次为【在图像中取样以设置黑场】、【在图像中取样以设置灰场】和【在图像中取样以设置白场】；按钮 Δ 表示单击该按钮后在图像上单击并拖动可修改曲线；【显示数量】选项组中，【光（0-255）】表示显示光亮（加色）；【颜料/油墨%】表示显示颜料量（减色），选择其中任意一项可切换当前曲线调整窗口中的显示方式；【网格大小】选项组中，单击 $\boxplus$ 图标使曲线调整窗口以 1/4 色调增量方式显示简单网格，单击 $\boxplus$ 图标使曲线调整窗口以 10%增量方式显示详细网格；【显示】选项组包括 4 个选项，可以控制曲线调整窗口的显示效果和显示项目。

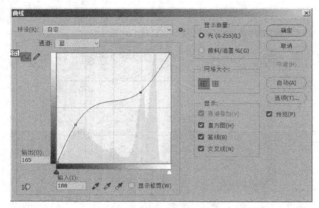

图 12-15　调整蓝通道曲线

图 12-16　应用【曲线】命令效果

4. 【曝光度】命令

使用【曝光度】命令可以调整 HDR（32 位）图像色调，也可用于 8 位和 16 位图像。曝光度是通过在线性颜色空间（灰度系数 1.0）执行计算而得出的。

（1）打开图像文件"shu.jpg"，并按 Ctrl+J 组合键复制背景图层，如图 12-17 所示。

（2）选择菜单命令【图像】/【调整】/【曝光度】，打开【曝光度】对话框，将曝光度调整为"0.50"，如图 12-18 所示。

（3）单击 确定 按钮关闭对话框并将图像保存为"shu.psd"，效果如图 12-19 所示。

图 12-17　打开图像

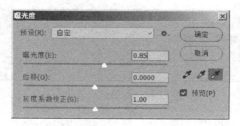

图 12-18　【曝光度】对话框

图 12-19　曝光度效果

在【曝光度】对话框中，【曝光度】选项用于调整色调范围的高光端，对极限阴影的影响很轻微；【位移】选项用于使阴影和中间调变暗，对高光的影响很轻微；【灰度系数校正】选项用于使用简单的乘方函数调整图像灰度系数。

　　5. 【阴影/高光】命令

　　使用【阴影/高光】命令可以对图像的阴影和高光部分进行调整。【阴影/高光】命令不是简单地使图像变亮或变暗，它基于阴影或高光中的周围像素增亮或变暗。

　　（1）打开图像文件"sigua.jpg"，并按 Ctrl+J 组合键复制背景图层，如图 12-20 所示。

　　（2）选择菜单命令【图像】/【调整】/【阴影/高光】，打开【阴影/高光】对话框，将阴影数量调整为"0"，高光数量调整为"50"，如图 12-21 所示。

　　（3）单击 确定 按钮关闭对话框并将图像保存为"sigua.psd"，效果如图 12-22 所示。

图 12-20　复制背景图层

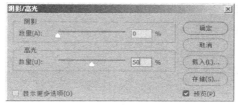
图 12-21　【阴影/高光】对话框

图 12-22　阴影/高光效果

　　如果需要，还可以勾选【显示更多选项】打开如图 12-23 所示对话框，进行更多参数设置，包括色调和半径等。

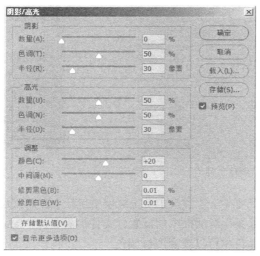
图 12-23　显示更多选项

12.1.3　调整图像色彩

　　对于图像的颜色，也可以进行调整修饰，常用的命令有【色相/饱和度】、【色彩平衡】、【匹配颜色】、【替换颜色】和【黑白】等。

1. 【色相/饱和度】命令

使用【色相/饱和度】命令可以改变图像像素的色相、饱和度和明度，而且还可以通过给像素定义新的色相和饱和度，实现给灰度图像上色的功能，也可创作单色调效果。由于位图和灰度模式的图像不能使用该命令，所以使用前必须将图像转化为 RGB 模式或其他的颜色模式。

（1）打开图像文件"liushui.jpg"，并按 Ctrl+J 组合键复制背景图层，如图 12-24 所示。

（2）选择菜单命令【图像】/【调整】/【色相/饱和度】，打开【色相/饱和度】对话框，将色相调整为"25"，饱和度调整为"30"，如图 12-25 所示。

图 12-24　打开图像

图 12-25　【色相/饱和度】对话框

（3）单击 全图 按钮，选择"绿色"，将饱和度调整为"−45"，如图 12-26 所示。

（4）单击 确定 按钮关闭对话框并将图像保存为"liushui.psd"，如图 12-27 所示。

图 12-26　设置"绿色"通道

图 12-27　色相/饱和度效果

在【色相/饱和度】对话框中，【预设】下拉菜单中包括【存储预设】和【载入预设】等命令，选择【存储预设】命令可以保存对话框中的设置，文件扩展名为".ahu"；勾选右下方的【着色】复选框，通过拖动饱和度和色相可以改变图像颜色。

2. 【色彩平衡】命令

使用【色彩平衡】命令可以调整彩色图像中颜色的组成，多用于调整偏色图像。

（1）打开图像文件"huanghua.jpg"，并按 Ctrl+J 组合键复制背景图层，如图 12-28 所示。

（2）选择菜单命令【图像】/【调整】/【色彩平衡】，打开【色彩平衡】对话框，将色阶调整为"55""25"和"10"，色调平衡为"中间调"，勾选【保持明度】复选框保证在调整色彩时图像透明度不变，如图 12-29 所示。

图 12-28　打开图像

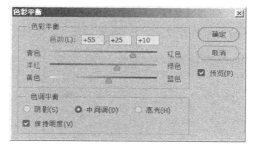

图 12-29　【色彩平衡】对话框

（3）勾选【阴影】单选按钮，然后将色阶调整为"55""25"和"10"，如图 12-30 所示。

（4）单击　确定　按钮关闭对话框并将图像保存为"huanghua.psd"，如图 12-31 所示。

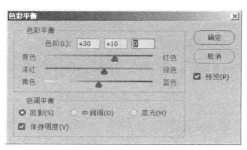

图 12-30　设置阴影效果

图 12-31　色彩平衡效果

在【色彩平衡】选项区中，【色阶】文本框可以调整 RGB 到 CMYK 色彩模式间对应的色彩变化，其取值范围为"-100"～"100"。用户也可以直接拖动文本框下方的颜色滑块的位置来调整图像的色彩效果。在【色调平衡】选项区中，可以选择"阴影""中间调"和"高光"3 个色调调整范围。选中任意单选按钮后，可以对相应色调的颜色进行调整。

3．【匹配颜色】命令

使用【匹配颜色】命令可以将源图像的颜色与目标图像的颜色进行匹配，适合使多幅图像的颜色保持一致。使用同样一张图像匹配不同颜色后，可以产生不同的效果。该命令还可以匹配多个图层和选区之间的颜色。

（1）打开图像文件"fg01.jpg"和"fg02.jpg"，选择菜单命令【窗口】/【排列】/【双联垂直】，如图 12-32 所示。

图 12-32　打开两幅图像

（2）将图像"fg02.jpg"作为当前图像，然后选择菜单命令【图像】/【调整】/【匹配颜色】，打开【匹配颜色】对话框，在【图像统计】选项区的【源】下拉列表中选择"fg01.jpg"，如图 12-33 所示，选择源文件后的效果如图 12-34 所示。

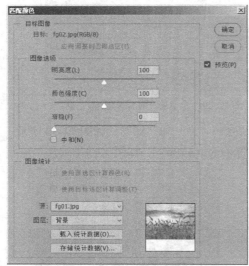

图 12-33 【匹配颜色】对话框   图 12-34 选择源文件后的效果

（3）在【图像选项】中，勾选【中和】复选框，设置渐隐数值为"30"，颜色强度为"90"，如图 12-35 所示。

（4）单击 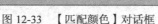 确定 按钮关闭对话框，并将图像"fg02.jpg"保存为"fg02-1.jpg"，效果如图 12-36 所示。

图 12-35 设置图像选项   图 12-36 匹配颜色效果

在【匹配颜色】对话框中，【明亮度】选项用于设置图像的亮度，设置的数值越大，得到的图像越亮；【颜色强度】选项用于设置图像的颜色饱和度，设置的数值越大，得到的图像所匹配的颜色饱和度越大；【渐隐】选项用于设置目标图像和源图像的颜色相近程度，设置的数值越大，得到的图像越接近颜色匹配前的效果；【中和】选项用于设置自动去除目标图像中的色痕；【源】选项用于设置要将其颜色与目标图像中的颜色相匹配的源图像；【图层】选项用于设置从要匹配其颜色的源图像中选取图层。

4. 【替换颜色】命令

使用【替换颜色】命令可以创建临时性蒙板以选择图像中的特定颜色，然后替换颜色，也可以设置选定区域的色相、饱和度和亮度，或者使用拾色器来选择替换颜色。

（1）打开图像文件"haitan.jpg"，并按 Ctrl+J 组合键复制背景图层，如图 12-37 所示。

（2）选择菜单命令【图像】/【调整】/【替换颜色】，打开【替换颜色】对话框，设置颜色容差为"150"，并使用【吸管】工具在图像底部蓝色区域上单击，如图 12-38 所示。

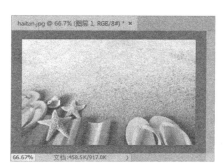
图 12-37　打开图像

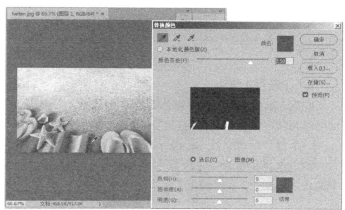
图 12-38　【替换颜色】对话框

（3）在【替换】选项区中，将色相设置为"80"，如图 12-39 所示。

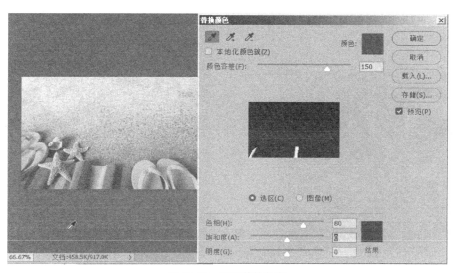
图 12-39　设置替换颜色

（4）在对话框中单击 ✔（添加到取样）按钮，在图像底部右侧的黄色区域单击，然后单击 确定 按钮关闭对话框，并将图像保存为"haitan.psd"，如图 12-40 所示。

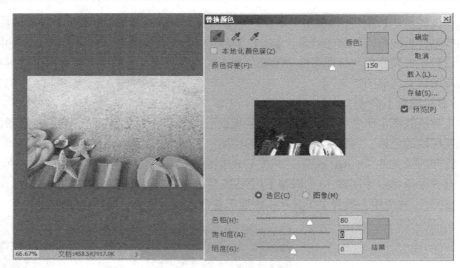

图 12-40　替换颜色

5.　【黑白】命令

应用【黑白】命令可将彩色图像转换为灰度图像，同时保持对各颜色的转换方式的完全控制。也可以为灰度图像着色，将彩色图像转换为单色图像。

（1）打开图像文件"gongyuan.jpg"，并按 Ctrl+J 组合键复制背景图层，如图 12-41 所示。

（2）选择菜单命令【图像】/【调整】/【黑白】，打开【黑白】对话框，在【红色】文本框中输入"-150"，在【绿色】文本框中输入"90"，在【蓝色】文本框中输入"-10"，如图 12-42所示。

图 12-41　打开图像

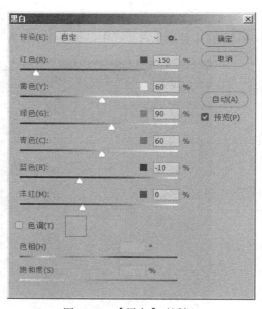

图 12-42　【黑白】对话框

（3）勾选【色调】复选框，在【色相】文本框中输入"200"，在【饱和度】文本框中输入"10"，如图 12-43 所示。

（4）单击 确定 按钮关闭对话框并将图像保存为"gongyuan.psd"，如图 12-44 所示。

图 12-43　设置色调　　　　　　　　　　　　　图 12-44　应用黑白效果

Photoshop CC 2017 会基于【黑白】对话框设置的颜色混合执行默认的灰度转换。在【预设】下拉列表中可以选择一个预设的调整设置，在其下面不同颜色的文本框中可以调整图像特定颜色的灰色调；勾选【色调】复选框后，可以更改色调颜色，提高或降低颜色的集中度；单击 自动(A) 按钮可设置基于图像的颜色值的灰度混合，并使灰度值的分布最大化。自动混合通常可产生极佳的效果，并可以用作使用颜色滑块调整灰色值的起点。

12.2　使　用　文　字

文字在图像作品中起着解释说明的作用，Photoshop CC 2017 提供了图像文字处理的基本功能。下面介绍使用 Photoshop CC 2017 创建文字和转换文字图层的基本方法。

12.2.1　创建点文字

可以使用工具栏中的 T.创建横排文字、IT.创建直排文字、T.创建横排文字蒙版、IT.创建直排文字蒙版。横排文字工具和直排文字工具主要用来创建点文字、段落文字和路径文字。横排文字蒙版工具和直排文字蒙版工具主要用来创建文字选区。在使用文字工具时，需要在工具选项栏或【字符】面板中设置文字的属性，包括字体、大小和文字颜色等。

点文字是一个水平或垂直文本行，它从在图像中单击的位置开始。要向图像中添加少量文字时，在某个点输入文本是一种适当的方式。当输入点文字时，每行文字都是独立的，其长度随着文本的输入而不断增加，但不会换行。字数较少的标题等可以使用点文字来完成。

（1）打开图像文件"hetang.jpg"，然后在工具栏中选择横排文字工具 T.。

（2）在图像左上方单击，为文字设置插入点，如图 12-45 所示。

图 12-45　设置插入点

（3）在选项栏中设置字体为"黑体"，文字大小为"36 点"，单击■（拾色器）按钮设置颜色为白色"#ffffff"，如图 12-46 所示。

图 12-46　设置选项栏

（4）输入文本"校园荷塘"，如果要开始新的一行可按 Enter 键，如图 12-47 所示。

（5）输入完毕，单击选项栏中的 ✓（提交）按钮加以确认，最后将文档保存为"hetang.psd"，如图 12-48 所示。

图 12-47　输入文本

图 12-48　最终效果

在文字选项栏中，单击 ⬚ 按钮可切换文本方向；在 黑体 下拉列表中可选择需要的字体类型，其后面的字体样式列表框只对英文字体有效；在 ⬚ 36点 下拉列表中可选择文字的大小，也可直接输入数值进行设置；在 ⬚ 平滑 下拉列表中可以选择消除锯齿的方法；在文本对齐选项区域中，单击 ≡ 按钮使文本左对齐、单击 ≡ 按钮使文本居中对齐、单击 ≡ 按钮使文本右对齐；单击 ■ 按钮可打开【拾色器】对话框来设置文字的颜色，默认使用前景色作为创建的文字颜色，选择什么样的颜色，按钮就会相应变成什么样颜色的按钮，如白色□；单击 ⬚ 按钮将打开【变形文字】对话框，可在【样式】下拉列表中选择相应的样式类型，然后根据需要进行相应的参数设置，如图 12-49 所示；单击 按钮可打开或隐藏【字符】面板和【段落】面板，如图 12-50 所示。

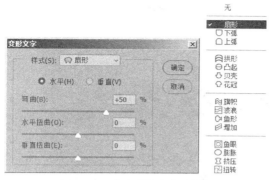

<table>
<tr><td>图 12-49　【变形文字】对话框</td><td>图 12-50　【字符】面板和【段落】面板</td></tr>
</table>

12.2.2　创建段落文字

段落文字以水平或垂直方式控制字符流的边界。当想要创建一个或多个段落（如宣传手册）时，采用这种方式输入文本十分有用。

（1）打开图像文件"jianjie.jpg"，然后在工具栏中选择横排文字工具 T.。

（2）沿对角线方向拖动，为文字定义一个外框，如图 12-51 所示。

图 12-51　定义文字外框

（3）在选项栏中设置字体为"宋体"，文字大小为"16 点"，设置文本颜色为红色"#ff0000"，如图 12-52 所示。

图 12-52　设置选项栏

（4）输入相应的文本，当开始新的一段时按 Enter 键，如图 12-53 所示。

图 12-53　输入文本

（5）将鼠标光标置于文字外框右下角的外面，然后按住旋转文字外框，如图 12-54 所示。

图 12-54　旋转外框

（6）设置完毕，单击选项栏中的 ✓（提交）按钮加以确认，最后将文档保存为"jianjie.psd"。

输入段落文字时，文字基于外框的尺寸换行，可以输入多个段落并选择段落调整选项。如果输入的文字超出外框所能容纳的大小，外框上将出现溢出图标，可以根据需要调整文字外框的大小，使文字在调整后的矩形内重新排列。既可以在输入文字时调整外框，也可以在创建文字图层后调整外框，还可以使用外框来旋转、缩放和斜切文字。

　　要调整外框的大小，可将指针定位在手柄上（指针将变为双向箭头 ↘ ）并拖动，按住 Shift 键拖动可保持外框的比例。要旋转外框，可将指针定位在外框外（指针变为弯曲的双向箭头 ↰ ）并拖动。按住 Shift 键拖动可将旋转限制为按 15° 增量进行。要更改旋转中心，可按住 Ctrl 键并将中心点拖动到新位置，中心点可以在外框外。要斜切外框，需按住 Ctrl 键并拖动一个中间手柄，指针将变为一个箭头 ▷ 。

　　可以将点文字转换为段落文字，以便在外框内调整字符排列。也可以将段落文字转换为点文字，以便使各文本行彼此独立地排列。将段落文字转换为点文字时，每个文字行的末尾（最后一行除外）都会添加一个回车符。转换方法是，在【图层】面板中选择文字所在图层，然后选择菜单命令【文字】/【转换为点文本】或【文字】/【转换为段落文本】。

12.2.3　创建路径文字

　　路径文字是指沿着开放或封闭的路径的边缘流动的文字。可以输入沿着用钢笔或形状工具创建的工作路径的边缘排列的文字。当沿水平方向输入文本时，字符将沿着与基线垂直的路径出现。当沿垂直方向输入文本时，字符将沿着与基线平行的路径出现。在任何一种情况下，文本都会按将点添加到路径时所采用的方向流动。可以在闭合路径内输入文字，在这种情况下，文字始终横向排列，每当文字到达闭合路径的边界时就会发生换行。如果输入的文字超出段落边界或沿路径范围所能容纳的大小，则边界的角上或路径端点处的锚点上将不会出现手柄，取而代之的是一个内含加号（+）的小框或圆。当移动路径或更改其形状时，相关的文字将会适应新的路径位置或形状。

　　（1）打开图像文件"caoping.jpg"，如图 12-55 所示。

　　（2）在工具栏中选择钢笔工具 ⬮，并在选项栏中设置绘图模式为【路径】选项，然后在图像文件中不断单击鼠标创建路径，如图 12-56 所示。

图 12-55　打开图像文件　　　　　　　　　　图 12-56　创建路径

　　（3）在工具栏中选择横排文字工具 T，在选项栏中设置字体为"宋体"，大小为"24 点"。

　　（4）然后在路径上定位指针，使文字工具的基线指示符 ⅃ 位于路径上，然后单击并在路径上出现一个插入点时输入文字，如图 12-57 所示。

　　（5）输入完毕，按 Ctrl+Enter 组合键完成操作，最后将文档保存为"caoping.psd"，如图 12-58 所示。

图 12-57　输入文字

图 12-58　完成后效果

如果要沿路径移动或翻转文字，可使用直接选择工具 ▸ 或路径选择工具 ▸，并将其定位到文字上，此时指针会变为带箭头的光标 ▸。要移动文本，可单击并沿路径拖动文字，拖动时要注意不要跨越到路径的另一侧。要将文本翻转到路径的另一边，可单击并横跨路径拖动文字。如果在闭合路径内输入文字，在选择横排文字工具或直排文字工具后，要将指针放置在该路径内。当文字工具周围出现虚线括号 ⓘ 时，单击即可输入文本。如果要移动文字路径，可选择路径选择工具 ▸ 或移动工具 ▸，然后单击并将路径拖动到新的位置。如果使用路径选择工具，要确保指针未变为带箭头的光标 ▸，否则将会沿着路径移动文字。如果要改变文字路径的形状，可选择直接选择工具 ▸，并单击路径上的锚点，然后使用手柄改变路径的形状。

12.2.4　转换文字图层

文字作为特殊的矢量对象，不能像普通对象一样进行编辑操作。在处理文字时要先将文字图层进行转换。转换后的文字对象无法再像先前一样能够编辑和设置属性。

1. 将文字转换为形状

在将文字转换为形状时，文字图层被替换为具有矢量蒙版的图层。可以编辑矢量蒙版并对图层应用样式，可以使用路径选择工具对文字效果进行调节，但无法在图层中将字符作为普通文本进行编辑。转换方法是，选择文字图层，然后选择菜单命令【文字】/【转换为形状】即可。

2. 将文字转换为工作路径

通过将文字字符转换为工作路径，可以将这些文字字符用作矢量形状。工作路径是出现在【路径】面板中的临时路径，用于定义形状的轮廓。从文字图层创建工作路径之后，可以像处理其他路径一样对该路径进行存储和操作。虽然无法以文本形式编辑路径中的字符，但原始文字图层将保持不变并可编辑。转换方法是，选择文字图层，然后选择菜单命令【文字】/【创建工作路径】即可。

3. 栅格化文字图层

要对文本图层中创建的文字使用描绘工具或滤镜命令等工具，必须提前栅格化文字。栅格化表示将文字图层转换为普通图层，并使其内容成为不可编辑的文本图像图层。栅格化文字的方法是，选择文字图层，然后选择菜单命令【图层】/【栅格化】/【文字】。

12.3　使　用　图　层

Photoshop 中的图像可以由多个图层和多种图层组成，图层是绘制和处理图像的基础，是 Photoshop 功能和设计的载体。图层主要有普通图层、填充图层、调整图层和形状图层等类型。可以在【图层】面板中创建图层，可以在编辑图像的过程中创建图层，也可以使用命令创建图层。创建的新图像只包含一个图层，图层的基本操作可以通过【图层】面板来完成。

12.3.1　创建普通图层

普通图层是常规操作中使用频率最高的图层。通常所说的新建图层就是指新建普通图层，普通图层包括图像图层和文字图层。在处理和编辑图像时，要经常建立普通图层。要使用默认选项创建普通图层，可通过【图层】面板进行，方法如下。

（1）打开图像文件"xiaojing.jpg"，然后选择菜单命令【窗口】/【图层】，打开【图层】面板，如图 12-59 所示。

（2）在【图层】面板中，单击底部的 按钮，在当前【背景】图层上新建一个空白图层，新建的图层会自动成为当前图层，如图 12-60 所示。

图 12-59　打开【图层】面板

图 12-60　新建图层

（3）打开图像文件"shitou.jpg"，然后在工具栏中选择椭圆工具 ，在选项栏中将羽化设置为"10 像素"，然后在图像中绘制一个椭圆形选区，如图 12-61 所示。

（4）选择菜单命令【编辑】/【拷贝】，然后将窗口切换到图像文件"xiaojing.jpg"，接着选择菜单命令【编辑】/【粘贴】，将图像粘贴到新图层中，如图 12-62 所示。

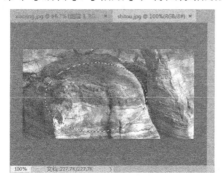

图 12-61　绘制椭圆形选区

图 12-62　粘贴图像

（5）在工具栏中选择移动工具 ⊕，将粘贴的图像移动到合适的位置，如图 12-63 所示。

（6）在【图层】面板中双击图层名称"图层 1"使其处于可编辑状态，然后将其名称修改为"石头"，并按 Enter 键确认，如图 12-64 所示。

图 12-63　移动图像

图 12-64　修改图层名称

（7）最后将文档保存为"xiaojing.psd"。

【图层】面板可用来创建、编辑和管理图层以及为图层添加样式等。面板中列出了所有的图层、图层组和图层效果。如果要对某一图层进行编辑，首先需要在【图层】面板中单击选中该图层，所选中的图层被称为当前图层。在【图层】面板中有一些功能按钮和选项，通过相关设置可以直接对图层进行相应的编辑操作。使用这些按钮等同于执行【图层】面板菜单中的相关命令。下面进行简要说明。

* 【锁定】选项：用来锁定当前图层的属性，包括透明像素、图像像素、位置、防止在画板内外自动嵌套和锁定全部 5 种。

* 【不透明度】：用来设置当前图层中图像的总体不透明度。

* 【填充】：用来设置图层的内部不透明度。

* 【 ◉ 图标】：用于设置显示或隐藏图层。

* 【 ◉ 按钮】：可将选中的两个或两个以上的图层或组进行链接，链接后的图层或组可以同时进行相关操作。

* 【 fx. 按钮】：用于为当前图层添加样式效果。

* 【 ◉ 按钮】：用于为当前图层添加图层蒙板。

* 【 ◉ 按钮】：用于创建新填充或调整图层。

* 【 ◻ 按钮】：用于创建新的图层组，可以包含多个图层，包含的图层可以作为一个整体对象进行查看、复制、移动和调整顺序等操作。

* 【 ◻ 按钮】：用于创建一个新的空白图层。

* 【 🗑 按钮】：用于删除当前图层。

在【图层】面板中 ◉ 图标的后面显示的是图层中内容的缩览图，默认情况下使用小缩览图，也可以选中任意一个图层缩览图，然后单击鼠标右键，在弹出的快捷菜单中选择【无缩览图】、【小缩览图】、【中缩览图】或【大缩览图】来更改缩览图大小，如图 12-65 所示。

在【图层】面板中单击右上角 ▤ 按钮，在打开的面板菜单中选择【面板选项】命令，将会打开【图层面板选项】对话框，在其中也可以设置需要的缩览图状态，如图 12-66 所示。

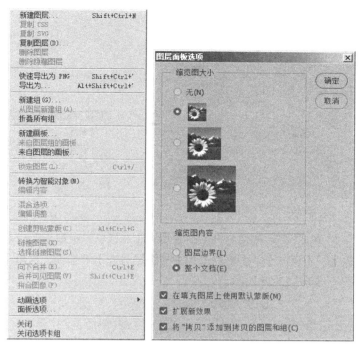

图 12-65　快捷菜单　　　　　　　　　图 12-66　【图层面板选项】对话框

除了使用【图层】面板创建图层外，还可以使用以下任意一种方式打开【新建图层】对话框，设置相关参数后创建新图层，如图 12-67 所示。

图 12-67　【新建图层】对话框

- 选择菜单命令【图层】/【新建】/【图层】。
- 在【图层】面板中单击右上角 ■ 按钮，在打开的面板菜单中选择【新建图层】命令。
- 按住 Alt 键单击【图层】面板底部的 ■ 按钮。

12.3.2　创建填充图层

填充图层就是创建一个纯色、渐变或图案的新图层，也可基于图像中的选区进行局部填充。创建填充图层的方法如下。

（1）打开图像文件 "guangchang.jpg"，如图 12-68 所示。

（2）选择菜单命令【图层】/【新建填充图层】/【渐变】或在【图层】面板底部单击 ■ 按钮，在弹出的下拉菜单中选择【渐变】命令，打开【新建图层】对话框，在【颜色】下拉列表中选择 "黄色"，在【模式】下拉列表中选择 "颜色加深"，设置【不透明度】为 "50%"，如图 12-69 所示。

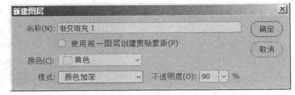

图 12-68 打开图像　　　　　　　　　　　图 12-69 绘制椭圆形选区

（3）单击 确定 按钮打开【渐变填充】对话框，根据需要设置【渐变】、【样式】、【角度】、【缩放】、【反向】、【仿色】和【与图层对齐】等选项，这里【渐变】模式设置为"橙，黄，橙渐变"，如图 12-70 所示。

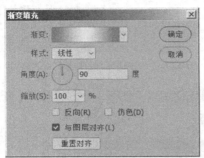

图 12-70 【渐变填充】对话框

（4）单击 确定 按钮关闭对话框，并将图像保存为"guangchang.psd"，效果如图 12-71 所示。

图 12-71 渐变填充效果

如果选择菜单命令【图层】/【新建填充图层】/【纯色】，同样会打开【新建图层】对话框，在单击 确定 按钮后将会打开【拾色器】对话框，让用户指定填充图层的颜色。

如果选择菜单命令【图层】/【新建填充图层】/【图案】，同样可以打开【新建图层】对话框，在单击 确定 按钮后将打开【图案填充】对话框，可以应用系统默认预设的图案，也可以应用自定义的图案来填充，并可以修改图案的大小以及图层的链接，如图 12-72 所示。

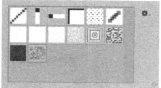

图 12-72　【图案填充】对话框

12.3.3　创建调整图层

调整图层主要用来调整图像的色彩，调整图层可以对其下面图层中的图像进行调整处理，并且不会破坏原图像文件。创建调整图层，通常在【图层】/【新建调整图层】中根据实际需要选择相应的菜单命令即可，具体方法如下。

（1）打开图像文件"xishui.jpg"，如图 12-73 所示。

（2）选择菜单命令【图层】/【新建调整图层】/【色阶】或在【图层】面板底部单击 按钮，在弹出的下拉菜单中选择【色阶】命令，如图 12-74 所示。

图 12-73　打开图像

图 12-74　菜单命令

（3）在【新建图层】对话框中，设置【不透明度】为"80%"，如图 12-75 所示。

图 12-75　【新建图层】对话框

（4）单击 确定 按钮打开【属性】面板，将【RGB】色阶设置为"0""0.65"和"255"，将【绿】色阶设置为"0""0.50"和"255"，如图 12-76 所示。

（5）将图像保存为"xishui.psd"，效果如图 12-77 所示。

另外，选择菜单命令【图层】/【调整】，打开【调整】面板，在【调整】面板中单击需要的图标，在打开的【属性】面板中进行相应的参数设置，这也是创建调整图层的一种途径，如图 12-78 所示。

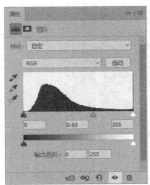 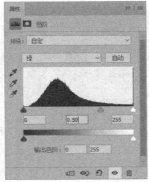

图 12-76 【属性】对话框

图 12-77 效果图

图 12-78 【调整】面板和相应的【属性】面板

12.3.4 使用图层样式

图层样式也称为图层效果，是应用于一个图层或图层组的一种或多种图像特效。可以使用 Photoshop CC 2017 附带提供的某一种预设样式，也可以使用【图层样式】对话框来创建自定义样式。可以在单个图层样式中应用多个效果。部分效果的多个实例可以构成一个图层样式。设置图层样式的方法如下。

（1）打开图像文件"shi.jpg"，并按 Ctrl+J 组合键复制背景图层。

（2）选择菜单命令【图层】/【图层样式】/【斜面和浮雕】，打开【图层样式】对话框，然后勾选【纹理】样式，根据需要可以调整参数设置，如图 12-79 所示

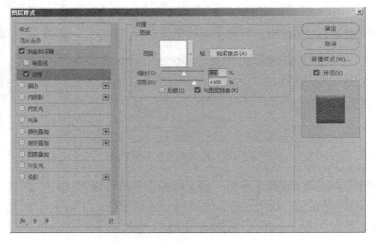

图 12-79 【图层样式】对话框

（3）单击 确定 按钮，然后保存文档，效果如图 12-80 所示。

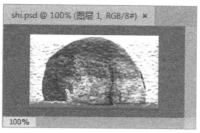

图 12-80　使用纹理效果

【图层样式】对话框左侧列出了 10 种效果，效果名称前的复选框被选中时表示在图层中应用了该效果。下面对这些效果进行简要说明。

- 【斜面和浮雕】：可以对图层添加高光与阴影的各种组合，使图层的内容呈现立体的浮雕效果，利用选项设置可以添加不同的浮雕效果，还可以添加图案纹理等效果。
- 【描边】：可以在当前的图层上描绘对象的轮廓。
- 【内阴影】：可以在图层中的图像边缘内部增加投影效果，使图像产生立体和凹陷的外观效果。
- 【内发光】：可以沿图层内容的边缘向内创建发光效果。
- 【光泽】：可以应用于创建光滑的内部阴影，为图像添加光泽效果。
- 【颜色叠加】：可以在图层上叠加指定的颜色，通过设置颜色的混合模式和不透明度来控制叠加的颜色效果，达到更改图层内容颜色的目的。
- 【渐变叠加】：可以在图层内容上叠加指定的渐变颜色。
- 【图案叠加】：可以在图层内容上叠加图案效果。
- 【外发光】：可以沿图层内容的边缘向外创建发光效果。
- 【投影】：可以为图层内容边缘外侧添加投影效果。

12.4　应用实例——制作网站页眉

在制作网站时，网页的页眉部分通常是非常重要的。下面介绍综合运用 Photoshop CC 2017 的基本功能设计网页页眉的基本方法，效果如图 12-81 所示，

图 12-81　使用图层样式后的效果

（1）选择菜单命令【文件】/【新建】，打开【新建文档】对话框，选择选择【Web】类别，在【预设详细信息】中将【宽度】修改为"700 像素"，将【高度】修改为"100 像素"，然后单击 创建 按钮创建一个空白文档，并将文档保存为"logo.psd"。

（2）分别打开两幅图像文件"logo-bg.jpg"和"logo-xh.jpg"，在图像"logo-bg.jpg"中，选择菜单命令【选择】/【全部】，然后选择菜单命令【编辑】/【拷贝】。

（3）切换到图像窗口"logo.psd"，然后选择菜单命令【编辑】/【粘贴】，将图像粘贴到文

档中，如图 12-82 所示。

图 12-82　粘贴图像

（4）运用同样的方法将图像文件"logo-xh.jpg"也粘贴到图像"logo.psd"中，然后在工具栏中选择移动工具 ✛ 把它移到最左端，如图 12-83 所示。

图 12-83　移动图像

（5）选择菜单命令【窗口】/【图层】，打开【图层】面板，分别将【图层 1】和【图层 2】的名称修改为【背景】和【校徽校名】，然后在【校徽校名】图层处于选中的状态下，单击面板底部的 ▣ 按钮添加图层蒙版，如图 12-84 所示。

图 12-84　添加图层蒙版

（6）在工具栏中选择渐变工具 ▣，在选项栏中设置相应参数，然后将鼠标光标定位在图像最左端并向右拖曳到适当位置，如图 12-85 所示。

图 12-85　拖曳鼠标

（7）释放鼠标后在工具栏中选择横排文字工具 T，并在图像右侧单击为文字设置插入点，在选项栏中设置字体为"方正小标体简体"，文字大小为"30 点"，颜色为"#3366cc"，输入文本完毕在工具栏中选择移动工具 ✛ 将文本移到适当位置，效果如图 12-86 所示。

图 12-86　添加文本

（8）保证文字图层处于选中状态，然后选择菜单命令【图层】/【图层样式】/【描边】，打开【图层样式】对话框，在【描边】样式中设置【大小】为"3 像素"，【位置】为"外部"，【混合模式】为"正常"，【不透明度】为"100%"，【填充类型】为"颜色"，【颜色】为白色"#ffffff"，如图 12-87 所示。

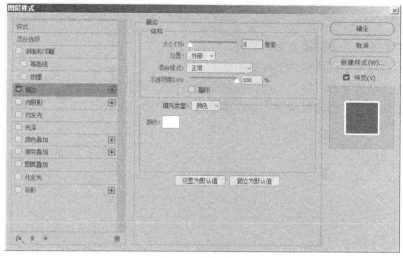

图 12-87　设置描边

（9）在【图层样式】对话框中勾选【投影】样式，设置【距离】为"3 像素"，【扩展】为"3%"，【大小】为"4 像素"，如图 12-88 所示。

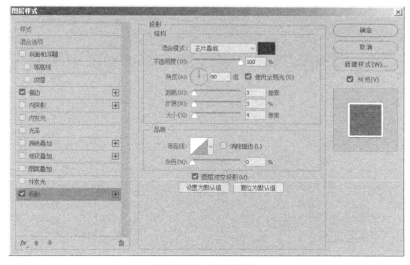

图 12-88　设置阴影

（10）单击 确定 按钮，最后保存文档。

小　　结

本章介绍了 Photoshop CC 2017 中图像色调色彩调整、文字和图层的使用等内容。这些功能都是网页设计与制作中进行图像处理时常用到的基本知识，希望读者能认真学习领会和掌握，以便使网页设计效果更加漂亮、更加绚丽。

习　　题

1. 自行搜集素材练习图像色彩的调整。
2. 练习创建点文字、段落文字和路径文字。
3. 练习将文字转换为形状、工作路径以及栅格化文字图层。
4. 自行搜集素材，创建段落文字并应用描边和投影图层样式。